Transformatoren

für

Wechselstrom und Drehstrom.

Eine Darstellung

ihrer

Theorie, Konstruktion und Anwendung.

Von

Gisbert Kapp.

Zweite vermehrte und verbesserte Auflage.

Mit 165 in den Text gedruckten Figuren.

Berlin.   1900.   München.

Julius Springer.   R. Oldenbourg.

Buchdruckerei von Gustav Schade (Otto Francke) in Berlin N.

Vorwort zur zweiten Auflage.

Die allgemeine Anordnung des Buches ist unverändert geblieben, es sind jedoch zwei Kapitel neu hinzugekommen und andere erweitert worden, so dass der Umfang dieser Auflage jenen der ersten um etwa 40 % übersteigt. Die Kurven der Eisenverluste sind durch neue Kurven ersetzt worden, welche dem besseren heutzutage erhältlichen Material entsprechen. Auch sind für Hysteresis- und Wirbelstromverluste getrennte Kurven gegeben. Die Theorie der Temperaturzunahme elektrisch geheizter Körper ist im dritten Kapitel als Ergänzung der Versuchsresultate eingefügt worden. Neu hinzugekommen ist auch die Vorausberechnung des induktiven Spannungsabfalles und der Begriff der übertragenen Erregung. Letzterer ist allerdings für die Untersuchung des Arbeitszustandes eines Transformators nicht unumgänglich nothwendig; ich habe ihn aber dennoch in diesem Buche aufgenommen, weil er das logische Bindeglied bildet zwischen den Arbeitsdiagrammen wie sie gewöhnlich für Transformatoren gezeichnet werden und dem für asynchrone Motoren von Heyland erdachten Kreisdiagramm.

Neu ist auch der im zehnten Kapitel erläuterte Begriff der äquivalenten Spulen, mittels dessen die Behandlung von Problemen, die sich auf die Kombination von Transformatoren und Stromkreisen beziehen, sehr erleichtert wird. Bei Behandlung der Kabeldurchschläge habe ich einen Artikel, der in der „Elektrotechn. Zeitschrift" über diesen Gegenstand Ende letzten Jahres erschienen ist, theilweise benutzt.

Berlin, April 1900.

Gisbert Kapp.

Inhalt.

Fünftes Kapitel.

Sechstes Kapitel.

Siebentes Kapitel.

Achtes Kapitel.

Neuntes Kapitel.

Zehntes Kapitel.

Elftes Kapitel.

Erstes Kapitel.

Wesen des Transformators. — Magnetische Streuung. — Anordnung
der Spulen. — Ableitung der Grundgleichung.

Wesen des Transformators. Wenn die durch eine Drahtspule
gehende Kraftlinienzahl N sich ändert, so wird in der Spule eine
E.M.K. inducirt, welche dem auf die Zeit bezogenen Grad der
Aenderung $\left(\dfrac{dN}{dt}\right)$ und der Windungszahl n proportional ist. Wird
umgekehrt durch eine Spule ein Strom geschickt, so erzeugt dieser
ein durch die Spule gehendes Feld von Kraftlinien, deren Zahl
innerhalb gewisser Grenzen dem Produkt von Strom und Windungszahl, also den Ampèrewindungen, proportional ist. Aendert sich

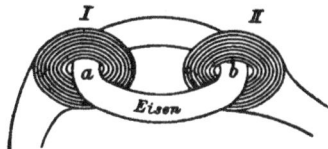

Fig. 1.

der Strom, so ändert sich auch die Anzahl der Kraftlinien. Wenn
man also zwei Spulen in solcher Weise anordnet, dass die von der
ersten Spule durch einen Strom von wechselnder Stärke erzeugten
Kraftlinien ganz oder theilweise durch die zweite Spule gehen, so
wird in letzterer eine E.M.K. inducirt. Eine solche Anordnung ist
in Fig. 1 dargestellt. Um einen Eisenring sind die beiden Spulen
I und II gewickelt. Schickt man nun durch I einen Strom, so
wird ein Feld von Kraftlinien gebildet, welches theilweise im Eisen-
ringe selbst und theilweise in der die Spule I umgebenden Luft
liegt. Es wird somit das Feld im Innenraum der Spule I bei a die
grösste Kraftliniendichte haben und im Innenraum der Spule II bei

b die kleinste. Der Eisenring wirkt gewissermaassen als ein Träger von Kraftlinien, indem er die Verkettung zwischen den Spulen mit einem beiden gemeinsamen magnetischen Felde bewerkstelligt. Eine solche Verkettung kann auch ohne Vermittelung eines eisernen Zwischengliedes stattfinden, wenn die Spulen im Raume richtig angeordnet sind. So würde bei der gezeichneten Stellung auch ohne Anwendung des Eisenringes das durch den Strom in I erzeugte Feld theilweise durch II gehen, aber seine Stärke daselbst würde sehr gering sein. Auch bei Aufeinanderlegen der beiden Spulen würde das Feld durch II gehen, und die induktive Wirkung würde grösser als im vorigen Falle sein, jedoch immer nicht so gross als bei Anwendung eines Eisenringes. Stellt man jedoch, ohne Eisen anzuwenden, die Spulen so auf, dass die Axe von I in die Ebene von II zu liegen kommt oder umgekehrt, so geht keine der Kraftlinien des durch den Strom in I erzeugten Feldes durch die Spule II, und eine Aenderung in der Stärke des Feldes erzeugt in II keine E.M.K. Die Anwendung von Eisen als verkettendes Zwischenglied ist also nicht absolut nothwendig, sie hat aber den Vortheil, dass erstens die induktive Wirkung der einen Spule auf die andere sehr bedeutend verstärkt wird, und zweitens diese Wirkung nicht in so hohem Maasse von der räumlichen Lage der beiden Spulen gegeneinander beeinflusst wird. Ein solcher Apparat, der aus zwei Spulen mit gemeinsamem Eisenkern besteht, heisst ein Wechselstrom-Transformator.

Wir haben gesehen, dass die in der Spule II oder der sekundären Spule inducirte E.M.K. dem auf die Zeit bezogenen Aenderungsgrad der Stromstärke in der Primärspule proportional ist. Da nun die Stromstärke sich nicht immerwährend in einem Sinne ändern kann (denn dann müsste sie ins Unendliche ansteigen), so müssen Perioden von ansteigender und abnehmender Stromstärke miteinander wechseln. Wenn nun bei anwachsendem Strom in der sekundären Spule eine E.M.K. in einer Richtung entsteht, so muss bei abnehmendem Strom die E.M.K. in der entgegengesetzten Richtung auftreten; und wir sehen somit, dass Stromschwankungen in der Primärspule, selbst wenn die Richtung des Stromes nicht geändert wird, eine abwechselnd positive und negative E.M.K. in der Sekundärspule erzeugen. Diese Wechselspannung bringt nun in einem mit den Enden der Spule verbundenen Leiter einen Wechselstrom hervor. Wir können somit einen pulsirenden Gleichstrom in einen Wechselstrom, niemals aber in einen Gleichstrom verwandeln. Statt eines pulsirenden Gleichstromes können wir aber auch einen Wechselstrom durch die primäre Spule schicken und diesen in einen zweiten Wechselstrom verwandeln, dessen Spannung von derjenigen des Primärstromes und dem Verhältniss der Windungszahlen in den beiden Spulen abhängt.

Magnetische Streuung. Bevor wir auf die Berechnung der Spannung eingehen, wollen wir das Verhalten des Feldes in Bezug auf beide Spulen näher untersuchen. Da Kraftlinien nicht nur durch Eisen, sondern auch durch Luft gehen, so werden nicht alle Kraftlinien, welche bei a die Spule I durchsetzen, auch bei b durch die Spule II gehen, und zwar wird der Unterschied um so grösser sein, je weiter die beiden Spulen voneinander entfernt liegen, und je grösser der Widerstand ist, welchen das Eisen des Ringes dem Verlauf der Kraftlinien (in der Folge magnetischer Fluss genannt) entgegensetzt. Durch diesen Widerstand werden Kraftlinien, welche bei a noch durch das Eisen fliessen, zu beiden Seiten dieses Punktes aus der Eisenmasse herausgedrängt und schliessen sich in der Luft, d. h. ausserhalb der Spule II. Diese Kraftlinien, welche sich in der Luft zerstreuen (daher der Ausdruck magnetische Streuung), tragen nichts zur Erzeugung einer E.M.K. in II bei, wenn durch Stromschwankungen in I oder durch einen Wechselstrom in I der gesammte magnetische Fluss geändert wird. Je mehr magnetische Streuung der Apparat hat, desto kleiner ist die in der Spule II inducirte E.M.K. Um nun die Verhältnisse beurtheilen zu können, welche die Streuung beeinflussen, wollen wir zunächst annehmen, dass in I ein Gleichstrom fliesst und in II entweder kein Strom fliesst oder auch ein Gleichstrom, der jedoch so gerichtet ist, dass er das durch I erzeugte Feld zu schwächen bestrebt ist. Spule I treibt also einen Fluss magnetischer Kraftlinien in einer bestimmten Richtung durch den Eisenring. Fliesst in Spule II kein Strom, so ist dabei bloss der magnetische Widerstand des Eisens zu überwinden, und es werden verhältnissmässig wenig Kraftlinien, die in a durch die Spule gehen, das Eisen verlassen und ihren Weg durch die Luft nehmen. Fliesst jedoch in II auch ein Strom, so ist derselbe bestrebt, einen Kraftlinienfluss in der umgekehrten Richtung zu bilden, der sich mit dem durch I erzeugten Flusse staut und dadurch eine viel stärkere Streuung der Kraftlinien aus dem Eisen heraus und durch den Luftraum hervorbringt.

Dieser Vorgang lässt sich leicht mit Hilfe einer hydraulischen Analogie veranschaulichen. Denken wir uns ein ringförmiges Rohr aus porösem Material (Fig. 2), welches ganz mit Wasser gefüllt ist und unter Wasser liegt. In diesem Rohr soll durch Drehung des Flügelrades I eine continuirliche Cirkulation von Wasser in der Pfeilrichtung erzeugt werden. Es muss also das Flügelrad eine Druckdifferenz erzeugen, welche zur Ueberwindung des Reibungswiderstandes dient. Oberhalb I ist ein grösserer Druck als unterhalb, und daher wird Wasser aus den Poren der oberen Hälfte des Rohres ausströmen und durch die Poren in der unteren Hälfte wieder in das Rohr einströmen, wie das durch die punktirten Linien angedeutet ist. Es muss also die Geschwindigkeit des

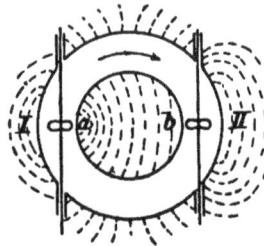

Fig. 2.

Wassers innerhalb des Rohres bei a grösser sein als bei b. Ist das Rohr weit genug, so ist die durch Reibung verlorene Druckhöhe nicht gross, und mithin die Wasserstreuung sowohl als auch der Geschwindigkeitsunterschied zwischen a und b unbedeutend. Denken wir uns nun in b ein zweites Flügelrad II eingesetzt und dasselbe vorläufig vollkommen frei beweglich, so wird es durch das durchfliessende Wasser in Drehung versetzt werden, die Streuung aber nicht vermehren. Wenn wir jedoch die freie Beweglichkeit des Flügelrades II dadurch vermindern, dass wir von seiner Welle Arbeit entnehmen, so wird es sofort dem Flusse des Wassers einen Widerstand entgegensetzen, und es wird oberhalb von b ein grösserer Druck herrschen als unterhalb. Die Druckdifferenz bei a wird dadurch auch steigen, und es wird mithin jetzt bedeutend mehr Wasser durch die Poren der oberen Hälfte des Rohres aus- und durch die der unteren Hälfte desselben einströmen. Die bei a in der Zeiteinheit durchfliessende Wassermenge muss also erheblich

grösser sein als jene bei *b*, d. h. die Geschwindigkeit des Wassers
bei *a* muss grösser sein als bei *b*, und die Umdrehungsgeschwindig-
keit des Flügelrades II wird jetzt kleiner als früher. Dieses aus
zwei Gründen; erstens weil die Belastung an und für sich auch bei
gleichbleibender Wassergeschwindigkeit die Bewegung verlangsamt,
und zweitens weil infolge der Streuung auch die Geschwindigkeit
des Wassers vermindert worden ist. Wenn es sich nun darum
handelt, den auf letzterer Ursache beruhenden Geschwindigkeits-
verlust möglichst zu verkleinern, so können wir das dadurch
erreichen, dass wir das getriebene Flügelrad II möglichst nahe an
das treibende Flügelrad I setzen. Denken wir uns nun an Stelle
des porösen Rohres den Eisenring, welcher für die magnetischen
Kraftlinien einen Kanal mit undichten Wandungen bildet, an Stelle

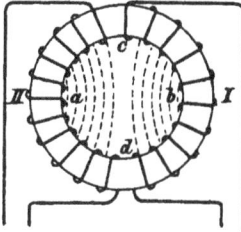

Fig. 3.

des Flügelrades I die treibende Spule I und an Stelle des Flügelrades II die getriebene Spule II, so sehen wir, dass der durch diese
Spule gehende magnetische Fluss der Wassergeschwindigkeit in
Fig. 2 entspricht und um so kleiner sein wird, je grösser die Stromstärke in II ist.

Die in Fig. 1 gezeichnete Anordnung eines Transformators ist
also eine ungünstige, denn sie entspricht nur sehr unvollkommen
dem Zweck, aus der getriebenen Spule einen möglichst starken
Strom unter möglichst hoher Spannung entnehmen zu können.
Diesem Ziel kommen wir etwas näher, wenn wir die Spulen auf
den ganzen Umfang des Ringes vertheilen, so dass jede Spule eine
Ringhälfte vollständig bedeckt (Fig. 3). Wie man sofort sieht, hat
bei dieser Anordnung der magnetische Druck, welcher die Kraftlinien aus dem Eisenring herauszudrängen sucht, nicht mehr einen
über die ganze Ringhälfte gleichen Maximalwerth, sondern er hat
diesen Werth nur in den Punkten *c* und *d*, nimmt zu beiden Seiten

ab und ist in *a* und *b* Null. Das Streufeld ist also quantitativ kleiner, und durch die Vertheilung desselben, sowie jene der Windungen wird sein nachtheiliger Einfluss, verglichen mit der Anordnung Fig. 1, bedeutend vermindert.

Man kann die Vertheilung des Streufeldes im Innern des Ringes annähernd graphisch darstellen, wenn man bedenkt, dass der magnetische Druck in irgend einem Punkte den bis zu diesem Punkte gezählten Ampèrewindungen proportional ist. Denken wir uns nun jede Ringhälfte gleichmässig bewickelt und die Stromrichtung derart, dass der Druck in dem linken oberen Quadranten die Richtung vom Eisen in die Luft und in dem linken unteren Quadranten die umgekehrte Richtung, also von der Luft in das Eisen, hat. Das Gleiche findet dann in den beiden rechts liegenden Quadranten statt. Denken wir uns nun den Ring in *a* aufgeschnitten und in

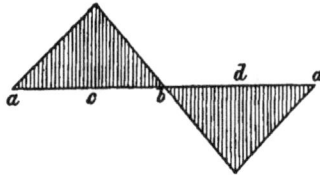

Fig. 4.

eine Gerade ausgestreckt, so würde das Diagramm des magnetischen Druckes, welcher Streuung hervorbringt, die in Fig. 4 dargestellte Form haben. Positive Ordinaten bedeuten einen Druck aus dem Eisen heraus, also nördliche Polarität des Eisens, und negative Ordinaten, südliche. In Fig. 3 sind die Kraftlinien, welche durch die Luft gehen, punktirt gezeichnet, jedoch nur für den Innenraum des Ringes. Ausserdem gehen natürlich Streulinien auch durch den ganzen Luftraum ausserhalb des Ringes. Wenn wir nun als eine ganz rohe Annäherung die Annahme machen, dass der magnetische Widerstand längs jeden Pfades der gleiche ist, d. h. dass die aus der Flächeneinheit des Ringes austretende bezw. die in die Flächeneinheit eintretende Anzahl Kraftlinien dem magnetischen Druck an der betreffenden Stelle proportional ist, so würde die gesammte Streuung durch die schraffirten Flächen in Fig. 4 dargestellt. Die Annahme eines konstanten magnetischen Widerstandes ist allerdings nicht richtig. Da es sich aber vorläufig nur um eine

ganz oberflächliche Betrachtung handelt, so brauchen wir auf die
Frage, wie der magnetische Widerstand variirt, nicht näher einzu-
gehen und können annehmen, dass die Flächen in Fig. 4 das Streufeld darstellen.

Anordnung der Spulen. Denken wir uns nun die Wickelung
derart geändert, dass wir nicht zwei halbkreisförmige Spulen erhalten,
sondern sechs Spulen, deren jede ein Sechstel des Ringes bedeckt
und die so angeordnet sind, dass je eine Primärspule zwischen zwei
Sekundärspulen liegt (Fig. 5), so wird dadurch die magnetische
Streuung bedeutend vermindert. Der grösste magnetische Druck liegt
wie früher an den Berührungsstellen der Primär- und Sekundärspulen;
da jedoch die Anzahl Windungen in jeder Spule auf ein Drittel

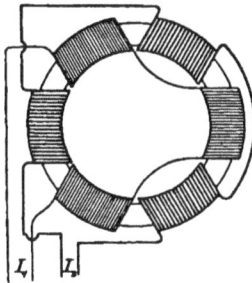

Fig. 5.

reducirt ist, so ist dieser Maximalwerth auch auf ein Drittel des
früheren Werthes reducirt. Gleichzeitig ist die Oberfläche, durch
welche Streulinien austreten können, auf ein Drittel reducirt. Das
gesammte Streufeld beträgt mithin nur $^1/_3 \times ^1/_3 = ^1/_9$ des früheren
Werthes. Hätten wir jede Wickelung in 4 anstatt in 3 Theile getheilt, so wäre, wie man sofort sieht, das Streufeld auf $^1/_{16}$ des
Werthes gesunken, den es bei der Anordnung Fig. 3 hat. Es ist
also möglich, durch genügende Untertheilung der Wickelung das
Streufeld beliebig zu verkleinern, und es könnte ganz vermieden
werden, wenn die Untertheilung so weit durchgeführt wird, dass
die einzelnen Primär- und Sekundärwindungen ineinander gelegt
werden. Das ist nun mit Rücksicht auf gute Isolirung der beiden
Stromkreise von einander nicht ausführbar, und es ist auch für
praktische Zwecke nicht nöthig; denn die Erfahrung hat gezeigt,
dass bei einer Untertheilung, bei welcher nur einige Hundert effek-

tive Ampèrewindungen auf jede Theilspule kommen, die Streuung
ganz unbedeutend ist.

Es ist natürlich nicht nothwendig, dass man den Eisenkern
in der Form eines Kreisringes herstellt. Jede geschlossene Figur
kann verwendet werden. Man könnte also z. B. das die beiden
Spulen verkettende magnetische Zwischenglied in der Form eines
rechteckigen Rahmens herstellen (Fig. 6) und die Spulen auf die
längeren Seiten bringen. Die links gezeichnete Anordnung entspricht Fig. 3. Wir haben nur eine Primärspule und eine Sekundärspule. Dabei würde die Streuung sehr bedeutend sein. Bei der
rechts gezeichneten Anordnung haben wir 5 Primärspulen und
5 Sekundärspulen, und die Streuung würde dadurch auf ungefähr
den 25. Theil reducirt werden.

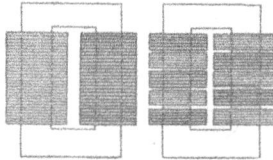

Fig. 6.

Schliesslich können wir auch die Spulen nicht nebeneinander,
sondern ineinander anordnen und dadurch die Streuung auf ein
sehr bescheidenes Maass bringen. Diese Anordnung wird sehr viel
angewendet, weil sich dabei die Spulen gut gegeneinander isoliren
lassen.

Ableitung der Grundgleichung. Es wurde schon am Anfang dieses Kapitels erwähnt, dass die in einer Drahtspule inducirte
E.M.K. proportional ist der Anzahl Windungen n und dem Grad
der Aenderung, welchen der durch die Spule gehende magnetische
Fluss N, der Zeit nach genommen, erfährt. Es ist also $E = n \frac{dN}{dt}$,
und um die in jedem Augenblicke wirkende E.M.K. berechnen zu
können, müssen wir wissen, in welcher Beziehung N zur Zeit t
steht. Nun wird der magnetische Fluss N durch die magnetisirende
Wirkung der Primärspule erzeugt, und wenn die Magnetisirung
innerhalb jener Grenzen bleibt, für welche die Permeabilität als
konstant angenommen werden kann, so ändert sich N proportional
mit dem Primärstrom. Dabei nehmen wir vorläufig an, dass die

Sekundärspule offen ist, also kein Strom durch dieselbe fliesst. Bei Transformatoren muss nun schon mit Rücksicht auf Erwärmung und Wirkungsgrad die Induktion mässig gehalten werden, und wir können somit annehmen, dass die Permeabilität konstant bleibt und die Feldstärke N der Stärke des dieselbe inducirenden Stromes proportional ist. Es treten allerdings gewisse Nebenwirkungen auf, welche dieses Verhältniss trüben; wir wollen diese jedoch vorläufig ausser Acht lassen. Wir wollen auch annehmen, dass der erregende Strom von einer Maschine geliefert wird, deren E.M.K.-Wellen durch eine Sinuskurve dargestellt werden können. Obwohl beide Annahmen der Wirklichkeit im Allgemeinen nicht entsprechen, sind, wie später gezeigt werden soll, die auf dieser Grundlage abgeleiteten Gleichungen doch praktisch verwendbar.

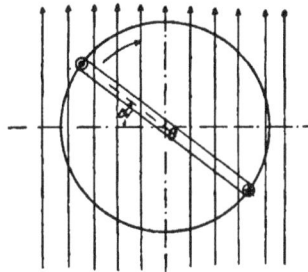

Fig. 7.

Denken wir uns also eine Drahtwindung, deren Fläche s sei, von einem Kraftlinienfluss durchsetzt, der periodisch zwischen den Maximalwerthen $+N$ und $-N$ schwankt, wobei der Maximalwerth der Induktion $\mathfrak{B} = N : s$ ist. Die Zeit, welche zu einem vollen Kreislauf von $+N$ nach $-N$ und zurück nach $+N$ nöthig ist, nennen wir die Zeit einer Periode T und die Anzahl in einer Sekunde durchlaufener Perioden nennen wir die Periodenzahl $\sim$, so dass $T = \dfrac{1}{\sim}$. Da die E.M.K. nur von der Aenderung des Feldes, nicht aber von der Richtung seiner Kraftlinien abhängt, können wir das hin- und herwogende Feld uns ersetzt denken durch ein konstantes und homogenes Feld, welches $\sim$ mal in der Sekunde um eine auf seinen Kraftlinien senkrecht stehende Axe rotirt, die in der Ebene der Drahtspule liegt. Oder wir können uns das kon-

stante und homogene Feld, dessen Induktion $\mathfrak{B}$ ist, im Raum als
stillstehend denken und die Windung um eine in ihrer Ebene
liegende und auf den Kraftlinien des Feldes senkrecht stehende
Axe rotirend denken. Die inducirte E.M.K. bleibt dabei dieselbe,
als wenn die Windung stillsteht und das Feld nach einem Sinusgesetz durch sie hindurch hin- und herwogt. Es sei in Fig. 7
O die Rotationsaxe und α der Winkel, den die Ebene der Windung
zur Zeit t mit der Horizontalen einschliesst. Sind die Kraftlinien
des Feldes vertikal nach aufwärts gerichtet, und rotirt die Windung
in der Richtung des Uhrzeigers, so wird in dem oberen Drahte der
Windung eine E.M.K. inducirt, welche gegen den Beschauer gerichtet ist, und im unteren Drahte eine E.M.K., welche entgegengesetzt gerichtet ist. Die Richtung zeigen wir in der Figur durch
einen Punkt bezw. ein kleines Kreuz an. Diese Zeichen sollen die
Spitze bezw. die Federn eines Pfeiles vorstellen, welcher in der
Richtung der E.M.K. oder des Stromes fliegt. Bei einem Strome,
welcher gegen den Beschauer fliesst, sieht er die Spitze des Pfeiles,
bei einem von ihm fortfliessenden Strome die Federn.

Ist ω die Winkelgeschwindigkeit der Drahtwindung, so ist
$\alpha = \omega t$; und da die Windung in der Sekunde $\sim$ Umdrehungen
macht, ist $\omega = 2\pi\sim$ und $\alpha = 2\pi\sim t$. Der durch die Windung
gehende magnetische Fluss ist in diesem Augenblicke $N\cos\alpha$ und

der Grad seiner Abnahme ist $-\dfrac{dN\cos\alpha}{dt} = N\sin\alpha\,\dfrac{d\alpha}{dt}$.

Nun ist $\dfrac{d\alpha}{dt} = 2\pi\sim$ und mithin der augenblickliche Werth
der inducirten E.M.K.:

$$E = 2\pi\sim N\sin\alpha.$$

Das gilt für eine Windung. Sind n Windungen in Serie geschaltet, so ist der Werth n mal so gross. Wir haben also für eine
Spule von n Windungen

$$E = 2\pi\sim Nn\sin\alpha$$

in absolutem Masse. Wollen wir die E.M.K. in Volt erhalten, so
müssen wir diesen Ausdruck noch mit 10^{-8} multipliciren. Steht
die Spule horizontal, also senkrecht auf den Kraftlinien, so ist der
magnetische Fluss durch die Spule ein Maximum und die E.M.K.
gleich Null. Steht die Spule vertikal, d. h. parallel zu den Kraft-

linien, so ist der durch sie gehende magnetische Fluss gleich Null und die inducirte E.M.K. ein Maximum, nämlich

$$E = 2\,\pi \sim N\,n\,10^{-8}.$$

Der augenblickliche Werth der E.M.K. ist somit

$$E_t = E \sin \alpha, \quad \ldots \ldots \ldots \ldots \quad 1)$$

wobei wir jetzt ihren Maximalwerth mit E bezeichnen, und jener des magnetischen Flusses oder der Feldstärke

$$N_t = N \cos \alpha.$$

Es findet also zwischen Feldstärke und E.M.K. eine Verschiebung statt, deren Zeitdauer die Zeit einer Viertelperiode ist. Denken wir uns nun die Enden der Spule mit einer Glühlampe verbunden, deren Widerstand W sei, so würde durch die Lampe ein Strom fliessen, dessen Maximalwerth $I = \dfrac{E}{W}$ und dessen augenblicklicher Werth $I_t = I \sin \alpha$ ist. Bekanntlich ändert sich der Widerstand des Kohlenfadens mit seiner Erwärmung, d. h. mit der Stromstärke. Da letztere jedoch sehr schnellen Aenderungen unterworfen ist und die Temperatur des Kohlenfadens wegen seiner Masse diesen Aenderungen nicht folgen kann, sind wir berechtigt, W als konstant anzunehmen. Denken wir uns ferner die gleiche Lampe durch Gleichstrom betrieben und auf dieselbe Helligkeit gebracht, so muss die in beiden Fällen verbrauchte (d. h. in Wärme umgesetzte) elektrische Arbeit dieselbe sein. Wir haben dann bei Wechselstrom den gleichen Effekt wie bei Gleichstrom und können so den effektiven Werth des Wechselstroms durch Vergleichung mit einem Gleichstrom bestimmen. Da $I_t = I \sin \alpha$, so können wir den augenblicklichen Werth des Wechselstroms in einem Vektordiagramm durch die Projektion eines mit der Winkelgeschwindigkeit $\omega = 2\,\pi \sim$ rotirenden Vektors darstellen, dessen Länge nach einem beliebig gewählten Maassstabe den Maximalwerth I der Stromstärke darstellt. Die gesammte, während einer Umdrehung des Vektors (also in der Zeit T) vom Strome geleistete Arbeit kann nun gefunden werden, indem wir uns den Vektor in einer genügend grossen Anzahl von Stellungen, die alle um ein kleines Zeitintervall $\varDelta t$ von einander entfernt sind, eingezeichnet denken, die Projektionen der Vektoren durch Abmessung bestimmen, die entsprechenden Werthe quadriren und die Summe bilden $\varSigma I_t^2 W \varDelta t$, wobei $I_t = I \sin \alpha$ ist. Nun können wir uns diese Operation zweimal vorgenommen denken,

was natürlich die Arbeit doppelt geben würde. Wir können bei
dieser doppelten Summirung auch die Vektoren paarweise anordnen,
so dass die zu einem Paar gehörigen Vektoren um 90⁰ entfernt
sind. Die Glieder der zu summirenden Reihe erhalten dann folgende
Form (vergl. Fig. 8)

$$W\,(I^2 \sin{}^2\alpha + I^2 \cos{}^2\alpha)\, \varDelta\,t = W\,I^2\,\varDelta\,t.$$

Da alle anderen Glieder der Reihe den gleichen Werth haben,
so ist die Summe durch den Ausdruck $m\,W\,I^2\,\varDelta\,t$ gegeben, wobei

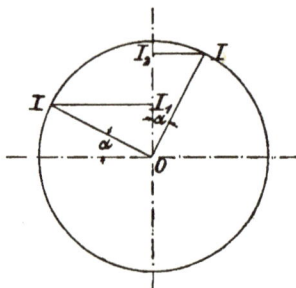

Fig. 8.

m die Anzahl der Glieder, also gleich $T : \varDelta\,t$ ist. Wir erhalten
somit für die Arbeit A:

$$A = \frac{W\,I^2\,T}{2}.$$

Da diese Arbeit in der Zeit T geleistet wird, ist der Effekt
oder die Leistung

$$P = \frac{W\,I^2}{2}.$$

Dieser durch den Wechselstrom vom Maximalwerth I erzielte
Effekt soll obiger Voraussetzung gemäss gleich sein dem Effekt
eines Gleichstromes, den wir mit i bezeichnen wollen. Es ist dann
i der effektive Werth des Wechselstromes und seine Beziehung zu
dem Maximalwerthe I ist gegeben durch die Gleichung

$$\frac{W\,I^2}{2} = W\,i^2$$

$$i = \frac{I}{\sqrt{2}} \qquad \ldots \ldots \ldots \; 2)$$

Diese Beziehung gilt natürlich nur, wenn die Stromstärke eine Sinusfunktion der Zeit ist. Aendert sich die Stromstärke nach einem anderen Gesetz, so wird die Beziehung zwischen ihrem Maximalwerth und ihrem effektiven Werth nicht durch $\sqrt{2}$, sondern einen anderen Koefficienten ausgedrückt, der eben von der Form der Stromkurve abhängt. Allgemein hat man, wenn I den augenblicklichen Werth des Stromes bedeutet,

$$A = \int_0^T I^2 W\,dt = T W i^2,$$

woraus

$$i = \sqrt{\frac{1}{T} \int_0^T I^2\,dt} \quad \ldots \ldots \ldots 3)$$

Die effektive Stromstärke ist also die Quadratwurzel aus dem quadratischen Mittelwerth des Stromes.

Eine gleiche Ueberlegung gilt für die Spannung an den Klemmen der Lampe und überhaupt für elektromotorische Kräfte. Da bei allen bei Wechselstrom in Betracht kommenden Instrumenten zur Messung der Spannung (Hitzdraht-Voltmeter, elektrostatische Voltmeter, dynamometrische Instrumente) die Wirkung dem Quadrate der Spannung proportional ist, so ist die durch das Instrument angezeigte effektive Spannung die Quadratwurzel aus dem quadratischen Mittelwerthe der Spannung

$$e = \sqrt{\frac{1}{T} \int_0^T E^2\,dt} \quad \ldots \ldots \ldots 4)$$

Verläuft die Spannung der Zeit nach der Art, dass dieselbe durch eine Sinuslinie dargestellt werden kann, wobei die Abscissen Zeit und die Ordinaten Spannung bedeuten, so ist bei der Maximal-Spannung E die effektive Spannung:

$$e = \frac{E}{\sqrt{2}} \quad \ldots \ldots \ldots \ldots 5)$$

Wir haben früher gefunden, dass die maximale, in einer Spule von n Windungen inducirte E.M.K. ist

$$E = 2\pi \sim N n\, 10^{-8}\ \text{Volt,}$$

wobei $\sim$ die Periodenzahl und N die maximale Zahl der durch die Spule gehenden Kraftlinien bedeutet. Durch Vergleich mit 5) finden wir somit die effektive E.M.K.:

$$e = \frac{2\pi \sim}{\sqrt{2}} N n \, 10^{-8}$$

$$e = 4{,}44 \sim N n \, 10^{-8} \quad \ldots \ldots \quad 6)$$

Dieses ist die Grundgleichung, nach der sich die effektive E.M.K. in Transformatoren-Spulen berechnet. Dabei ist sinusartiger Verlauf der Strom- und Spannungskurven vorausgesetzt. Für andere Formen der Kurven wird die Gleichung später gegeben werden. Die Gleichung 6) giebt die E.M.K., welche in der Primärspule auftritt, wenn wir für n die Anzahl der Primärwindungen einsetzen. Diese Zahl soll in der Folge mit n_1 und die Windungszahl in der Sekundärspule mit n_2 bezeichnet werden.

Wir haben dann für die in beiden Spulen inducirten E.M.-Kräfte

$$e_1 = 4{,}44 \sim N n_1 \, 10^{-8}$$

$$e_2 = 4{,}44 \sim N n_2 \, 10^{-8},$$

wobei wir annehmen, dass die Feldstärke in beiden Spulen die gleiche ist, dass also magnetische Streuung nicht eintritt. Der Einfluss der Streuung wird später berücksichtigt werden.

Für den praktischen Gebrauch dieser Formeln ist es bequem, den Kraftfluss nicht in absoluten Einheiten, sondern in Einheiten von 10^6 (Millionen Linien) einzusetzen. Unter dieser Voraussetzung erhalten die Formeln folgende Gestalt

$$\left. \begin{aligned} e_1 &= 4{,}44 \, \frac{\sim}{100} \, N n_1 \\ e_2 &= 4{,}44 \, \frac{\sim}{100} \, N n_2 \end{aligned} \right\} \quad \ldots \ldots \quad 7)$$

Da der Strom in der Primärspule Arbeit leistet, muss die Richtung von e_1 im allgemeinen der Stromrichtung entgegengesetzt sein. Die Sekundärspule giebt Leistung ab, und es ist deshalb die Richtung von e_2 im allgemeinen dieselbe wie jene des Sekundärstromes. Die aufgenommene oder abgegebene Leistung kann jedoch nicht ohne Weiteres als das Produkt von Spannung und Strom betrachtet werden, weil in den meisten Fällen zwischen beiden eine Phasenverschiebung besteht; d. h. der Strom erreicht seinen Maximalwerth zu einer anderen Zeit als die Spannung, und Strom und Spannung gehen zu verschiedenen Zeiten durch Null. In der Primärspule ist also das Produkt aus den augenblicklichen Werthen von Strom und E.M.K. nicht immer negativ, sondern wird auch zeitweilig positiv. Ebenso ist dieses Produkt in der Sekundärspule nicht immer positiv, sondern wird auch zeitweilig negativ. Die wirkliche während einer Periode geleistete Arbeit ist also kleiner als das Produkt $T e_1 i_1$ bezw. $T e_2 i_2$.

Die Bestimmung der wirklichen Arbeit bezw. der effektiven Energie eines Wechselstromes ist im vierten Kapitel näher erläutert.

Zweites Kapitel.

Verluste in Transformatoren. — Einfluss der Spannungskurve auf
den Hysteresisverlust. — Einfluss der Kern- und Spulenform auf
die Verluste. — Kern- und Manteltransformatoren.

Verluste in Transformatoren. Die in Transformatoren auftretenden Verluste sind verschiedener Art. Wir haben zunächst den
durch ohmischen Widerstand in den Spulen erzeugten Verlust, die
sogenannte „Stromwärme". Die Berechnung dieses Verlustes ist einfach und braucht nicht näher erläutert zu werden. Ausserdem
können noch durch Wirbelströme in den Leitern oder anderen
metallischen Theilen des Transformators Verluste auftreten. Die
Berechnung derselben ist sehr schwierig und zum Theil unmöglich;
dagegen ist es sehr leicht, durch geeignete Konstruktion diese Verluste auf ein so geringes Maass zu beschränken, dass sie ohne Fehler
vernachlässigt werden können. Schliesslich haben wir die Verluste
im Eisenkörper des Transformators zu berücksichtigen und diese
werden durch zwei Ursachen hervorgerufen, erstens durch Hysteresis
und zweitens durch Wirbelströme.

Durchläuft die Induktion in einem Eisenkörper einen vollen
Cyklus von $+\mathfrak{B}$ durch 0 zu $-\mathfrak{B}$ und zurück durch 0 zu $+\mathfrak{B}$,
so wird eine gewisse Menge Arbeit in Wärme umgesetzt, und diese
Arbeitsmenge ist abhängig von der Qualität des Eisens und der
Induktion und ist dem Gewicht des Eisens und der Periodenzahl
direkt proportional. Dabei ist es ganz gleichgültig, ob die Kurve,
welche die Induktion als eine Funktion der Zeit darstellt, eine
Sinuskurve ist oder nicht. Wenn in jeder halben Periode nur ein
Maximum der Induktion vorkommt, so ist die Hysteresisarbeit nur
von diesem Maximum abhängig, gleichviel auf welchem Wege es
erreicht wird. Nach Steinmetz ist die Hysteresisarbeit per Periode

und per Gewichtseinheit Eisen gegeben durch einen Ausdruck von
der Form

$$A = h \mathfrak{B}^{1,6},$$

wobei h ein Koefficient ist, welcher von der Qualität des Eisens und
der gewählten Gewichtseinheit abhängt.

Die durch das Eisen hin- und herwogende Induktion erzeugt
in der Masse des Eisens selbst E.M.-Kräfte, welche zur Bildung von
Wirbelströmen Veranlassung geben. Nehmen wir an, der Querschnitt des Eisenkernes sei rechteckig und die Seiten haben die
Dimensionen a und δ, so dass a die Breite und δ die Dicke des
Kernes ist. Denken wir uns, dass die Breite konstant bleibt und
die Dicke δ variirt wird. Es ist zunächst klar, dass die E.M.K.
am äusseren Umfange des Rechteckes ein Maximum sein wird.
Dieses Maximum ist der gesammten Kraftlinienzahl, also $a \delta \mathfrak{B}$ proportional. Für einen gegebenen Werth von $\mathfrak{B}$ ist also die E.M.K.
nahe an der äusseren Haut des Eisenkernes $a \delta$ proportional, und
das Gleiche gilt von den kleineren Werthen der E.M.-Kräfte, welche
tiefer in der Masse des Metalles herrschen. Die erzeugten Ströme
sind dem Widerstande umgekehrt proportional, d. h. je grösser δ
bei gleicher Breite a, um so kleiner ist der Widerstand und um so
grösser sind die Ströme. Bei Vergrösserung von δ steigen also die
E.M.-Kräfte, welche Wirbelströme erzeugen, im einfachen Verhältniss
und die Wirbelströme selbst im quadratischen Verhältniss mit δ.
Die aufgewendete Leistung ist demnach der dritten Potenz von δ
proportional. Bei runden Kernen ist die E.M.K. dem Quadrate des
Kerndurchmessers proportional und der Widerstand ähnlicher Schichten
von demselben unabhängig. Es wächst also die Stromstärke im
quadratischen Verhältniss mit dem Kerndurchmesser und die verbrauchte Arbeit mit seiner vierten Potenz. Um nun den Arbeitsverlust möglichst gering zu halten, verwendet man nicht solide
Kerne, sondern setzt sie aus Blechen oder Drähten zusammen. Im
ersten Falle ist der Verlust der dritten Potenz der Blechdicke proportional und im zweiten der vierten Potenz des Drahtdurchmessers.
Da nun das Gewicht bei Platten der Dicke und jenes von runden
Kernen dem Quadrat des Durchmessers proportional ist, so ist die
durch Wirbelströme verlorene Leistung dem Quadrat der Plattendicke
oder dem Quadrat des Drahtdurchmessers proportional. Drahtkerne
werden wenig verwandt. Bei Verwendung von Blechen kann man
durch Verminderung der Blechdicke auf die Hälfte oder ein Drittel

den Verlust pro Gewichtseinheit auf $^1/_4$ bezw. $^1/_9$ vermindern. Man könnte also durch Anwendung genügend dünner Bleche den Verlust überhaupt verschwindend klein machen. Man darf jedoch in dieser Richtung nicht zu weit gehen, weil die Kosten des Transformators sonst zu gross würden und zu viel Raum für die Isolation der Bleche von einander verloren gehen würde. Man begnügt sich deshalb, mit der Untertheilung des Eisens so weit zu gehen, dass die Verluste durch Wirbelströme, wenn auch nicht ganz verschwinden, so doch unerheblich werden. Es hat sich in der Praxis herausgestellt, dass eine Blechstärke von 0,35 bis 0,5 mm noch ganz gut zulässig ist. Die dünneren Bleche werden bei höheren Periodenzahlen bis etwa 100, und die dickeren bei niedrigeren Periodenzahlen von ungefähr 50 verwendet. Für sehr niedrige Periodenzahlen und schwache magnetische Beanspruchung des Eisens kann man auch noch dickere Bleche als 0,5 mm verwenden. Wie weit man in dieser Beziehung gehen kann, möge an einem Beispiel erläutert werden. Nehmen wir an, dass wir bei einer gewissen Qualität Eisen durch praktische Erfahrungen festgestellt haben, dass bei $\sim = 50$ und $\mathfrak{B} = 4000$ 0,5 mm Blechdicke ganz gut zulässig sei. Nun sei ein Transformator für $\sim = 20$ und $\mathfrak{B} = 5000$ zu konstruiren. Was ist die grösste zulässige Blechdicke, bei welcher die Verluste durch Wirbelströme per Kilogramm Eisen den gleichen Werth haben wie früher? Im früheren Falle war die E.M.K., welche Wirbelströme erzeugte, dem Produkt $\mathfrak{B} \sim = 200\,000$ proportional. Bei Anwendung gleich dicker Bleche würde sie im neuen Transformator dem Produkte $\mathfrak{B} \sim = 100\,000$ proportional sein, also nur die Hälfte betragen. Wäre die Blechdicke in beiden Transformatoren gleich, so würden die Verluste in jenem von geringerer Periodenzahl nur den vierten Theil betragen. Wir können also seine Blechdicke vergrössern, und zwar so weit, dass das Quadrat des Verhältnisses zwischen der alten und neuen Blechdicke 4 ist. Das heisst, wir können die Blechdicke verdoppeln, also Bleche von 1 mm Dicke anwenden.

Die Abhängigkeit des Wirbelstromverlustes von Periodenzahl, Blechdicke und Induktion kann durch eine einfache Formel dargestellt werden. Wir haben schon gesehen, dass dieser Verlust, wenn auf die Gewichtseinheit bezogen, dem Quadrat der Blechdicke proportional ist. Es muss also der Ausdruck für den Verlust das Quadrat der Blechdicke als einen Faktor enthalten. Ferner ist klar, dass die elektromotorischen Kräfte, welche in allen Tiefen des Kernes Wirbelströme erzeugen, dem Produkt $\sim B$ und die verlorenen Leistungen dem Quadrat dieses Produktes proportional sein müssen. Es ist also $(\sim B)^2$ ein zweiter Faktor in dem Ausdruck, welcher die durch Wirbelströme verlorene Leistung darstellt. Die einzige noch zu bestimmende Grösse ist ein Koefficient, der von der elektrischen Leitfähigkeit des Materials abhängt. Je grösser diese ist, um so grösser sind die einer gegebenen E.M.K. entsprechenden Wirbelströme und um so grösser sind natürlich die Verluste. Unter der praktisch vollkommen zulässigen Annahme, dass die Dicke der Platten verschwindend klein ist gegen ihre Breite, kann man den Koefficienten mittels einer allerdings etwas mühsamen Rechnung finden. Für Eisen, dessen elektrischer Widerstand etwa $7^1/_2$ mal jener von reinem Kupfer ist, ist der Koefficient 0,16, wenn man den Verlust pro kg Eisen in Watt ausdrückt, die Blechdicke in mm, die Periodenzahl in Einheiten von 100 und die Induktion in Einheiten von 1000 einsetzt. Für den praktischen Gebrauch empfiehlt es sich jedoch, den Koefficienten etwas grösser zu nehmen, und zwar aus folgendem Grunde. Die Länge der Kraftlinienpfade ist in ein und demselben Kern verschieden: dementsprechend ist auch die Induktion über den Kernquerschnitt nicht genau konstant, sondern für die kürzeren Kraftlinien etwas grösser und für die längeren etwas kleiner als der in der Formel erscheinende Mittelwerth B. Da nun der Wirbelstromverlust eine quadratische Funktion von B ist, so bedeutet eine Ungleichmässigkeit von B einen grösseren Gesammtverlust, und um diesen Umstand zu berücksichtigen, empfiehlt es sich, den Koefficienten etwas grösser zu nehmen als ihn die Rechnung ergiebt, nämlich 0,19 anstatt 0,16.

Die Formel lautet also

$$P_w = 0,19 \left(\varDelta \frac{\sim}{100} \frac{B}{1000} \right)^2 \quad \cdots \cdots \quad 8)$$

Darin bedeutet P_w die in einem kg Blech durch Wirbelströme verlorene Leistung in Watt, $\varDelta$ die Blechdicke in mm, $\sim$ die Periodenzahl und B die Induktion.

Für den praktischen Gebrauch ist es bequem, die Formel 8) durch eine Kurve darzustellen, wie das in Fig. 9 geschehen ist. Die Linie P_w ist gezeichnet für eine Blechdicke von 0,5 mm und für eine Periodenzahl von 100. Die Abscissen stellen Induktion und

die Ordinaten Leistungsverlust pro kg Eisen dar. Für andere
Blechdicken oder andere Periodenzahlen sind die Ordinaten mit

$$\left(\frac{\Delta \sim}{50}\right)^2$$

zu multipliciren, um die richtigen Werthe zu erhalten. Fig. 9
enthält auch Kurven die den Hysteresisverlust angeben. Die auf
Seite 17 angeführte Formel von Steinmetz wird gewöhnlich bezogen
auf den einem ccm Eisen entsprechenden und in Erg ausgedrückten

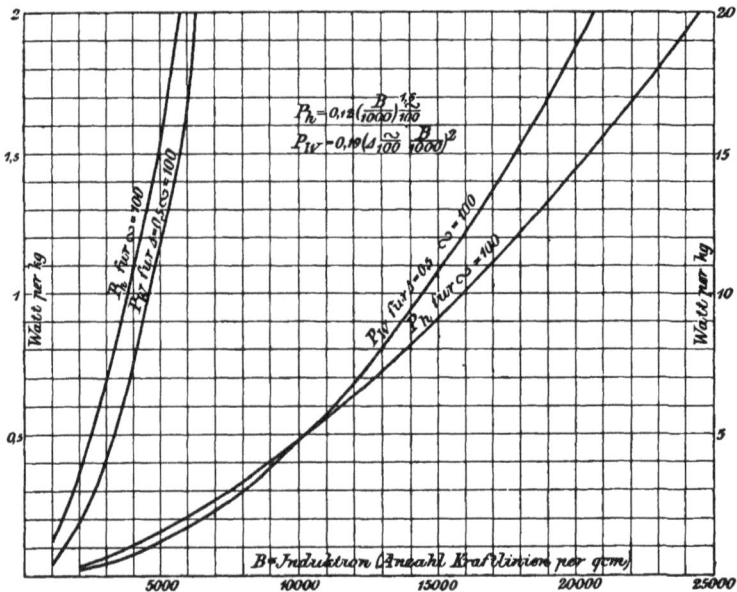

Fig. 9.

Arbeitsverlust. Für praktische Zwecke ist es jedoch bequemer, die
Formel so umzurechnen, dass sie einen Leistungsverlust bei einer
gewissen Periodenzahl, z. B. $\sim = 100$, giebt und sich nicht auf den
ccm als Volumeneinheit, sondern auf das kg als Gewichtseinheit
bezieht. Ist h der Steinmetz-Koefficient für ccm und Erg, so ist die
in einer Sekunde verlorene Arbeit, also die Leistung in Erg-Sekunden

$$P = 100 \, h \, B^{1,6}$$

für einen ccm Eisen. Das specifische Gewicht der Bleche ist 7,9, und mithin enthält 1 kg Eisen $1000 : 7{,}9 = 126{,}2$ ccm. Die Leistung, die pro kg Eisen verloren geht, ist also in Erg-Sekunden

$$P = 12\,620\,h\,B^{1,6}$$

oder

$$P = \frac{12\,620}{10^7}\,h\,B^{1,6}\ \text{Watt}.$$

Setzen wir B in Einheiten von 1000 ein, so können wir schreiben

$$P = \frac{12\,620}{10^7}\,h\left(\frac{B}{1000}\right)^{1,6}(1000)^{1,6}.$$

Nun ist

$$(1000)^{1,6} = 63\,100$$

also

$$P = 80\,h\left(\frac{B}{1000}\right)^{1,6}.$$

Der Steinmetz-Koefficient h schwankt je nach der Güte des Bleches zwischen 0,001 und 0,002. Der untere Werth ist kaum mit Sicherheit zu erreichen, während 0,0012 bis 0,0016 als Mittelwerthe für gute von deutschen Eisenwerken hergestellte Bleche angesehen werden können. Die Kurven in Fig. 9 sind für $h = 0{,}0015$ gezeichnet, wobei der Leistungsverlust pro kg Eisen bei 100 Perioden in Watt ausgedrückt wird durch

$$P = 0{,}12\left(\frac{B}{1000}\right)^{1,6}.$$

Für eine andere Periodenzahl $\sim$ ist der Verlust

$$P = 0{,}12\,\frac{\sim}{100}\left(\frac{B}{1000}\right)^{1,6}.$$

Einfluss der Spannungskurve auf den Hysteresisverlust.

Die Form der Kurve der E.M.K. beeinflusst nicht nur das Verhältniss zwischen dem effektiven und dem maximalen Werth, sondern auch den Energieverlust durch Hysteresis. Nehmen wir zunächst an, dass die Induktion in jeder halben Periode nur einen Maximalwerth hat, so ist der Hysteresisverlust durch diesen Werth und die Periodenzahl bestimmt. Es ist dabei, wie schon erwähnt, die Form der Kurve, welche N als eine Funktion der Zeit darstellt, nicht von Einfluss, sondern bloss ihr höchster Punkt. Nun können wir uns verschiedene Formen der Kurve vorstellen, welche alle das gleiche Maximum erreichen, sonst aber in ihrem Verlaufe sehr verschieden sein mögen.

In Bezug auf Hysteresisverlust sind alle diese Kurven gleichwerthig,
jedoch nicht in Bezug auf die inducirte E.M.K. Diejenige Kurve
wird vorzuziehen sein, bei welcher die effektive E.M.K. bei der
gleichen Maximalinduktion N den grössten Werth hat. Nun ist
aber die Induktion und mithin ihr Maximalwerth von der Kurve
der E.M.K. abhängig, und wir können mithin die Aufgabe uns
folgendermassen gestellt denken: Gegeben seien verschiedene
Wechselstrommaschinen, die alle die gleiche effektive E.M.K.
erzeugen, bei denen jedoch die Kurve der E.M.K. verschiedene
Form hat. Zu bestimmen ist jene Form, bei welcher N, und mithin
der Gesammtverlust im Eisen, ein Minimum wird.

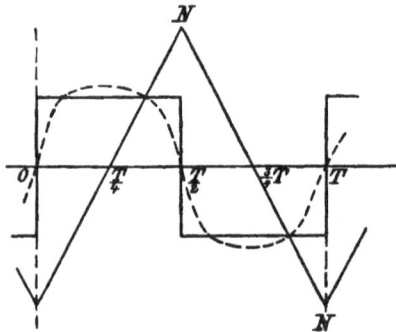

Fig. 10.

Zur Lösung dieser Aufgabe ist es natürlich nothwendig, dass
wir verschiedene Formen der E.M.K.-Kurve annehmen. Wir wählen
dabei passend die Sinuskurve als den Ausgangspunkt der Untersuchung und sehen zu, welchen Einfluss eine Abänderung dieser
Kurve in der einen oder anderen Weise sowohl auf das Verhältniss
des effektiven zum maximalen Werth der E.M.K., als auch auf den
maximalen Werth der Induktion hat. Die Sinuskurve kann in zwei
Richtungen verändert. werden; wir können sie entweder verflachen
oder steiler, d. h. spitziger machen. Wenn wir mit der Verflachung
bis an die theoretisch (allerdings nicht praktisch) mögliche Grenze
gehen, so erhalten wir eine gebrochene Linie, die sich aus senkrechten und horizontalen Stücken zusammensetzt. Die senkrechten
Stücke repräsentiren den plötzlichen Uebergang von $-E$ nach $+E$,
so dass die Länge der horizontalen Stücke gleich der Zeit einer
halben Periode ist. Man könnte eine solche Kurve durch Kommu-

tation einer Gleich-E.M.K. angenähert erhalten. Die Annäherung ist mit einer Wechselstrommaschine weniger gut zu erzielen und wir können deshalb eine so gestaltete E.M.K.-Kurve als den äussersten, praktisch nicht erreichbaren Grenzfall der verflachten Sinuskurve ansehen. In diesem Falle ist

$$e = E$$

und da E konstant ist, muss $\dfrac{d\,N}{d\,t}$ auch konstant sein, d. h. die Kurve der Induktion muss durch eine Zickzack-Linie dargestellt werden, deren Spitzen genau über den vertikalen Theilen der E.M.K.-Linie liegen (Fig. 10).

Aus der Figur ersieht man sofort, dass $\dfrac{d\,N}{d\,t} = \dfrac{4\,N}{T}$. Da für eine Windung $E = \dfrac{d\,N}{d\,t}$ und $e = E$, so ist

$$e = 4 \sim N\,10^{-8} \quad \ldots \ldots \ldots 9)$$

Folgt die E.M.K. einer Sinuskurve, so ist, wie aus Gleichung 6) hervorgeht,

$$e = 4{,}44 \sim N\,10^{-8}.$$

Soll nun in beiden Fällen die effektive E.M.K. dieselbe sein, so muss der Kraftlinienfluss bei der in Fig. 10 dargestellten Form der E.M.K.-Kurve im Verhältniss von 4,44 zu 4 grösser sein, als in dem Falle einer Sinuskurve. Es ist also bei gleicher Induktion das Eisenvolumen und mithin auch der Eisenverlust um etwa 11 % grösser. Nun bildet, wie schon erwähnt, die in Fig. 10 dargestellte Kurvenform einen Grenzfall, der mit einer gewöhnlichen Wechselstrommaschine nicht erreicht wird. Die Kurve wird von der scharfen rechtwinkligen Form abweichen und mehr die durch die punktirte Linie dargestellte Form annehmen. Der Eisenverlust wird also nicht um die vollen theoretisch möglichen 11 %, sondern um einen geringeren Betrag anwachsen. Immerhin zeigt die obige Betrachtung, dass eine E.M.K.-Kurve von abgeflachter Form wegen der damit verbundenen Vergrösserung der Eisenverluste für Transformatoren ungünstig ist.

Wir wenden uns jetzt zur Untersuchung des andern Falles, nämlich einer sehr spitzen E.M.K.-Kurve. Dabei kann man nicht von vornherein annehmen, dass die Zickzack- oder Dreieckform die Grenze bildet. Es giebt Maschinen, bei denen die Kurve der E.M.K.

durch eine Aufeinanderfolge von Dreiecken gebildet wird, deren
Seiten nach innen gekrümmt sind, wo also die Spitze sehr steil ansteigt und E im Verhältnis zu e sehr gross ist. Nun ist aber die
mathematische Untersuchung solcher Kurven der E.M.K. kaum durchzuführen und für den gegenwärtigen Zweck auch werthlos, da es
sich ja nur darum handelt, im Allgemeinen festzustellen, ob eine
spitze Kurvenform in Bezug auf die Eisenverluste in Transformatoren
günstiger oder weniger günstig ist als die Sinusform. Wenn wir
finden, dass die Dreieckform günstiger ist, so können wir ohne
Weiteres schliessen, dass die übertriebene Dreieckform noch günstiger sein muss.

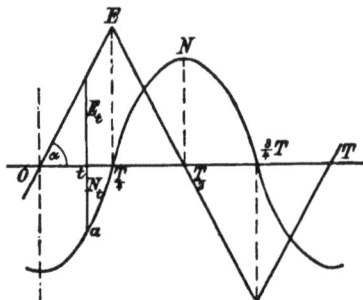

Fig. 11.

Es sei also E in Fig. 11 die Kurve der E.M.K., so ist zunächst
die Kurve der Induktion dafür zu bestimmen. Da für eine Windung

$$E_t = \frac{dN}{dt}$$

in absoluten Einheiten ist, muss diese Kurve der Bedingung genügen,
dass die trigonometrische Tangente in irgend einem zur Abscisse t
gehörigen Punkte a gleich ist der zu diesem Punkte gehörigen Ordinate der E.M.K.-Kurve:

$$E_t = t \operatorname{tg} \alpha = - \frac{dN_t}{dt},$$

woraus

$$N_t = - \int t \operatorname{tg} \alpha \, dt + \text{Konst.}$$

$$N_t = \text{Konst.} - \frac{1}{2} t^2 \operatorname{tg} \alpha.$$

Die Konstante bestimmt sich aus der Ueberlegung, dass für
$t = 0$ $N_t = N$ sein muss; es ist also

$$N_t = N - \frac{1}{2}\, t^2\, \mathrm{tg}\,\alpha,$$

die Gleichung einer Parabel. Da $E = \dfrac{T}{4}\,\mathrm{tg}\,a$, so ist

$$N_t = N - \frac{1}{2}\, t^2\, \frac{4\,E}{T}\cdot$$

Für $t = \dfrac{T}{4}$ muss $N_t = 0$ sein; woraus

$$N = \frac{1}{2}\left(\frac{T}{4}\right)^2 \frac{4\,E}{T},$$

$\dfrac{T\,E}{3} = N$ in absolutem Maasse; und da $\dfrac{1}{T} = \sim$, so ist

$E = 8 \sim N\,10^{-8}$ Volt.

Es ist also bei der Dreiecksform der Kurve und gleichem Kraft-linienfluss die maximale E.M.K. genau doppelt so gross als bei der rechteckigen Kurvenform. Nun handelt es sich nicht um den maxi-malen Werth der E.M.K., sondern um den effektiven Werth. Dieser bestimmt sich für eine Viertelperiode wie folgt:

$$e = \sqrt{\frac{4}{T}\int_0^{\frac{T}{4}} E_t^2\, dt}$$

$$E_t = t\,\mathrm{tg}\,\alpha$$

$$e = \sqrt{\frac{4\,\mathrm{tg}^2\,\alpha}{T}\int_0^{\frac{T}{4}} t^2\,dt} = \sqrt{\frac{4\,\mathrm{tg}^2\,\alpha}{T}\,\frac{1}{3}\,\frac{T^3}{64}}$$

$$e = \frac{T}{4}\,\mathrm{tg}\,\alpha\,\frac{1}{\sqrt{3}}$$

$$e = \frac{E}{\sqrt{3}} \quad \text{und} \quad E = e\,\sqrt{3}.$$

Wenn man diesen Werth in die obige Gleichung für E einsetzt, so erhält man

$$e = 4,62 \sim N\,10^{-8} \;\;.\;\;.\;\;.\;\;.\;\;.\;\;.\;\;.\;\;. \quad (10$$

Der Koefficient ist etwas grösser als bei sinusartiger Kurve der E.M.K. und in Folge dessen genügt eine kleinere Feldstärke N, und bei gleicher Induktion weniger Eisen, um die gleiche effektive E.M.K. zu erzeugen. Fassen wir jetzt die Gleichungen 6, 9 und 10 zusammen, so sehen wir, dass die in der Spule von n Windungen inducirte E.M.K. (der effektive Werth) sich ganz allgemein ausdrücken lässt durch

$$e = k \sim N n \, 10^{-8} \, ,$$

wobei k ein Koefficient ist, welcher von der Form der E.M.K.-Kurve abhängt und deshalb Formfaktor heisst. Er hat folgende Werthe:

1. Die E.M.K.-Kurve ist aus Rechtecken zusammengesetzt $k = 4{,}00$,
2.   -   -   - - eine Sinuskurve . . . . . . $k = 4{,}44$,
3.   -   -   - - aus Dreiecken zusammengesetzt $k = 4{,}62$.

Denken wir uns nun ein und denselben Transformator successive mit drei Leitungen verbunden, in welchen dieselbe effektive E.M.K. herrscht, aber die Kurvenform der Spannung den unter 1, 2 und 3 angegebenen Bedingungen entspricht, so muss offenbar die Induktion B in den drei Fällen verschieden sein und zwar ist sie am grössten bei 1 und am kleinsten bei 3.

Wenn wir nun die Induktion bei sinusartiger Spannungskurve zum Zweck des Vergleiches als Einheit betrachten, so ist sie

bei rechteckiger Form der Spannungskurve   1,11,
  - dreieckiger   -   -   -   0,96.

Es ist also in Bezug auf den Verlust im Eisen bei Transformatoren von einem gewissen, wenn auch nicht überwiegenden Vortheil, solche Maschinen zu verwenden, deren Spannungskurve sich der Dreieckform nähert. Jedenfalls ist die abgeflachte Form der Kurve möglichst zu vermeiden.

Einfluss der Kern- und Spulenform auf die Verluste. Da der Verlust im Eisen dem Eisengewicht proportional ist, so muss man bestrebt sein, letzteres möglichst gering zu halten. Nun ist man aber in der Anordnung des Eisenkörpers durch den Umstand beschränkt, dass ein gewisser Querschnitt des Kernes notwendig ist, um den Kraftlinienfluss zu führen, und dass eine gewisse Länge des Kernes zur Unterbringung der Spulen nöthig ist. Gleichzeitig soll die Länge jeder einzelnen Windung mit Rücksicht auf die Stromwärme möglichst klein sein. Dieses sind Bedingungen, welche sich zum Theil widersprechen, und sie können daher einzeln nicht voll und ganz erfüllt werden.

Die beste Konstruktion muss einen Kompromiss zwischen diesen Bedingungen vorstellen und kann deshalb nur dadurch erhalten werden, dass man den Einfluss von Abänderungen in den Dimensionen und Windungsverhältnissen Schritt für Schritt bestimmt und die Konstruktion so lange ändert, bis eine weitere Verbesserung ausgeschlossen erscheint.

Die Form des Querschnittes des Kernes ist von wesentlichem Einfluss auf die Länge der Windungen und mithin auf den Widerstand der Spulen. Eine rechteckige Form ist beispielsweise nicht so günstig als die quadratische, weil zum Einschliessen gleicher Flächen beim Rechteck mehr Draht erforderlich ist als beim Quadrat. Ebenso ist im Allgemeinen ein kreisförmiger Querschnitt vortheilhafter als ein quadratischer. Es kann aber der Fall eintreten, dass man aus konstruktiven Rücksichten verhindert ist, den Durchmesser des Kreises grösser zu machen, als die Seite des Quadrates. Sind die linearen Dimensionen gleich, so enthält der quadratische Kern $\frac{4}{\pi}$ mal so viel Eisen als der kreisförmige und ist dann günstiger, wie sich leicht durch folgende Ueberlegung ergiebt. Es sei r der Radius des Kreises (also $2r$ die Seite des Quadrates), δ die Dicke der auf dem Kern angebrachten Isolirschicht und d die Dicke der Wickelung. Bei gleicher Induktion verhalten sich die E.M.-Kräfte wie $\pi r^2 : 4 r^2$. Die mittlere Länge einer Windung ist beim Kern von kreisförmigem Querschnitt $\pi(2[r+\delta]+d)$ und beim Kern von quadratischem Querschnitt $8(r+\delta)+\pi d$. Die in der Einheit der Drahtlänge erzeugte E.M.K. ist also in diesen Fällen proportional zu $\pi r^2 : \pi(2[r+\delta]+d)$ und $4 r^2 : (8[r+\delta]+\pi d)$ und das Verhältnis dieser Werthe ist

$$\frac{2(r+\delta)+d}{2(r+\delta)+\frac{\pi}{4}d} > 1;$$

d. h. die pro Meter Draht inducirte E.M.K. ist beim quadratischen Kerne grösser als beim kreisförmigen, und zwar wird der Unterschied um so grösser, je dicker die Wickelung ist. Die Erklärung dieses scheinbaren Widerspruches liegt einfach darin, dass der quadratische Kern mehr Eisen enthält und der so gebaute Transformator eine grössere Leistung giebt. Nun ist die Ausnützung des Materiales bei dem grösseren Apparat immer besser als bei dem kleineren.

Die Eisenkörper von Transformatoren müssen zur Vermeidung

der Verluste durch Wirbelströme, wie schon erwähnt, aus Blechen oder Drähten aufgebaut werden. Bei Verwendung von Drähten, welche nicht besonders isolirt zu sein brauchen, werden 78 bis 80 % des Raumes wirklich von Eisen ausgefüllt. Drahtkerne werden jedoch heutzutage sehr wenig benutzt. Bei Blechen ist eine Isolation der einzelnen Bleche gegeneinander nothwendig, und diese kann aus einem Anstrich von Schellack, einer Oxydschicht oder eingelegten Papierblättern bestehen. Die letztgenannte Methode der Isolation ist am zuverlässigsten. Es werden dabei 10 bis 15 % des Raumes verloren, so dass im Mittel $87\frac{1}{2}$ % des Raumes wirklich von Eisen ausgefüllt werden. Bei Blechen wird also der Innenraum der Spulen besser ausgenützt als bei Drähten und es werden neuerer Zeit aus diesem Grunde, sowie wegen der leichteren mechanischen Herstellung meistens Bleche für die Eisenkörper von Transformatoren verwendet.

Kern- und Manteltransformatoren. Wie schon Eingangs erläutert wurde, beruht die Wirkung des Transformators auf einer Verkettung zweier von einander isolirten Stromkreise durch einen magnetischen Kraftlinienfluss. Diese Verkettung lässt sich sehr vielfach gestalten. Eine der einfachsten Formen ist in Fig. 6 dargestellt. Der Eisenkörper ist als rechteckiger Rahmen ausgebildet und die zwei längeren Seiten desselben bilden die Kerne für die Spulen. Man nennt diese Anordnung einen Kerntransformator; dieselbe ist dadurch charakterisirt, dass der grösste Theil des Eisens innerhalb der Spulen liegt, bezw. die Oberfläche der Spulen überall dem abkühlenden Einfluss der Luft ausgesetzt ist.

Nun können wir uns die gegenseitige Lage von Eisen und Kupfer auch vertauscht denken. Wir können annehmen, dass der rechteckige Rahmen in Fig. 6 durch den Kupferdraht der beiden in diesem Falle aufeinander gelegten Spulen gebildet wird und dass wir jede der beiden längeren Seiten des Rechteckes durch Aufschieben von Eisenscheiben gewissermaassen mit einem Mantel von Eisen umhüllen. Ein so konstruirter Transformator wird Manteltransformator genannt und dadurch charakterisirt, dass die Spulen zum Theil im Eisen eingebettet sind.

Bei der Kerntype hat man ein kleines Eisengewicht und eine kleine mittlere Windungslänge in den Spulen. Dagegen ist die Anzahl Windungen (wegen des kleineren Kernquerschnitts) verhältnismässig gross und das Kupfergewicht trotz der kleinen mittleren Windungslänge beträchtlich. Die Länge des Pfades der Kraftlinien ist gross und dadurch steigen die zur Magnetisirung nötigen Ampèrewindungen. Andererseits ist die freie Lagerung und Zugänglichkeit der Spulen ein Vortheil.

Bei der Manteltype hat man einen kurzen magnetischen Kreislauf und erreicht deshalb die Magnetisirung mit wenigen Ampèrewindungen; die Spulen enthalten weniger Windungen und bedürfen trotz der grösseren Windungslänge im Allgemeinen weniger Draht als bei der Kerntype. Andererseits wird der Eisenkörper bedeutend schwerer, die Abkühlung der eingebetteten Spulen ist nicht leicht zu bewerkstelligen und die Spulen sind nur theilweise zugänglich.

Um uns zunächst ein ungefähres Bild über den Einfluss verschiedener Anordnungen zu machen, wollen wir an einem Beispiel diese Frage behandeln. Zu diesem Zwecke nehmen wir an, dass die verschiedenen Typen alle für gleiche Leistung berechnet seien. Es muss also das Produkt aus Strom und Spannung konstant sein. Der Einfachheit halber wollen wir annehmen, dass sowohl die Stromdichte in den Drähten, als auch der Strom selbst konstant bleiben sollen. Dann müssen wir alle Transformatoren mit demselben Drahte bewickeln und die Anzahl Windungen ist dem Wickelungsraum direkt proportional. Je grösser der Wickelungsraum, desto grösser kann die Anzahl Windungen in jeder Spule genommen werden und desto kleiner wird die gesammte Feldstärke N. Nehmen wir ferner an, dass die Induktion in allen Fällen die gleiche ist ($\mathfrak{B}$ konstant), so ändert sich der Kernquerschnitt im umgekehrten Verhältnis mit der Windungszahl, d. h. mit dem Wickelungsraum. Zur Beurtheilung dient das Eisengewicht und die Drahtlänge.

Der Transformator a (Fig. 12) hat 400 qcm Kernquerschnitt (einschliesslich des für die Isolation der Bleche nöthigen Raumes) und 60 qcm Wickelungsraum. Das Eisengewicht ist 200 kg und die mittlere Länge einer Windung ist 119 cm. Bei 100 Windungen in der Primärspule werden wir also für diese Spule 119 m Draht brauchen. Jetzt wollen wir den Eisenquerschnitt auf den vierten Theil verkleinern, dadurch, dass wir den Eisenkörper nicht 40 cm, sondern nur 10 cm lang machen. Dann müssen wir die Windungszahl viermal so gross machen, um dieselbe Spannung zu haben. Der Wickelungsraum muss also $4 \times 60 = 240$ qcm Querschnitt erhalten. Wir kommen so zur Type b. Die mittlere Windungslänge ist jetzt nur 78 cm; da wir aber 400 Windungen brauchen, so ist

die Drahtlänge jetzt grösser geworden. Sie beträgt 312 m, also
nahezu dreimal so viel wie früher. Dafür ist das Eisengewicht auf
73 kg, also nahezu auf ein Drittel vermindert worden. Bei gutem
und billigem Eisen aber theuerem Kupfer ist demnach Type *a* vorzuziehen. Bei schlechtem und theuerem Eisen, aber billigem Kupfer
ist Type *b* vorzuziehen. Beide Konstruktionen lassen sich jedoch

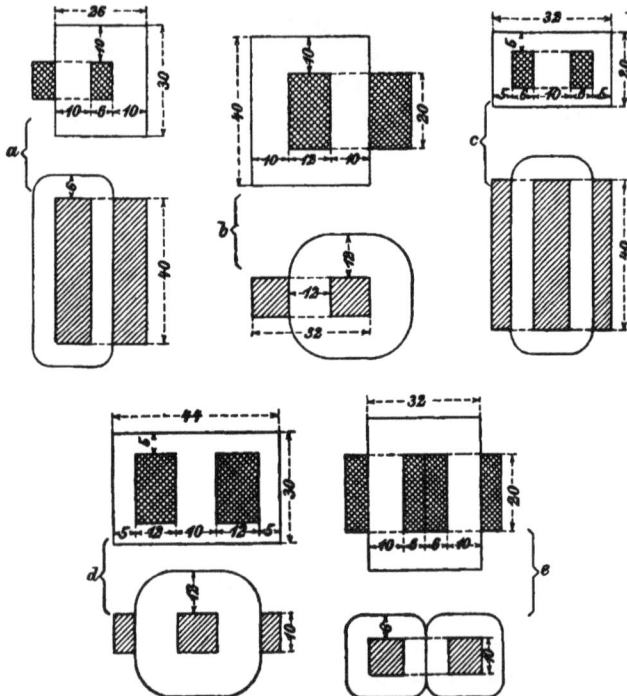

Fig. 12.

noch wesentlich verbessern. Wir können z. B. die Konstruktion *a*
so abändern, dass wir beide Seiten der Spule mit Eisen umkleiden,
also einen richtigen Manteltransformator daraus machen. Wir erhalten so die Type *c*. Der magnetische Kraftlinienfluss theilt sich
dann zu beiden Seiten und der Mantel braucht nur den halben
Querschnitt des Kernes zu haben. Die Drahtlänge ist wie bei *a*
119 m, das Eisengewicht ist aber auf 112 kg vermindert worden.
Die Type *c*, welche bei einem nicht übermässig grossen Eisengewicht

nur wenig Kupfer braucht, ist die besonders in Amerika und England beliebte Form des Manteltransformators.

Wenn wir die Type *b* in ähnlicher Weise verändern, gelangen
wir zur Type *d*, welche strenggenommen auch zu den Manteltransformatoren gehört, aber nicht den Vortheil geringen Kupfergewichtes
hat. Die Drahtlänge ist wie früher 312 m; dafür ist aber das Eisengewicht auf 59 kg vermindert worden. Diese Konstruktion ist nur
dann gerechtfertigt, wenn man mit dem Kupfer nicht zu sparen
braucht und Eisen von besonders guter Qualität nicht erhalten kann.
Sie wurde deshalb in früherer Zeit, d. h. bevor die Walzwerke auf
Erzeugung guten Bleches für Transformatoren eingerichtet waren,
in Europa verwendet. Heutzutage ist Blech von vorzüglicher Qualität
leicht erhältlich und es ist deshalb nicht nothwendig, mit dem Eisen
sehr zu sparen. Es ist daher besser, die Aenderung in der Type *b*
derart vorzunehmen, dass man an Kupfer spart, was erreicht wird,
indem man die Wickelung auf die zwei längeren Schenkel vertheilt.
Man gelangt so zur Type *e*, welche einen richtigen Kerntransformator
bildet (vergl. Fig. 6). Die mittlere Länge einer Windung ist wegen
der Verminderung in der Dicke der Wickelung erheblich kleiner
als bei *b*. Die Drahtlänge ist 236 m und das Eisengewicht 73 kg.
Diese Type ist in England und Deutschland vielfach im Gebrauch.

Der Uebersicht halber stellen wir die obigen Ergebnisse tabellarisch zusammen:

Type	Eisengewicht kg	Drahtlänge m
a	210	119
b	73	312
c	112	119
d	59	312
e	73	236

In allen diesen Typen ist der magnetische Kreislauf vollständig
geschlossen, d. h. die nützlichen Kraftlinien gehen nur durch Eisen.
Es giebt ausserdem noch eine Type von Transformatoren, bei welchen der Kraftlinienfluss nur zum Theil in Eisen, im Uebrigen aber
durch die Luft verläuft. Es sind das die sog. Igeltransformatoren,
die von S w i n b u r n e mit der Absicht eingeführt wurden, den Hysteresisverlust auf das thunlich geringste Maass herabzudrücken. Zu

diesem Zwecke wickelt Swinburne die Spulen über einen aus
Eisendrähten bestehenden Kern (Fig. 13a) und breitet die Enden
der Eisendrähte halbkugelförmig aus, so dass der Transformator an
beiden Enden dem Rücken eines Igels gleicht. Die Kraftlinien
schliessen sich dann durch die Luft, wie das die punktirten Linien
andeuten. Der Hysteresisverlust ist also auf den eigentlichen Kern
des Transformators beschränkt. Im Luftmantel findet kein Verlust
statt. Diese Konstruktion hat sich in der Praxis nicht bewährt.
Denkt man sich zwei solche Transformatoren nebeneinandergestellt
(Fig. 13b) und die Drahtenden gegeneinander gebogen, so dass ein
geschlossener Eisenpfad entsteht, so gelangt man zur gewöhnlichen
Manteltype. Der Hysteresisverlust des so erhaltenen Transformators
kann nur unbedeutend grösser sein als jener von zwei einzelnen Igel-

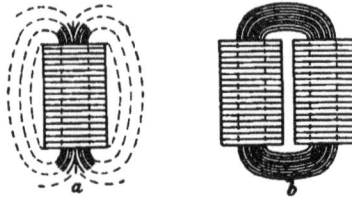

Fig. 13.

transformatoren (und zwar ist der Zuwachs an Verlust durch die
kleine Verlängerung der Drähte, welche zur Verbindung der Kerne
dienen, bedingt), so dass die Igeltype schon aus diesem Grunde
keine bedeutende Ersparnis in den Hysteresisverlusten herbeiführen
kann. Andererseits ist damit ein kleiner Zuwachs an diesen Verlusten verbunden, weil infolge der starken Streuung die Induktion
in der Mitte des Kernes grösser ist als an den Enden. Die E.M.K.
ist der mittleren Induktion proportional, während der Hysteresis-
verlust der $\sqrt[1,6]{}$ aus den Mittelwerthen von $\mathfrak{B}^{1,6}$ proportional ist. Es
erhellt daraus sofort, dass bei ungleichmässiger Induktion im Kern
der Verlust grösser sein muss, als bei gleichmässiger. Ausserdem
hat der Igeltransformator noch den Nachtheil, dass er bei Leerlauf
einen aussergewöhnlich hohen Strom verbraucht. Während die in
Fig. 12 gezeichneten Typen bei Leerlauf einen Primärstrom brauchen,
dessen Werth nur wenige Procente von dem Primärstrom bei Vollbelastung ausmacht, braucht der Igeltransformator (Fig. 13a) bis

60 % des vollen Betriebsstromes, ist also schon aus diesem Grunde
bei Stromvertheilung von Centralen aus nicht zulässig. Für einen
Zweck eignet sich jedoch der Igeltransformator recht gut, nämlich
als Drosselspule; dafür ist seine Eigenthümlichkeit, viel Strom bei
mässiger Spannung durchzulassen, sehr werthvoll. Für alle andern
Zwecke haben sich die Typen Fig. 12c und e in der Praxis am
besten bewährt.

Drittes Kapitel.

Gebräuchliche Formen. — Konstruktion des Eisenkörpers. — Verhältnisse des Eisenkörpers. — Erwärmung der Transformatoren. — Versuchsergebnisse. — Theorie der Erwärmung. — Einfluss der linearen Dimensionen. — Formel zur oberflächlichen Berechnung der Leistung.

Gebräuchliche Formen. Die in der Praxis gebräuchlichen Transformatoren lassen sich alle in zwei grosse Gruppen einreihen; nämlich Manteltransformatoren und Kerntransformatoren.

Die ersteren haben die in Fig. 14 skizzirte Gestalt. Die Spulen (*P* primär und *S* sekundär) sind länglich und entweder ineinander oder übereinander gelegt, und der Eisenkörper ist aus Blechen zu-

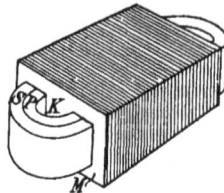

Fig. 14.

sammengesetzt. Er ist so angeordnet, dass er den grössten Theil der Spulen umgiebt, so dass nur die zwei halbrunden Enden frei bleiben. Eine Abart dieser Konstruktion, bei welcher die Spulen kreisförmig sind und der Eisenkörper in Segmenten ringsherum angeordnet ist, wird auch ausgeführt, bietet aber keine besonderen Vortheile. Die Bleche enthalten je zwei Fenster, so dass nach dem Aneinanderlegen der einzelnen Bleche zwei Kanäle zur Aufnahme der Spulen entstehen. Die Spulen werden zuerst hergestellt und die Bleche dann darüber bezw. dazwischen geschoben. Die verschiedenen Anordnungen, die man zu diesem Zwecke treffen kann, sind weiter unten angegeben. Die mittleren Blechstreifen K, die zwischen den Fenstern liegen, bilden den eigentlichen Kern der Spulen, und die äussern Rahmen M bilden den sog. Mantel.

Der Eisenkörper der Kerntransformatoren besteht aus einem rechteckigen, auch aus Blechen zusammengesetzten Rahmen Fig. 15, dessen längere Seiten die Kerne K und dessen kürzere Seiten die Jochstücke J bilden. Der Querschnitt der Kerne ist meist quadratisch, kann aber auch rechteckig sein. In der Figur ist die Ebene der Bleche mit jener des Rahmens parallel. Es giebt jedoch auch Konstruktionen, bei denen die Fläche der Bleche senkrecht zu einer durch die beiden Spulenachsen gehenden Ebene steht. Der Rahmen hat dann abgerundete Ecken und besteht aus in die richtige Form

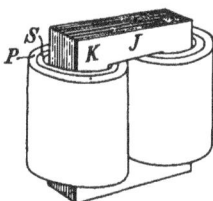

Fig. 15.

gebogenen Blechstreifen. Die Spulen (P primär und S sekundär) können ineinander oder in flachen Scheiben übereinander angeordnet sein.

Für Dreiphasenstrom kann man entweder drei Einzeltransformatoren, also je einen für jede Phase anwenden, oder man kann die Wickelungen auf einem gemeinsamen Magnetkörper anbringen. Die Fig. 16, 17 und 18 zeigen drei gebräuchliche Formen. Bei der Ausführung Fig. 16 sind die Jochstücke J durch Scheiben gebildet und die Kerne K in einem gegenseitigen Winkelabstand von 120° seitlich angesetzt. Die Enden der Kerne sind, wie die Figur zeigt, abgeschrägt und werden mittels entsprechend geformter Gussplatten seitlich gegen die Jochscheiben angedrückt. Die Spulen, welche der Deutlichkeit halber in der Skizze weggelassen sind, werden wie in Fig. 15 über die Kerne geschoben. Die in Fig. 17 dargestellte Anwendung unterscheidet sich von der oben beschriebenen durch die Form der Jochstücke und durch den Umstand, dass die Trennungsebenen zwischen den einzelnen Blechen in Joch und Kern

3*

parallel sind. Die Jochbleche werden zwischen entsprechend ge-
formten Wangen der oberen und unteren Endplatte fest eingeklopft
und so gehalten. Um die Kerne zu halten, werden ihre seitlichen
Deckplatten aus Rothguss mit Nasen versehen, die in entsprechende
Aussparungen der Jochwangen eingreifen.

Die in Fig. 18 dargestellte Konstruktion des Eisenkörpers ist
eine Erweiterung von Fig. 15. Die drei Kerne K haben gemeinsame
Jochstücke J, und jeder Kern wird von den beiden zu einer Phase
gehörigen Spulen umgeben.

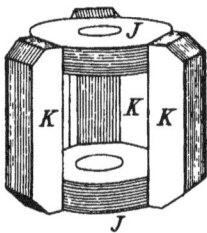
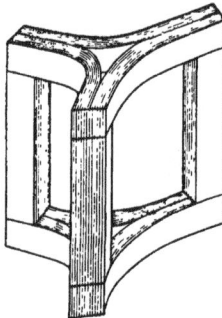
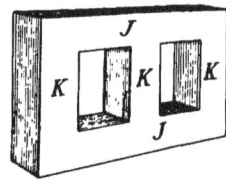

Fig. 16. Fig. 17. Fig. 18.

Konstruktion des Eisenkörpers. In den Fig. 14, 15 und 18
sind die Bleche, aus welchen der Eisenkörper zusammengesetzt ist,
als vollständig geschlossene Flächen gezeichnet, d. h. es ist angenommen, dass der Kern mit Joch oder Mantel aus einem Stück
gestanzt ist. Eine solche Konstruktion ist zwar möglich und hätte
auch den Vortheil, dass der Pfad für die Kraftlinien keine Unterbrechung durch Stossfugen hat; es wäre damit jedoch der Nachtheil
verbunden, dass man die Spulen zwischen Kern und Joch oder Kern
und Mantel hindurch wickeln müsste. Die Wickelung in dieser Art
auszuführen, ist sehr schwierig, weil die ganze Drahtlänge bei jeder
Windung durch den ohnehin beschränkten Wickelungsraum gezogen
werden muss. Man könnte also nicht auf der Drehbank wickeln
und wo der Draht dick und infolgedessen steif ist, würde es auch
nicht möglich sein, ihn von Hand fest zu wickeln. Zu dem käme
noch der Uebelstand, dass etwaige Isolationsfehler erst entdeckt
werden könnten, wenn der Transformator fertig hergestellt ist, die
Beseitigung von Fehlern also sehr viel unnöthige Arbeit machen

würde. Aus diesen Gründen empfiehlt es sich, die Konstruktion so
einzurichten, dass die Spulen unabhängig vom Kern auf der Drehbank gewickelt werden können, und zwar womöglich jede einzeln.
Dabei kann jede Drahtstärke bequem gewickelt und gut isolirt
werden, und die fertige Spule kann auf ihre Isolation geprüft werden, bevor sie zum Aufbau des Transformators verwendet wird. Der
Kern wird dann in die geprüften Spulen eingebaut. Um diesen
Einbau jedoch zu ermöglichen, ist es nothwendig, die Kontinuität
des magnetischen Pfades in jedem einzelnen Bleche zu unterbrechen,
und es handelt sich darum, diese Unterbrechungen so einzurichten,
dass sie auf die Gesammtheit der zusammengestellten Bleche keinen
oder einen möglichst geringen Einfluss haben. Dieser Zweck lässt
sich dadurch erreichen, dass man die Fugen gegeneinander versetzt,

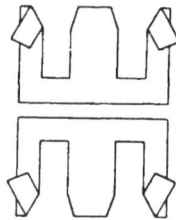

Fig. 19.

so dass zu jeder Seite einer Fuge ununterbrochene Bleche zu liegen
kommen. Dabei können die Kraftlinien, anstatt die Fuge zu über-
springen, zu beiden Seiten derselben in die benachbarten Bleche
übertreten, und da die Durchgangsfläche im Vergleich zur Stossfläche der Fuge selbst enorm gross ist, kann der magnetische Widerstand dieses Ueberganges als verschwindend klein vernachlässigt
werden. Ein so zusammengesetzter Eisenkörper bietet also wirklich
einen kontinuirlichen Pfad für die Kraftlinien.

Einige dieser Konstruktionen mögen hier beispielsweise Er-
wähnung finden. Im Westinghouse-Transformator sind die Bleche
aus einem Stück gestanzt, aber zu beiden Seiten des Mittelsteges
(Fig. 19) schräg aufgeschlitzt. Nachdem die Spulen hergestellt und
entsprechend isolirt sind, wird der Eisenkörper in dieselben eingebaut, indem man die Bleche einzeln anbringt. Zu diesem Zwecke
wird das Mittelstück jedes Bleches nach Umbiegung der beiden
Lappen in die Spule eingeschoben. Die Lappen werden dann zurück-

gebogen, und das zweite unterhalb gezeichnete Blech wird in der
gleichen Weise von der andern Seite eingebracht. Dadurch werden
die Fugen eines Bleches durch den kontinuirlichen Theil des nächsten
Bleches abgedeckt.

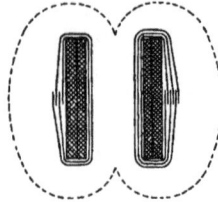

Fig. 20.

Im Transformator von Ferranti (Fig. 20) besteht der Kern aus
einem Bündel von Blechstreifen, welches zunächst in die Spulen
eingesteckt wird. Die Streifen werden dann einer nach dem andern
an beiden Enden der Spulen zurückgebogen, um den Mantel zu
bilden. Dabei ist ihre Länge so bemessen, dass an der Berührungs-
stelle zwischen den Enden jedes Streifens noch eine kleine Ueberlappung bleibt, wie es in der Zeichnung angedeutet ist.

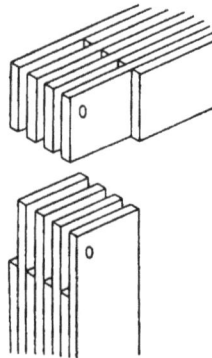

Fig. 21.

In dem vom Verfasser konstruirten Transformator (Fig. 15)
bestehen sowohl Kerne als auch Joche aus Bündeln von geraden
Blechen, die jedoch gegeneinander so versetzt sind, dass an den
vier Ecken des Eisenkörpers eine Verzapfung entsteht, wie das die
Abbildung (Fig. 21) veranschaulicht. Um die Konstruktion klar zu

machen, ist die Dicke der Bleche übertrieben gross gezeichnet. Die
Bleche werden durch isolirte Bolzen zusammengehalten. Da alle
verwendeten Blechstücke rechteckige Form haben, geht beim Aus-
schneiden derselben aus den Bechtafeln kein Material verloren.

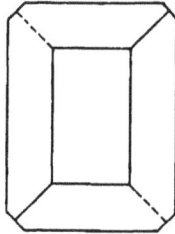

Fig. 22.

In der Crompton'schen Anordnung (Fig. 22) bestehen die
Bleche aus L-förmigen Stücken, welche abwechselnd von der einen
und der andern Seite in die Spulen eingeschoben werden, so zwar,
dass die Fugen einer Lage durch die vollen Bleche der nächsten
Lage abgedeckt werden. Beim Ausstanzen aus den Tafeln findet
wegen der eigenthümlichen Form der Stücke ein gewisser Materialverlust statt.

Beim Stanzen der Bleche für den Westinghouse-Transformator
(Fig. 19) geht ebenfalls das in den zwei Fenstern ausgestanzte
Material verloren. Um diesen Verlust zu vermeiden, hat Mordey
diese Konstruktion so abgeändert, dass der mittlere Steg durch den

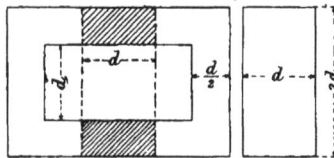

Fig. 23.

herausgestanzten Theil gebildet wird (Fig. 23). Man bekommt also
aus jedem Stanz zwei Stücke: den rechteckigen Mantel und den
quer darüber zu legenden Steg oder Kern. Die Mantelbleche werden über und die Kernbleche durch die Spulen geschoben. Bei
dieser Konstruktion ist die Grösse des Wickelungsraumes durch die
Kerndicke d gegeben und kann nicht beliebig genommen werden,
wie in Fig. 19; denn, wie sich aus der Zeichnung ergiebt ist die

Höhe jedes Fensters d und seine Breite $\frac{d}{2}$. Daraus folgt auch,
dass die äusseren Dimensionen des Mantels $3d$ und $2d$ sind. Eine
Berührung zwischen Kern und Mantel findet nur in den schraffirten
Theilen statt, in den übrigen Theilen ist zwischen je zwei Blechen
eine gleich dicke Luftschicht. Es wird also nur die Hälfte des
inneren Raumes der Spulen wirklich von Eisen ausgefüllt. Mit andern Worten, die Länge jeder Windung muss grösser sein als in
Fig. 19, wo der ganze Raum von Eisen ausgefüllt ist. Um diesem
Uebelstande abzuhelfen, stanzt Mordey noch die in Fig. 24 dargestellten Stücke, und zwar wieder ohne jeglichen Materialverlust.
Das innere Quadrat wird zur Ausfüllung des Kernes benutzt, und
die beiden äusseren Stücke zur Ausfüllung des Mantels. Es kommen

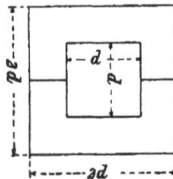

Fig. 24.

also fünf Stücke für je zwei Blechlagen zur Verwendung. Die Abhängigkeit des Windungsraumes von der Kerndicke ist eine nothwendige Folge der Bedingung, dass die Bleche aus den Tafeln ohne
jeden Materialverlust hergestellt werden sollen. Obzwar die dadurch
erhaltenen Verhältnisse zwischen Kerndicke und der Höhe und Breite
des Wickelungsraumes im Allgemeinen brauchbar sind, so kann doch
eine Abweichung von diesen Verhältnissen aus Konstruktionsrück-
sichten nothwendig werden. In solchen Fällen muss man eine gewisse Materialverschwendung beim Ausstanzen der Bleche mit in
den Kauf nehmen. Dieselbe ist jedoch sehr unbedeutend, wenn man
die von Mordey angegebene Herstellungsweise der zur Ausfüllung
bestimmten Theile beibehält.

In den bisher erläuterten Konstruktionen ist das Prinzip einer
gegenseitigen Ueberlappung oder Verzapfung der einzelnen Bleche an
den Verbindungsstellen eingehalten, wodurch der magnetische Widerstand an den Fugen verschwindend klein wird. Man kann jedoch
auch von diesem Princip abgehen und die Verbindung zwischen
Kern und Joch oder Kern und Mantel durch möglichst glatte Stoss-

fugen bewerkstelligen. Bei Fig. 16 ist dieses durch die Konstruktion
selbst sogar geboten, bei Fig. 15 und 18 sind Stossfugen zwar ver-
meidlich, werden aber häufig angewendet, weil dadurch der Aufbau
des Apparates bequemer wird. Man kann nämlich alle Theile des
Eisenkörpers fertig herstellen, bevor die Spulen aufgesetzt werden,
und kann auch bei Reparaturen eine Spule herausnehmen und durch
eine andere ersetzen, ohne die Bleche einzeln auseinandernehmen
und wieder einzeln einbauen zu müssen. Diese Anordnung hat jedoch den Nachtheil, dass an den Fugen ein merklicher magnetischer
Widerstand auftritt, welcher zur Folge hat, dass der Transformator
zu seiner eigenen Magnetisirung mehr Strom gebraucht, als bei Anwendung von überlappenden oder verzapften Verbindungen. Der
Einfluss der Stossfugen auf den Magnetisirungsstrom ist im nächsten
Kapitel behandelt. Augenblicklich möge es genügen, darauf hinzu-
weisen, dass der magnetische Widerstand von der Entfernung der

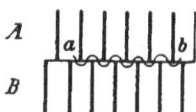

Fig. 25.

Eisentheile abhängt, dass es aber nicht immer angängig ist, diese
Entfernung auf Null zu reduciren, weil dadurch an den Berührungs-
flächen Wirbelströme entstehen würden, welche Arbeitsverluste und
Erhitzung hervorbringen würden. In dem Falle, wo die Ebenen der
Bleche an der Stossfuge aufeinander senkrecht stehen, wie in Fig. 16,
ist es ohne Weiteres klar, dass bei wirklicher Berührung zwischen
den Blechkanten geschlossene Stromkreise entstehen, welche der
direkten Einwirkung des durch die Fuge hin- und herwogenden
Kraftlinienflusses ausgesetzt sind. Die dadurch hervorgerufenen
Ströme sind also sehr gross und bedingen nicht nur einen Arbeitsverlust, sondern schwächen geradezu das Feld, d. h. vermehren die
magnetische Streuung. Um diesen Uebelständen zu begegnen, muss
man die Berührung der sich kreuzenden Blechkanten durch Einlage
einer Isolirschichte vermeiden.

Wenn die Blechkanten sich nicht kreuzen, sondern zu einander
parallel verlaufen, entstehen auch Wirbelströme, jedoch nur in ge-
ringem Maasse. In Fig. 25 ist eine Stossfuge ohne isolirende Einlage dargestellt, wobei die Blechdicke übertrieben gross gezeichnet

ist. Die Isolation zwischen den Blechen ist durch die starken Linien
dargestellt. Obzwar die Dicke aller Bleche die gleiche ist (oder
wenigstens sein soll), so kann man doch nicht erwarten, dass an
der Stossfuge die Bleche und Isolirschichten genau aufeinander passen.
Man wird vielmehr mit dem Umstande rechnen müssen, dass hie
und da eine kleine seitliche Verschiebung zwischen den Blechen des
Körpers A und jenen des Körpers B stattfindet. Wenn nun die
Figur eine solche Stelle darstellt, so sieht man, dass zwischen den
Blechen a und b metallische Verbindung besteht, und dass zwischen
diesen Blechen ein durch die Wellenlinie angedeuteter Wirbelstrom
fliessen muss. Um diesem Strom den Weg abzuschneiden, müssen
wir eine Schichte von isolirendem Material (Papier oder Pressspahn)

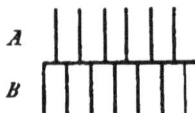

Fig. 26.

in die Stossfuge einlegen (Fig. 26). Es ist dabei vorausgesetzt, dass
durch sehr genaue Bearbeitung der Flächen eine wirkliche Berührung
über ihre ganze Ausdehnung erzielt wird. Das ist jedoch bei Stücken,
die aus vielen, einzelnen Blechen zusammengesetzt sind, kaum zu
erwarten. Es wird immer Stellen geben, an denen der Kontakt
besser, und andere Stellen, an denen er schlechter ist, sodass die
Gefahr der Erhitzung an den Kontaktflächen und des damit verbundenen Verlustes keine sehr grosse ist. Aus diesem Grunde
lassen auch viele gute Fabrikanten die isolirende Zwischenlage an
der Stossfuge fort, wenn die Bleche parallel sind. Bei sich kreuzenden Blechen ist diese Zwischenlage jedoch unentbehrlich. Da nun
bei Stossfugen entweder eine isolirende Zwischenlage nothwendig
ist, oder wenn sie entbehrt werden kann, dies nur deshalb zulässig
ist, weil der Kontakt unvollkommen ist, so sieht man, dass in allen
Fällen Stossfugen einen gewissen zusätzlichen Widerstand in dem
Kraftlinienpfade darstellen.

Verhältnisse des Eisenkörpers. Die Güte der Konstruktion
hängt sehr wesentlich von dem Verhältnis zwischen den verschiedenen Dimensionen des Eisenkörpers ab. Wenn wir beispielsweise
bei der Type Fig. 15 die Kerne sehr kurz machen, so müssen wir,
um den nöthigen Windungsraum zu erhalten, die Joche J lang

machen. Gleichzeitig wird die mittlere Windungslänge und mithin
das Kupfergewicht vergrössert. Wir erhalten somit eine ungünstige
Konstruktion. Machen wir umgekehrt die Kerne sehr lang und dünn,
so wird der magnetische Pfad lang, und der Transformator braucht
viel Leerlaufstrom. Wir thun also besser, die Kerndicke zu vergrössern. Allerdings darf man auch in dieser Beziehung nicht zu
weit gehen, weil man sonst zu viel Eisengewicht und zu viel Hysteresisverlust bekommt. Es lassen sich für die günstigsten Verhältnisse keine bestimmten Angaben machen; man muss dieselben vielmehr von Fall zu Fall durch versuchsweises Konstruiren bestimmen,
wobei der angestrebte Wirkungsgrad, die mittlere und maximale
Belastung, die Eisen- und Kupferpreise etc. mit in Rechnung zu

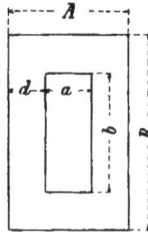

Fig. 27.

ziehen sind. Um jedoch einen Anhaltspunkt für den ersten Entwurf zu haben, kann man die in Fig. 27 angegebenen Verhältnisse
annehmen. Es ist dabei vorausgesetzt, dass der Kern einen quadratischen Querschnitt hat, wobei, wenn die Verbindung von Joch und
Kern durch Verzapfung geschieht, die Ecken des Quadrates noch
abgeschrägt sein können. Dadurch wird die mittlere Windungslänge
etwas vermindert. Wir beziehen zweckmässig alle Dimensionen auf
die Kerndicke d in Millimeter. Dann sind die übrigen Abmessungen
in Millimeter durch folgende Gleichungen gegeben:

$$a = 10 + 1{,}2\,d$$
$$b = 100 + 2{,}6\,d$$
$$A = 10 + 3{,}2\,d$$
$$B = 100 + 4{,}6\,d.$$

Bei Manteltransformatoren mit kurzen Kernen der Type Fig. 14,
für welche die Bleche ohne jeden Materialverlust beim Stanzen hergestellt werden sollen, ist in Fig. 28

$$a = \frac{d}{2} \qquad b = d$$

$$A = 3\,d \qquad B = 2\,d.$$

Wenn jedoch etwas Materialverschwendung beim Stanzen zulässig ist, so kann man a nach Bedarf grösser nehmen. Man kann dann auch mit ganz geringer Materialverschwendung folgende Dimensionen wählen:

$$a = 0,6\,d \qquad b = d$$
$$A = 3,2\,d \qquad B = 2,2\,d \quad \text{oder}$$
$$a = 0,7\,d \qquad b = d$$
$$A = 3,4\,d \qquad B = 2,4\,d.$$

Die Länge des Eisenkörpers senkrecht zur Ebene der Bleche gemessen kann $2\,d$ bis $4\,d$ betragen.

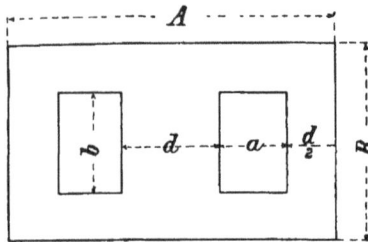

Fig. 28.

Bei Einphasentransformatoren der Type Fig. 15 sind die Windungen auf zwei Schenkel vertheilt; bei Dreiphasentransformatoren der Type Fig. 18 liegen jedoch die Windungen jeder Phase auf nur einem Schenkel. Aus diesem Grunde empfiehlt es sich, für die Wickelung etwas mehr Platz zu schaffen, indem man die Schenkel länger und dünner macht. Man erhält brauchbare Dimensionen, wenn man die Breite der Fenster 1,3 bis 1,6 und ihre Höhe 4 bis 6 mal so gross macht, als die Kerndicke ist. Unter sinngemässer Anwendung der Bezeichnung der Fig. 27 haben wir also

$$a = 1,3\,d \text{ bis } 1,6\,d$$
$$b = 4\,d \text{ bis } 6\,d.$$

Macht man $a = 1,5\,d$ und $b = 6\,d$, so hat man den Vortheil, dass die Jochstücke genau gleich werden den Kernstücken, so dass man genau die gleichen Bleche für Kern und Joch verwenden kann.

Wie schon oben erwähnt wurde, können Dreiphasen-Transformatoren in verschiedener Weise konstruirt werden. Die gebräuchlichsten Methoden sind:

a) Verwendung von drei Einphasen-Transformatoren;
b) drei Kerne mit gemeinsamen Jochen von ringförmiger Gestalt, Fig. 16;
c) drei Kerne mit gemeinsamen Jochen von dreieckiger Gestalt, Fig. 17;
d) drei Kerne mit gemeinsamen geraden Jochen, Fig. 18.

Die erste ist naturgemäss nicht so günstig als die andern, weil jeder der drei Transformatoren nur ein Drittel der Leistung hat. Zwischen den andern drei Konstruktionen bestehen jedoch keine sehr grossen Unterschiede; d) hat den Vortheil der Einfachheit, und bei c) ist das Eisengewicht etwas geringer. Die Konstruktion b) ist

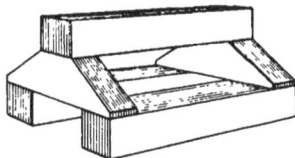

Fig. 29.

auch ziemlich einfach, hat aber den Nachtheil, dass die Trennungsflächen der Bleche in Joch und Kern sich rechtwinklig kreuzen, also besondere Sorgfalt auf die Isolirung der Stossfugen verwendet werden muss. Das gleiche gilt von einer abgeänderten Form der Type b), bei der die Jochstücke nicht kreisförmig sind, sondern wie Fig. 29 zeigt.

Erwärmung der Transformatoren durch die Arbeitsverluste. Beim Betrieb eines Transformators wird ein gewisser Theil der gesammten von der Primärspule aufgenommenen Arbeitsleistung in Wärme umgesetzt, welche von der Oberfläche des Apparates ausgestrahlt oder anderweitig fortgeführt werden muss. Damit nun Ausstrahlung oder Weiterleitung der Wärme eintreten kann, muss die Temperatur des Transformators höher als die des umgebenden Mittels sein. Es tritt also nothwendigerweise eine Temperaturerhöhung ein, welche um so grösser sein wird, je kleiner die Oberfläche des Transformators im Vergleich mit der gesammten in Wärme umgesetzten Arbeitsleistung ist. Die Temperaturerhöhung ist somit eine Funktion von $o = \dfrac{O}{P_v}$, wobei O die Oberfläche und P_v den im Transformator verloren gegangenen Arbeitseffekt bedeutet. Der Charakter dieser Funktion muss durch Versuche mit ausgeführten Transformatoren bestimmt werden und hängt natürlich von der Type des untersuchten Transformators ab. Bei solchen Typen, in welchen die äussere Luft freien Zutritt zu den Spulen und Theilen des Kernes hat, ist die abkühlende Wirkung der Oberfläche grösser, bei Transformatoren in Gehäusen kleiner. Es wird also die Temperaturerhöhung $T = f(o)$ im ersten Falle grösser und im zweiten kleiner sein. Wird ein Gehäuse verwendet, so ist die Funktion auch verschieden, je nachdem dasselbe nur mit Luft oder mit einer isolirenden Flüssigkeit, wie z. B. Oel, gefüllt ist; denn Oel überführt die Wärme an die Wände des Gehäuses besser als Luft.

Die Anwendung von Oel als Füllmaterial zwischen dem Transformator und seinem Gehäuse hat auch noch den Vortheil, dass die Isolation besser erhalten bleibt, besonders wenn der Transformator im Freien oder in einem feuchten Raume aufgestellt werden muss. Da die Belastung eines Transformators im regelmässigen Betrieb zwischen weiten Grenzen schwankt, so ändert sich auch seine Temperatur und die Temperatur der im Gehäuse eingeschlossenen Luft. Es treten also Druckänderungen in der Luft auf, welche ein langsames Austreten der innern und Wiedereinsaugen der äussern, feuchten Luft zur Folge haben. Dadurch wird aber Feuchtigkeit nach und nach in das Gehäuse gebracht, welche mit der Zeit die Isolation schädigen kann. Bei Anwendung von Oel als Füllmaterial wird dieser Uebelstand behoben. Da jedoch das Oel einen ziemlich grossen Ausdehnungskoefficienten hat, darf man das Gehäuse nicht ganz mit Oel füllen, oder man muss durch Anbringung eines Standrohres dafür sorgen, dass bei Erwärmung der innere Druck der Flüssigkeit nicht so ansteigen kann, dass das Gehäuse gesprengt wird.

Die im Transformator erzeugte Wärme rührt von drei Ursachen her: Erstens von den Eisenverlusten, zweitens von der Stromwärme infolge des ohmischen Widerstandes der Spulen und drittens von der durch Wirbelströme in dem Gehäuse oder andern metallischen Theilen des Apparates erzeugten Wärme. Der Eisenverlust hängt nur von der Induktion und Periodenzahl, nicht aber von der Leistung des Transformators ab. Die dadurch erzeugte Wärme ist also bei

konstanter Spannung und Periodenzahl auch konstant. Die Stromwärme wird lediglich in den Spulen erzeugt und ändert sich mit
dem Quadrate der Leistung. Die durch Wirbelströme erzeugte
Wärme kann sowohl in den Spulen als auch in andern benachbarten
Metalltheilen auftreten, besonders wenn die geometrische Anordnung
der Spulen derart ist, dass bedeutende magnetische Streuung stattfindet. Es ist jedoch immer möglich und für den praktischen Gebrauch auch in den meisten Fällen nothwendig, den Transformator
so zu konstruiren, dass erhebliche Streuung überhaupt nicht eintritt.
Dann kann die Wirbelstromwärme, als nur unbedeutend, ganz vernachlässigt werden.

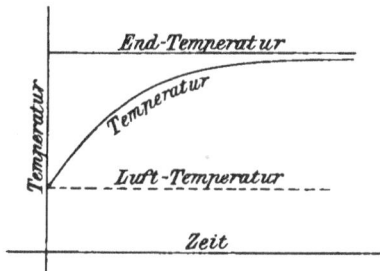

Fig. 30.

Wir haben also lediglich Eisenverlust durch Hysteresis und
Wirbelströme in den Blechen und Stromwärme zu betrachten. Der
Eisenverlust kann bei Leerlauf durch Einschaltung eines Wattmeters
in den primären Stromkreis bestimmt werden. Der Verlust durch
Stromwärme kann aus den Widerständen der Spulen und den Strömen
bei Vollbelastung berechnet werden. Wir finden so den Gesammtverlust. Um nun die entsprechende Temperaturerhöhung zu finden,
müssen wir den Transformator dauernd unter voller Belastung betreiben und seine Temperatur von Zeit zu Zeit messen. Dabei
empfiehlt es sich, ein Weingeist- und nicht ein Quecksilberthermo-
meter zu verwenden, weil, im Falle etwas Streuung vorhanden sein
sollte, im Quecksilber selbst Wirbelströme auftreten könnten, welche
zu einer zu hohen Temperaturangabe führen würden. Wenn man
nun die Temperatur als Funktion der Zeit graphisch aufträgt, so
erhält man eine Kurve (Fig. 30), welche anfänglich rasch ansteigt
und sich allmählich einer horizontalen Asymptote nähert. Die Ordinate dieser Asymptote ist die Temperatur bei Dauerbetrieb. Nun

wird die endgültige Temperatur selbst bei kleinen Transformatoren
erst nach mehreren Stunden und bei grossen Transformatoren von
hohem Wirkungsgrad sogar erst nach Tagen erreicht; ein derartig
ausgeführter Versuch würde also wegen der Nothwendigkeit, eine
grosse Betriebskraft während einer langen Zeit zu verwenden, sehr
kostspielig werden. Diesen Uebelstand kann man dadurch umgehen,
dass man den Transformator überhaupt nicht mit Vollbelastung,
sondern bei Leerlauf betreibt und ihm elektrisch genau so viel
Leistung zuführt, als dem gesammten Verlust bei Vollbelastung entspricht. Wird diese Leistung in Form eines Wechselstromes zugeführt, so wird die Erzeugung der Wärme auf das Eisen beschränkt,
denn die geringe Wärme des Leerlaufstromes kommt gar nicht in
Betracht. Diese Versuchsmethode stellt also nicht genau das vor,
was dem wirklichen Betrieb unter Belastung entspricht, indem in
letzterem Falle im Eisen sowohl als auch in den Spulen Wärme frei
wird. Wird nun andererseits ein Gleichstrom durch die Hochspannungsspule geschickt, so kann dessen Stärke auch so regulirt
werden, dass der Energieverlust dem Gesammtverlust bei Vollbelastung entspricht, aber dann wird die Wärme nur in dieser Spule
und nicht im Eisen frei. Es entspricht also diese Versuchsmethode
auch nicht der Wirklichkeit. Eine Kombination beider Methoden
giebt jedoch eine genügende Annäherung an die wirklichen Betriebsverhältnisse. Wir können dabei abwechselnd die primäre Spule
durch Gleichstrom und das Eisen durch einen in die sekundäre
Spule geleiteten Wechselstrom heizen. Es ist dabei am bequemsten,
wenn man tagsüber den Wechselstrom und während der Nacht den
Gleichstrom benutzt, weil letzterer von einer Akkumulatorenbatterie
geliefert werden kann, welche keine Bedienung gebraucht.

Eine andere und ganz einwandsfreie Methode, die Erwärmung
zu bestimmen, ist im Abschnitt „Prüfung von Transformatoren" angegeben. Dabei werden die gleichen Transformatoren D und B
so geschaltet, dass beide vollbelastet arbeiten, während der kleine
Transformator C nur die verlorene Leistung, also nur wenige Procente der Leistung jedes grossen Transformators zuzuführen braucht.
Die grossen Transformatoren können übrigens zur Abkürzung der
Versuchsdauer zuerst in einem Trockenofen, der ja doch in elektro-
technischen Fabriken immer vorhanden ist, angewärmt werden.

Versuchsergebnisse. Ich habe über die Erwärmung von Transformatoren ausgedehnte Versuche angestellt, und zwar bei verschie-

denen Belastungen, um die Abhängigkeit zwischen der Temperaturerhöhung und Abkühlungsfläche per Watt Verlust festzustellen. Diese
Versuche wurden sämmtlich mit Transformatoren angestellt, welche
in gusseiserne Gehäuse eingesetzt waren, und zwar sowohl mit als
auch ohne Oel als Füllmaterial. Die Resultate sind in den beiden
Kurven Fig. 31 dargestellt. Die Gehäuse standen auf einem cemen-
tirten Boden in einem grossen gedeckten Raume, so dass die Luft von

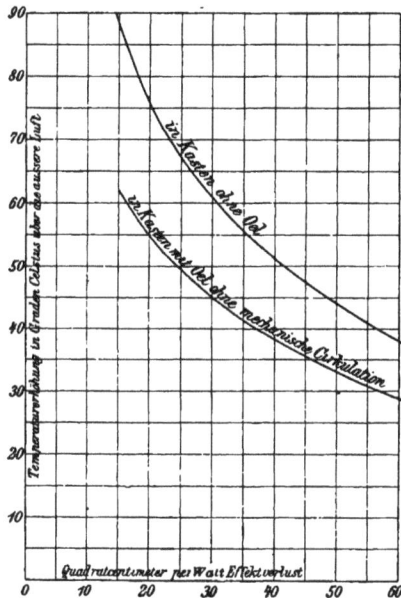

Fig. 31.

allen Seiten Zutritt hatte und Wärme auch in den Boden abfliessen
konnte. Bei Aufstellung im Freien würde die Temperaturerhöhung
etwas kleiner und bei Aufstellung in beengten Räumen würde sie
etwas grösser ausfallen, als die Kurven angeben. Bei Oelfüllung
wurden keine mechanischen Mittel zur Cirkulation gebraucht.

Bei Verwendung dieser Kurven zur Beurtheilung von verschiedenen Konstruktionen darf man nicht vergessen, dass die angegebenen Werthe für Dauerbetrieb bei Vollbelastung gelten. Nun
sind die meisten Transformatoren, besonders jene für Beleuchtungs-
zwecke, wohl dauernd im Betrieb, aber nicht immer voll belastet.

Diesem Umstande kann Rechnung getragen werden, indem man den Verlust für die verschiedenen Tageszeiten durch Rechnung bestimmt und so einen Mittelwerth für P_v findet, welcher, in die Formel $o = O : P_v$ eingesetzt, die Abscisse zur Temperaturkurve darstellt.

Theorie der Erwärmung. Es ist von Interesse, die Vorgänge bei der Erwärmung eines Transformators theoretisch zu verfolgen. Die dabei gewonnenen Gesichtspunkte gelten natürlich auch für andere durch den Strom erwärmte Körper. Wir werden sie bei Erörterung der Frage anwenden, ob Sicherungen das Durchschlagen von durch Transformatoren gespeisten Kabeln verhindern können. Eine Abführung von Wärme kann nur eintreten, wenn die Temperatur des Körpers höher als jene des umgebenden Mediums (bei Transformatoren Luft oder Oel) ist. Die in der Zeiteinheit abgeführte Wärmemenge kann mit für unsern Zweck genügender Genauigkeit dem Temperaturunterschied proportional gesetzt werden. Die Abfuhr selbst erfolgt in zweifacher Weise, nämlich durch Strahlung und durch Konvektion, d. h. Uebertragung von Theilchen zu Theilchen. Die erstere Wirkung steigt proportional mit dem Temperaturunterschied y zwischen Körper und Medium; die letztere etwas rascher, weil die Cirkulation des Mediums bei grösserem Temperaturunterschied lebhafter wird, also die Uebertragung der Wärme von Theilchen zu Theilchen durch das Vorbeistreichen des Mediums an dem erwärmten Körper begünstigt wird.

Ist y der Temperaturunterschied, O die erwärmte Oberfläche und P die in Wärme umgesetzte Leistung in Watt, so können wir setzen

$$P = k\,O\,y,$$

wobei k einen Koefficienten bedeutet, der mit y wächst. Für eine einfache mathematische Behandlung ist es jedoch nöthig, k als konstant anzunehmen, und wir müssen deshalb zunächst untersuchen, ob der dadurch eingeführte Fehler sehr gross ist. Das kann mit Hilfe der Versuchsergebnisse, wie sie in Fig. 31 dargestellt sind, geschehen.

Setzen wir

$$o = \frac{O}{P},$$

so ist

$$1 = k\,o\,y.$$

Wäre nun k absolut konstant, so würden die in Fig. 31 dargestellten Kurven sich bei entsprechender Wahl des Maassstabes als gleichseitige Hyperbeln darstellen. Das ist jedoch nicht der Fall. Die Abweichung ist nicht unbedeutend, wie man sofort sieht, wenn man k aus den Kurven berechnet. So ist z. B. für einen Transformator ohne Oelkühlung

o	$=$	60	40	20
T	$=$	38	52	75
k	$=$	0,00044	0,00048	0,00067

Die Abweichung ist besonders für höhere Werthe von y bedeutend. Da man aber bei Transformatoren selten eine grössere Temperaturerhöhung als 60° bis höchstens 65° C. zulassen wird und innerhalb dieser Grenze die Abweichung nicht übermässig gross ist, so können wir ohne allzu grossen Fehler k als konstant annehmen.

Unter dieser Voraussetzung können wir folgende Wärmebilanz aufstellen: Die in der Zeit dx zugeführte Wärme, ausgedrückt in Arbeitseinheiten (Volt — Ampère — Sekunden), wird verwendet:

1. zur Erhöhung der Temperatur des Körpers von y auf $y + dy$ Graden Celsius;
2. zur Deckung der abgeführten Wärme $k \, O \, y \, dx$.

Ist das Gewicht von Kupfer G_k und Eisen G_e bekannt, so lässt sich die zur Temperaturerhöhung nöthige Wärme und die entsprechende elektrische Arbeit leicht berechnen. Die specifische Wärme ist für Eisen 0,11 und für Kupfer 0,093. Die der Temperaturerhöhung dy entsprechende Wärmemenge ist mithin

$$(0{,}11 \, G_e + 0{,}093 \, G_k) \, dy.$$

Die entsprechende Arbeit in Watt-Sekunden ist

$$4160 \, (0{,}11 \, G_e + 0{,}093 \, G_k) \, dy = c \, dy,$$

wobei c eine Konstante ist und für jeden Transformator berechnet werden kann aus

$$c = 4160 \, (0{,}11 \, G_e + 0{,}093 \, G_k).$$

Um die Wärmebilanz aufstellen zu können, muss auch die abgeführte Wärme in demselben Maass, d. h. in Watt-Sekunden und die verlorene Leistung in Watt ausgedrückt werden. Das giebt

$$P \, dx - c \, dy - b \, y \, dx = 0,$$

wobei

$$b = k \, O.$$

Die Gleichung der Wärmebilanz kann auch folgenderweise geschrieben werden

$$(P - by)\, dx - c\, dy = 0,$$

$$\left(y - \frac{P}{b}\right) dx + \frac{c}{b}\, dy = 0,$$

$$dx = - \frac{c}{b}\ \frac{dy}{\left(y - \dfrac{P}{b}\right)},$$

$$x = - \frac{c}{b}\ \ln \left(y - \frac{P}{b}\right) + C,$$

wobei C die Integrationskonstante bedeutet.

Im Anfang ist $x = 0$ und $y = 0$. Wir haben also

$$0 = - \frac{c}{b}\ \ln \left(- \frac{P}{b}\right) + C.$$

Aus beiden Gleichungen bilden wir

$$x = - \frac{c}{b}\ \ln \left(\frac{y - \dfrac{P}{b}}{- \dfrac{P}{b}}\right),$$

$$x = - \frac{c}{b}\ \ln \left(1 - \frac{b}{P}\, y\right),$$

$$x = - \frac{c}{k\, O}\ \ln (1 - k\, o\, y).$$

Oder, bei Anwendung gemeiner Logarithmen,

$$x = - \frac{2{,}3\, c}{k\, O}\ \log (1 - k\, o\, y). \quad \ldots \ldots \quad 11)$$

Die Endtemperatur $y = T$ wird, streng genommen, erst nach unendlich langer Zeit erreicht. Sie ist

$$T = \frac{1}{ko}\, .$$

Wenn wir uns jedoch begnügen, mit einem Annäherungswerthe von 99 % der wahren Endtemperatur, d. h. in ihrer Bestimmung eine Ungenauigkeit von 1 % zulassen, so wird die Klammergrösse 0,01 und der Logarithmus ist — 2. Es ist also die Zeit zur Erreichung des Dauerzustandes in Bezug auf Erwärmung gegeben durch die Formel

$$t = 4{,}6\, \frac{c}{k\, O}\ \text{Sekunden.}$$

Der Faktor 4,6 ist ziemlich willkürlich; er hängt von der Genauigkeit ab, die wir bei Angabe der Endtemperatur verlangen. Soll der Fehler kleiner als 1 % sein, so würde der Faktor grösser werden und umgekehrt.

Denken wir uns nun zwei Transformatoren gleicher Bauart, aber verschiedener Grösse, derart, dass die linearen Dimensionen des einen das m-fache jener des andern sind. Da k für beide Transformatoren gleich ist, c mit der dritten und O mit der zweiten Potenz variirt, so ist das Verhältnis der Zeiten, in welchen die Transformatoren bei Dauerbelastung ihre Maximaltemperatur erreichen, gegeben durch

$$\frac{t_2}{t_1} = m,$$

wobei t_1 sich auf den kleineren und t_2 auf den m mal grösseren Transformator bezieht. Wir finden somit, dass die Maximaltemperatur desto später erreicht wird, je grösser der Transformator ist. Wie hoch diese Temperatur ist, hängt natürlich von dem Verhältnis $O/P = o$ ab. Bezeichnet T_1 die Temperatur des kleinen und T_2 jene des m mal grösseren Transformators, so ist bei gleicher Kühlmethode (k für beide gleich)

$$\frac{T_2}{T_1} = \frac{o_1}{o_2}.$$

Nun ist $O_2 = m^2 O_1$ und bei gleicher Beanspruchung des Materials $P_2 = m^3 P_1$, so dass

$$\frac{O_2}{P_2} = \frac{O_1}{P_1} \frac{1}{m} \quad \text{oder} \quad \frac{o_1}{o_2} = m.$$

$$\frac{T_2}{T_1} = m.$$

Ist also in beiden Transformatoren die Kühlmethode dieselbe und wird im grösseren dieselbe magnetische Beanspruchung des Eisens und dieselbe Stromdichte im Kupfer zugelassen, so ist die Endtemperatur des grossen Transformators m mal jene des kleinen, während die Zeit, in der diese Temperatur erreicht wird, auch m mal so gross ist. Um im grossen Transformator keine höhere Endtemperatur zu haben als im kleinen, muss offenbar

$$k_1 o_1 = k_2 o_2,$$

$$k_1 \frac{O_1}{P_1} = k_2 \frac{O_2}{P_2},$$

$$k_1 \frac{O_1}{P_1} = k_2 \frac{O_1 \, m^2}{P_2} \, ,$$

$$\frac{k_1}{P_1} = m^2 \frac{k_2}{P_2} \, .$$

Bei gleicher Beanspruchung des Materials ist $P_2 = m^3 P_1$, also

$$k_1 = \frac{k_2}{m} \, .$$

Das heisst, es muss die Wirksamkeit der Kühlmethode im grösseren Transformator in solchem Maasse gesteigert werden, dass die von der Flächeneinheit abgeführte Wärmemenge das m-fache des entsprechenden Werthes im kleinen Transformator beträgt. Das kann durch Einblasen von Luft, Oelfüllung, mechanische Cirkulation des Oeles oder Kühlung desselben durch Kühlschlangen geschehen. Reichen diese Mittel nicht mehr aus, so bleibt nichts anders übrig, als die Bedingung

$$k_2 = \frac{k_1}{m^2} \frac{P_2}{P_1}$$

dadurch zu erfüllen, dass man $P_2 < m^3 P_1$ macht, das heisst die Beanspruchung des Materials im grossen Transformator niedriger hält als im kleinen.

Die obigen Ueberlegungen können in folgenden Sätzen zusammengefasst werden:

Bei gleicher Kühlmethode und gleicher Beanspruchung des Materials ist die Endtemperatur den linearen Dimensionen proportional.

Für gleiche Endtemperatur muss die Wirksamkeit der Kühlmethode im Verhältnis der linearen Dimensionen gesteigert werden oder die Beanspruchung des Materials entsprechend vermindert werden.

Die Zeit, in welcher die Endtemperatur erreicht wird, wächst proportional mit den linearen Dimensionen und nimmt mit steigender Wirksamkeit der Kühlmethode ab.

Beispiel. Für einen gegebenen Transformator sei bei 11 K.W. Belastung $P = 333$, $O = 12000$, $o = 36$ und $k = 0,000515$, wenn der Transformator in einem Kasten ohne Oel steht. Aus

$$1 = k \, o \, T$$

finden wir die Endtemperaturerhöhung

$$T = 54^0 \text{ C}.$$

Um die Zeit zu finden, nach der diese Temperatur erreicht wird, müssen wir zunächst c bestimmen. Es ist

$$c = 4160 \,(0{,}11 \, G_e + 0{,}093 \, G_k).$$

Das Eisengewicht sei $G_e = 179 \text{ kg}$ . . . $0{,}11 \, G_e = 19{,}7$
Das Kupfergewicht sei $G_k = 111{,}5 \text{ kg}$ . . $0{,}093 \, G_k = 10{,}3$

$$\overline{30}$$

$$c = 30 \times 4160 = 124\,800$$

$$t = \frac{4{,}6 \times 124\,800}{0{,}000515 \times 12\,000} = 93\,000 \text{ Sekunden} = 26 \text{ Stunden.}$$

Stellen wir nun den Transformator in Oel und belasten ihn wieder mit 11 K.W., so wird er die Endtemperatur (die natürlich geringer ist) früher erreichen. Die Kühlmethode ist durch die Beigabe des Oeles wirksamer geworden, d. h. k ist gestiegen. Wie man aus der untern Kurve Fig. 31 entnehmen kann, ist jetzt $k = 0{,}00067$. Die Endtemperatur beträgt jetzt 41° C. und sie wird in

$$26 \times \frac{515}{670} = 20 \text{ Stunden}$$

erreicht.

Denken wir uns nun die linearen Dimensionen dieses Transformators verdoppelt und zunächst die Kühlmethode nicht verbessert. Da P nunmehr den achtfachen, O aber nur den vierfachen Werth annimmt und k gleich geblieben ist, wird t den doppelten Werth haben. Der Transformator wird 40 Stunden brauchen, um seine Endtemperatur (streng genommen 99 % derselben) zu erreichen. Diese würde jedoch 82° C. betragen. Das ist zu viel. Um sie zu vermindern, müssen wir die Kühlmethode verbessern, etwa durch Einbau einer Kühlschlange und Durchleiten von kaltem Wasser, oder durch Anordnung von Cirkulationskanälen innerhalb und Kühlrippen ausserhalb des Gehäuses. Wir wollen annehmen, dass es uns in dieser Art gelungen ist, die Endtemperatur auf 65° C. zu begrenzen, dann würde diese Kühlmethode einem k von

$$0{,}00067 \times \frac{82}{65} = 0{,}000845$$

entsprechen; und die Zeit, nach welcher die Endtemperatur von 65° C. über jene der umgebenden Luft (also eine wirkliche Temperatur von rund 80° C.) erreicht wird, würde nicht mehr 40 Stunden, sondern nur

$$40 \times \frac{65}{82} = 31,6 \text{ oder rund } 32 \text{ Stunden}$$

betragen.

Wie später gezeigt wird, wächst bei gleicher Beanspruchung des Materials die Leistung des Transformators ungefähr mit der vierten Potenz der linearen Dimensionen. Der grosse Transformator würde also rund 16 mal so viel leisten als der kleine, d. h. 166 K.W. Die Gesammtverluste sind 8 mal so gross, also rund 2,7 K.W. oder 1,64 % der Leistung. Dieses günstige Ergebnis ist aber nur möglich unter der Voraussetzung, dass es wirklich gelingt, die Kühlmethode so zu verbessern, dass die Erwärmung die angegebene Grenze von 65⁰ C. nicht übersteigt. Gelingt das nicht, so ist die Beanspruchung des Materials entsprechend zu vermindern. Natürlich wird dadurch auch die Leistung vermindert. Wir haben in diesen Ausführungen hauptsächlich den Einfluss der linearen Dimensionen auf die Erwärmung und die dazu nöthige Zeit betrachtet und dabei ihren Einfluss auf die Leistung nur nebenher gestreift. Wir gehen nun dazu über, diesen Gegenstand etwas genauer zu untersuchen.

Einfluss der linearen Dimensionen. Die meisten Maschinen und mechanischen Apparate gestalten sich in Bezug auf Materialausnutzung und Wirkungsgrad günstiger, wenn sie in grösserem Maassstabe ausgeführt werden, und es steht deshalb zu erwarten, dass auch grosse Transformatoren im Verhältnis zur Leistung leichter sein und einen besseren Wirkungsgrad haben werden als kleine. Innerhalb gewisser Grenzen ist das auch der Fall. Ein 10 Kwt.-Transformator hat jedenfalls ein kleineres als das 10 fache Gewicht von einem 1 Kwt.-Transformator, und sein Wirkungsgrad ist auch besser. Wenn wir jedoch einen 100 Kwt.- und einen 10 Kwt.-Transformator miteinander vergleichen, so tritt der Vorzug des grösseren Apparates nicht mehr so auffallend hervor; ja er kann sogar ganz verschwinden. Der Grund dafür liegt in dem Umstande, dass der grössere Apparat wegen seiner im Verhältnis zu seinem Volumen kleineren Abkühlungsfläche nicht so stark belastet werden kann als der kleinere, wenn die pro Oberflächeneinheit abgegebene Wärmemenge die gleiche bleiben soll. So lange nun der kleinere von den beiden zu vergleichenden Transformatoren so geringe lineare Dimensionen hat, dass seine abkühlende Oberfläche im Vergleich zu seiner Leistung sehr reichlich ist, kann man beim grösseren Transformator eine grössere Erwärmung zulassen und erzielt durch die Vergrösserung der linearen Dimensionen einen erheblichen Vortheil; wenn jedoch der kleinere Apparat solche Dimensionen hat, dass er schon selbst nahe an der Grenze der zulässigen Erhitzung steht, darf diese Grenze beim grösseren Apparat auch nicht überschritten werden, und es bietet dann die Vergrösserung der linearen Dimensionen nicht mehr denselben und unter Umständen sogar keinen Vortheil in Bezug auf Materialausnützung.

Ein Beispiel möge dies erläutern. Wir nehmen an, dass der kleine Apparat für eine Leistung von 10 Kwt. gebaut sei und bei Vollbelastung einen Verlust von 400 Watt aufweist, der wie folgt vertheilt ist: Hysteresis 200 Watt; Kupferwärme 100 Watt in jedem Stromkreis. Die ganze Abkühlungsfläche sei 16 000 qcm, also 40 qcm pro Watt, was bei Dauerbetrieb einer Temperaturzunahme von etwa 50⁰ C. über die Lufttemperatur entspricht. Die Induktion im Eisen sei $\mathfrak{B} = 5000$. Nun vergrössern wir die linearen Dimensionen des Eisenkernes auf das Doppelte. Bei gleicher magnetischer Beanspruchung würde also der gesammte magnetische Fluss das Vierfache ausmachen, und um die gleichen elektromotorischen Kräfte zu erhalten, brauchen wir nur den vierten Theil der Windungen in jeder Spule. Der Windungsraum ist dabei der Vierfache; es kann also jeder einzelne Draht mit seiner Isolation den 16 fachen Raum einnehmen. Da nun die Isolation nicht ganz in dem Verhältnisse verstärkt zu werden braucht, als der Draht selbst, und da man in der Hochspannungsspule rechteckigen anstatt runden Draht verwenden kann, so wird der Querschnitt der Drähte selbst etwas mehr wie das 16 fache betragen. Wir wollen der Einfachheit halber auf diesen Umstand vorläufig nicht Rücksicht nehmen, aber beachten, dass das so erhaltene theoretische Ergebnis für den grossen Transformator nicht ganz so günstig ausfällt, als der Wirklichkeit entspricht.

Betrachten wir zunächst die Niederspannungswickelung. Die Länge jeder Wickelung ist auf das Doppelte gestiegen; dabei haben wir jedoch nur ein Viertel der Windungen. Die Gesammtlänge ist also nunmehr auf die Hälfte gesunken. Wenn der gleiche Draht verwendet würde, so wäre der Widerstand also die Hälfte. Nehmen wir an, der kleine Transformator giebt 100 Ampère bei 100 Volt. Die Kupferwärme von $1\%/_0 = 100$ Watt würde also einem Widerstand von 0,01 Ohm entsprechen. Der grosse Transformator mit

dem gleichen Draht bewickelt würde mithin in seiner Niederspannungsspule einen Widerstand von 0,005 Ohm haben. Da jedoch
der Draht den 16 fachen Querschnitt hat, so ist sein Widerstand
$\frac{0,005}{16}$ Ohm. Wenn wir zunächst annehmen, dass der Draht gleich
beansprucht wird, so würde die sekundäre Stromstärke 1600 Ampère
betragen, der Spannungsverlust also 0,5 Volt sein, das heisst nur
mehr ein halbes Procent. Die gleiche Ausführung gilt für die Hochspannungsspule, so dass die ganze Kupferwärme nur mehr 1% der
Gesammtleistung von 160 Kwt., also 1600 Watt ausmacht. Der
Eisenverlust ist im Verhältnis mit dem Gewicht auf das Achtfache
angewachsen, beträgt somit auch 1600 Watt. Wir haben also im
grossen Transformator die gesammten Verluste gleich 3200 Watt
und die Leistung gleich 160 Kwt. Die Gesammtverluste machen
daher nur 2% der Leistung aus, gegenüber 4% im kleinen Transformator. In dieser Beziehung ist der grosse Transformator bedeutend besser als der kleine, es ist jedoch nicht immer möglich,
die Leistungsfähigkeit bei diesem Wirkungsgrad voll auszunützen,
weil sich sonst der Apparat zu sehr erhitzen würde. Die Ausnützung kann allerdings durch Anwendung von besonderen Kühlvorrichtungen möglich gemacht werden. Wir sehen jedoch von diesen
vorerst ab. Wir haben angenommen, dass der kleine Transformator
eine Abkühlungsfläche von 16 000 qcm hat, also 40 qcm per Watt
Verlust bei Dauerbetrieb. Die Temperaturerhöhung war dabei etwa
50° C. Der grosse Transformator hat die vierfache Abkühlungsfläche und einen achtmal so grossen Verlust; seine Abkühlungsfläche
ist also nicht mehr 40, sondern nur 20 qcm pro Watt Verlust, was
bei Dauerbetrieb eine Temperaturerhöhung von 76° C. herbeiführen
würde. Eine solche Erhitzung ist unzulässig, und um sie zu vermeiden, giebt es zwei Mittel. Wir können entweder das Gehäuse
des Transformators mit Oel füllen, wodurch eine bessere Abführung
der Wärme vom Transformator an die Wände seines Gehäuses erzielt wird und die Temperaturerhöhung bei Dauerbetrieb auf etwa
55° C. vermindert würde, was noch zulässig ist; oder wir können
mechanisch Luft einblasen und so die Kühlung wirksamer machen;
oder wir müssen, wenn wir keines dieser Mittel verwenden wollen,
die Belastung soweit vermindern, dass die Gesammtverluste nicht
mehr als 1600 Watt betragen, wobei die Abkühlungsfläche pro Watt
Verlust auf das im kleinen Transformator gegebene Maass von

40 qcm pro Watt steigt. Um den Vergleich der beiden Transformatoren auf derselben Grundlage durchzuführen, müssen wir das letztere Mittel wählen und jetzt untersuchen, um wieviel die Leistung zu verringern ist, damit die Gesammtverluste halbirt werden. Wir hatten einen Eisenverlust von 1600 Watt bei $\mathfrak{B} = 5000$. Aus den Kurven Fig. 9 finden wir, dass bei $\sim = 50$ jedes Kilogramm Eisen 1,08 Watt verbraucht. Um den halben Verlust zu haben, müssen wir auf den Kurven jenen Punkt aufsuchen, für welchen der Verlust pro kg nur 0,54 Watt ist. Das ist der Fall für $\mathfrak{B} = 3350$. Um mit dieser Induktion zu arbeiten, müssen wir entweder die Spannung vermindern, oder die Windungszahl erhöhen. Wir würden also, wenn wir an der Wickelung nichts ändern, jetzt nicht mehr 100 Volt in der Sekundärspule erhalten, sondern nur $100 \times \dfrac{3350}{5000}$ $= 67$ Volt, dafür aber den Eisenverlust auf die Hälfte reducirt haben. Um die Kupferwärme WJ^2 auch auf die Hälfte zu reduciren, muss das Quadrat der Stromstärke auf die Hälfte, die Stromstärke selbst also im Verhältnis $\sqrt{2} : 1$ reducirt werden, was in unserem Falle $1600 : \sqrt{2} = 1135$ giebt. Die Leistung des Transformators ist also jetzt nicht mehr 160 Kwt., sondern bloss 67×1135 $= 76,5$ Kwt. In Wirklichkeit wird allerdings die Leistung etwas grösser ausfallen, weil, wie schon oben erwähnt, das Verhältnis des durch die Isolation verlorenen zu dem mit Kupfer wirklich ausgefüllten Wickelungsraume sich im grösseren Transformator günstiger stellt. Wie gross dieser Gewinn ist, muss für jede Konstruktion durch Zeichnung und Berechnung bestimmt werden. Nehmen wir als einen angenäherten Ueberschlag an, dass wir auf diese Weise noch 8 Kwt. gewinnen, so würde der grosse Transformator 84 Kwt. im Dauerbetrieb liefern können, und dabei seine Erwärmung nicht grösser sein als jene des kleinen. Die Leistung ist also auf etwas über das Achtfache gestiegen, und da das Gewicht achtmal so gross ist, so ist die Materialausnützung im kleinen und grossen Transformator so ziemlich dieselbe. Die Vergrösserung der linearen Dimensionen hat in dieser Beziehung keinen Vortheil gebracht. In Bezug auf den Wirkungsgrad ist jedoch ein erheblicher Vortheil erzielt worden; denn der 84 Kwt.-Transformator verliert 1600 Watt, also nicht ganz 2%, während der 10 Kwt.-Transformator 4% verliert. Der Wirkungsgrad ist also von 96 auf 98% gesteigert worden.

Die Aenderung der linearen Dimensionen wird für den grossen Transformator bedeutend günstiger, wenn seine Leistung nicht durch das Verhältnis von Abkühlungsfläche und Wattverlust begrenzt wird. Das ist der Fall, einmal wenn der kleine Transformator so geringe Dimensionen hat, dass seine Leistung nicht durch die Frage der Erhitzung, sondern lediglich durch jene nach einem guten Wirkungsgrad begrenzt ist; und ein anderes Mal, wenn man beim grossen Transformator künstliche Abkühlungsmittel anwendet. Ist die Abkühlung genügend wirksam, so kann die Leistung im Verhältnis zur vierten Potenz der linearen Vergrösserung gesteigert werden (also in unserem Beispiele von 10 Kwt. auf $10 \times 2^4 = 160$ Kwt.), während das Gewicht sich nur im Verhältnis zur dritten Potenz vergrössert. Die Materialausnützung wird also bei Vergrösserung der linearen Dimensionen günstiger; das heisst, je grösser die linearen Dimensionen, desto geringer wird das Gewicht des Transformators per Kwt. Leistung. Dabei ist der procentuale Effektverlust den linearen Dimensionen umgekehrt proportional.

Wir können in der Ausnützung des grossen Transformators jedoch noch einen Schritt weiter gehen. Wir können annehmen, dass wir durch Anordnung besonders wirksamer Kühlvorrichtungen (wie mechanische Cirkulation von Oel unter Anwendung von Kühlwasser in einem äusseren Gefässe) es dahin bringen, die Temperatur selbst bei einer grösseren Leistung noch in angemessenen Grenzen zu halten. In diesem Falle können wir also die magnetische Beanspruchung des Eisens und die Stromdichte in den Drähten des grossen Transformators noch erhöhen. Nehmen wir an, dass wir die primäre Spannung um so viel erhöhen, dass $\mathfrak{B} = 7300$ wird. Der Eisenverlust wird dann 2,1 Watt per kg bei 50 Perioden sein und sich mithin von 1600 auf $1600 \cdot \dfrac{2,1}{1,08} = 3100$ Watt steigern. Die elektromotorische Kraft der Sekundärspule wird dabei von 100 auf $100 \cdot \dfrac{7300}{5000} = 146$ Volt anwachsen. Wenn wir in der Kupferwärme einen gleichen Zuwachs als wie im Eisenverlust erlauben, so wird die Stromstärke im Verhältnis von $1 : \sqrt{\dfrac{3100}{1600}} = 1 : 1,39$ steigen. Die Leistung des Transformators ist also jetzt nicht 160 Kwt., sondern

$$\frac{146 \times 1600 \times 1,39}{1000} = 325 \text{ Kwt.}$$

bei einem Gesammtverlust von 6200 Watt. Der Verlust ist also nahezu 2%, und der Wirkungsgrad ist annähernd der gleiche wie früher. Wir haben durch diese gesteigerte Beanspruchung des Materiales die Leistung verdoppelt, ohne den Wirkungsgrad zu verkleinern. Dabei ist im Vergleich mit dem kleinen Transformator die Leistung pro Gewichtseinheit aktiven Materiales vervierfacht worden. Allerdings ist die Abkühlungsfläche jetzt nicht 40, sondern nur mehr 10 qcm pro Watt Arbeitsverlust, und ein Dauerbetrieb wäre nur unter Anwendung von ganz vorzüglichen Einrichtungen zur Cirkulation und Abkühlung des Oeles möglich. Immerhin empfiehlt es sich, bei sehr grossen Transformatoren solche Kühlvorrichtungen anzubringen, weil deren Kosten im Vergleich zur erzielten Materialersparnis im Transformator selbst nur gering sein können. Es werden auch thatsächlich Transformatoren bis zu 1000 und mehr Kwt. gebaut und mit sehr wirksamen Gebläsen, Kühlschlangen oder gleichwerthigen Einrichtungen versehen.

Die obige Betrachtung wurde unter der Voraussetzung gemacht, dass das Verhältnis der linearen Dimensionen der zwei Transformatoren 1 : 2 sei. Es wäre natürlich auch möglich gewesen, die gleiche Betrachtung ganz allgemein für ein beliebiges Verhältnis 1 : m anzustellen. Das konkrete Zahlenbeispiel erleichterte jedoch die Betrachtung und wurde aus diesem Grunde gewählt. Wir können jetzt die Ergebnisse ohne weiteres auf den Fall anwenden, wo die lineare Vergrösserung um das $m$fache stattfindet, wobei jedoch beachtet werden muss, dass die Ergebnisse nur annähernd und nicht in streng mathematischem Sinne richtig sind. Das kommt theilweise daher, dass wir als Ausgangspunkt des Vergleiches eine bestimmte Induktion für den kleinen Transformator annehmen müssen, deren Wahl natürlich die Rechnung beeinflusst; und theilweise daher, dass bei dem Entwurf des grossen Transformators die Geschicklichkeit des Konstrukteurs auch mitspielt, dieser Faktor aber rechnerisch nicht mit in die Formeln aufgenommen werden kann. Das Ergebnis unserer Betrachtung ist also nur eine erste Annäherung, aber als solche zu vorläufigen Ueberschlagsrechnungen immerhin nützlich. Wir wollen deshalb die oben gewonnenen Resultate der bequemen Uebersicht halber noch tabellarisch zusammenstellen. Dabei bedeutet P die Leistung und P_v die Gesammtverluste des kleinen Transformators, O seine Abkühlungsfläche, o die Abkühlungsfläche für jedes Watt Effektverlust (also $o = \dfrac{O}{P_v}$) und m das Verhältnis zwischen den linearen Dimensionen des kleinen und grossen Transformators. Dann haben wir im grossen Transformator drei Fälle zu unterscheiden:

I. Die Abkühlungsfläche per Watt ist dieselbe, und die Erwärmung beider Apparate ist bei gleicher Kühlungsmethode dieselbe.

II. Die magnetische und elektrische Beanspruchung des Materiales ist dieselbe. Bei gleicher Kühlungsmethode ist die Erwärmung des grossen Transformators grösser, oder bei gleicher Erwärmung muss die bei ihm angewendete Kühlungsmethode wirksamer sein.

III. Die Beanspruchung des Materiales im grossen Transformator soll um so viel grösser als im kleinen sein, dass die Abkühlungsfläche pro Watt Verlust im Verhältnis $1 : m^2$ kleiner ist als beim Normal-Transformator. Dabei muss natürlich der grosse Transformator eine besonders wirksame Einrichtung zu seiner Kühlung erhalten.

Bezeichnung der Grössen	Kleiner Normal-Transformator	Grosser Transformator		
		I	II	III
Lineare Dimension . .	l	$l_1 =$ $m\,l$	$m\,l$	$m\,l$
Gewicht	G	$G_1 =$ $m^3\,G$	$m^3\,G$	$m^3\,G$
Abkühlungsfläche . . .	O	$O_1 =$ $m^2\,O$	$m^2\,O$	$m^2\,O$
Leistung	P	$P_1 =$ $m^3\,P$	$m^4\,P$	$m^5\,P$
Verlust	P_v	$P_{v_1} =$ $m^2\,P_v$	$m^3\,P_v$	$m^4\,P_v$
$O : P_v$	o	$o_1 =$ o	$\dfrac{o}{m}$	$\dfrac{o}{m^2}$
Gewicht pro Kilowatt .	g	$g_1 =$ g	$\dfrac{g}{m}$	$\dfrac{g}{m^2}$
Wirkungsgrad	η	$\eta_1 =$	$\dfrac{m-1+\eta}{m}$		

Ein Beispiel möge den Gebrauch dieser Tabelle erläutern. Nehmen wir an, wir hätten für einen 5 Kwt.-Transformator bei 95% Wirkungsgrad eine gute Konstruktion gefunden. Wir betrachten diesen als den Normaltransformator und wünschen die gleiche Konstruktion so zu vergrössern, dass wir einen 15 Kwt.-Transformator erhalten. Zum Ansetzen der Zeichnung ist es also vor allem nöthig, die Grösse der linearen Dimensionen zu bestimmen.

Wir nehmen an, dass der grosse Transformator wie der kleine gewöhnliche Luftkühlung haben soll. Es sei im kleinen Transformator $o = 60$, was einer Temperaturerhöhung von 38^0 C. entspricht. Wir wollen nun im grossen Transformator eine Temperaturerhöhung von 55^0 C. erlauben. Das giebt uns $o_1 = 35$. Nehmen wir vorerst gleiche Materialbeanspruchung an und bestimmen m aus

$$m = \frac{o}{o_1} = 1{,}72 \text{ (Spalte II der Tabelle)},$$ so werden wir voraussichtlich zu grosse Dimensionen und eine zu grosse Leistung erhalten. Wir finden in der That $P_1 = 5 \times 1{,}72^4 = 43{,}5$ Kwt. Wir betrachten jetzt den Transformator von 43,5 Kwt. als den normalen Transformator und bestimmen aus Spalte II die Dimensionen des 15 Kwt.-Transformators. Es ist also $P = 43{,}5$ und $P_1 = 15$. Daraus ergiebt sich $m = \sqrt[4]{\dfrac{15}{43{,}5}} = 0{,}77$.

Die lineare Dimension des 5 Kwt.-Transformators war l, die des 43,5 Kwt.-Transformators war $1{,}72\,l$. Wir finden somit die lineare Dimension des 15 Kwt.-Transformators $l_1 = l \times 1{,}72 \times 0{,}77 = 1{,}325\,l$. Wenn also z. B. die Kerndicke des 5 Kwt.-Transformators 100 mm war, so müssten wir die Zeichnung des 15 Kwt.-Transformators mit einer Kerndicke von 133 mm ansetzen.

Zur Kontrolle können wir auch die Kerndicke aus Spalte I bei gleicher Abkühlung berechnen, also für $o_1 = 60$. Wir haben aus $P_1 = m^3 \times 5 = 15$, $m = \sqrt[3]{3} = 1{,}44$. Die Kerndicke würde also in diesem Falle nicht 133, sondern 144 mm betragen. Der Unterschied kommt daher, dass die grössere Dimension für einen Transformator gilt, der bei Dauerbetrieb nicht eine Temperaturerhöhung von 55^0 C., wie erlaubt, sondern nur eine solche von 38^0 C. aufweisen wird. Bei $o_1 = 60$, d. h. bei der kleineren Erwärmung ist das Gewicht des Transformators $3\,G$; bei $o = 35$, d. h. bei Erwärmung um 55^0 C. würde das Gewicht nur $1{,}325^3\,G = 2{,}33\,G$ betragen. Wir können durch Zulassung der grösseren Erwärmung das Gewicht und annähernd auch die Herstellungskosten des 15 Kwt.-Transformators um $\dfrac{300 - 233}{300} \times 100 = 22{,}4\,\%$ vermindern.

Die Abkühlungsfläche des 5 Kwt.-Transformators war 60 qcm pro Watt, also im Ganzen $O = 250 \times 60 = 15\,000$ qcm. Für den Transformator mit einem Kern von 133 mm haben wir $O_1 = 15\,000 \times 1,33^2 = 26\,500$ qcm, wobei 35 qcm pro Watt entfallen. Wir haben also einen Gesammtverlust von $26\,500 : 35 = 760$ Watt, d. h. ungefähr 5% der Gesammtleistung. Wenn wir jedoch den grösseren Kern verwenden, so ist $P_{v1} = 1,44^2 \times 250 = 520$ Watt, also nur $3^1/_2$% der Gesammtleistung. Wir können jetzt die gefundenen Werthe wie folgt tabellarisch zusammenstellen. Um eine Grundlage zum Vergleich der Gewichte zu haben, nehmen wir an, dass der 5 Kwt.-Transformator 20 kg pro Kilowatt wiegt.

Bezeichnung der Grössen		Transformator von		
		5 Kwt.	15 Kwt.	15 Kwt.
Kerndicke . . . . mm		100	133	144
Gesammtgewicht . . kg		100	233	300
Gewicht pro Kilowatt kg		20	15,6	20
Temperaturerhöhung ° C.		38	55	38
Wirkungsgrad . . . %		95	95	96,5

Der Konstrukteur hat jetzt beim Ansetzen der Zeichnung zu entscheiden, ob er die grössere oder kleinere Kerndicke wählt. Dieselbe grösser zu machen als 144 mm, würde einen zu schweren Apparat geben, während eine kleinere Kerndicke als 133 mm die Anwendung besonderer Kühlvorrichtungen nöthig machen würde, deren Kosten im Vergleich mit den Kosten des Apparates selbst doch ziemlich beträchtlich sein würden. Die Wahl liegt also zwischen den in der Tabelle angeführten Grenzen und muss lediglich mit Rücksicht auf die Herstellungskosten und den Wirkungsgrad getroffen werden. Handelt es sich hauptsächlich um eine leichte und billige Konstruktion, so wird man die kleinere Kerndicke wählen; handelt es sich hauptsächlich darum, den Wirkungsgrad möglichst gross zu machen, so wird man die grössere Kerndicke wählen.

Der praktische Nutzen der hier angestellten Betrachtung über den Einfluss der linearen Dimensionen liegt hauptsächlich darin, dass dadurch dem Konstrukteur ein Mittel gegeben wird, ohne langwieriges Herumtasten sofort die Zeichnung eines neuen Transformators anzusetzen, wenn jene eines guten Transformators anderer Grösse vorliegt.

Formel zur oberflächlichen Berechnung der Leistung. Für kleine und mittlere Transformatoren ohne besondere Kühlvorrichtungen ist, wie früher gezeigt wurde, die Leistung bei gleicher Periodenzahl ungefähr dem Gewicht proportional. Sie ist also auch dem gesammten Eisenvolumen ungefähr proportional. In kleinen Transformatoren entfällt auf die Kerne ein kleinerer Theil des Gesammtvolumens, in grösseren ein grösserer Theil. Der Unterschied ist jedoch nicht sehr bedeutend. Es ist also auch das Kernvolumen ein ungefähres Maass für die Leistung derjenigen Spulen, die den Kern umgeben. Diese Ueberlegung giebt uns ein bequemes Mittel, die Leistung eines Transformators aus dem Kernvolumen, allerdings nur ganz oberflächlich, zu bestimmen. Wir haben

Leistung in $KVA = K \times$ Kernvolumen in cdm,

dabei bedeutet K einen Koefficienten, der von der Spannung, Periodenzahl, Temperaturerhöhung, Kühlmethode und auch von der Geschicklichkeit des Konstrukteurs abhängt. Für Spannungen bis 2000 V, $\sim = 50$, und Leistungen zwischen etwa 10 und 50 KVA schwankt K zwischen 0,8 und 1,2, wobei der kleinere Werth für die untere, der grössere für die obere Leistungsgrenze gilt und künstliche Kühlung nicht verwendet wird. Bei höheren Periodenzahlen wird K etwas grösser.

Viertes Kapitel.

Arbeitsleistung eines Wechselstromes. Um die Leistung
eines Transformators beurtheilen zu können, ist es zunächst nothwendig, den Effekt zu messen, welcher der Primärspule zugeführt
und von der Sekundärspule abgegeben wird. Wir müssen also im
Stande sein, die durch irgend einen Wechselstrom dargestellte
Leistung durch einen geeigneten Apparat entweder direkt zu messen,
oder aus anderen Beobachtungen zu berechnen. Wir nehmen dabei
vorläufig an, dass sowohl der Strom selbst als auch die Spannung
sich nach dem Sinusgesetz ändern. Diese Annahme geschieht
lediglich, um die mathematische Behandlung des Gegenstandes einfach und übersichtlich zu machen. Sie trifft in Wirklichkeit nur
selten zu, wir werden jedoch später sehen, dass die unter dieser
Annahme entwickelten Methoden zur Arbeitsmessung auch dann angewendet werden können, wenn der Strom und seine Spannung nicht
sinusartig, sondern beliebig verlaufen, solange nur die Periodenzahl
beider die gleiche ist.

Es stelle die Sinuslinie I in Fig. 32 die jeweilige Stromstärke
als Funktion der Zeit dar, und die Linie E die Spannung zwischen
zwei Punkten eines Stromkreises, also z. B. zwischen den Klemmen
der Primärspule eines Transformators. Dabei zählen wir die Zeit
von links nach rechts. Zur Zeit 0 ist die Stromstärke negativ
(unter der Abscissenachse), und die Spannung ist 0. Zur Zeit t_1
ist die Stromstärke 0, und die Spannung hat einen positiven Werth.
Zur Zeit t_2 erreicht die Spannung ein positives Maximum. Die
Stromstärke erreicht ihr positives Maximum etwas später, nämlich
zur Zeit t_3. Bei t_4 ist die Spannung auf 0 gesunken, die Strom-

stärke ist jedoch noch positiv, aber im Abnehmen begriffen. Sie wird 0 bei t_5, zu welcher Zeit die Spannung schon negativ ist. Da unserer Annahme gemäss beide Kurven nach einem einfachen Sinus-gesetz verlaufen, so muss die Entfernung ihrer Nullpunkte sowohl als ihrer Maxima stets die gleiche bleiben, das heisst, die Zeit-unterschiede zwischen den betreffenden Punkten müssen dieselben sein: $t_3 - t_2 = t_5 - t_4 = t_7 - t_6$ etc. Dieser Zeitunterschied zwischen den entsprechenden Werthen von Strom und Spannung wird als zeitliche Nach- oder Voreilung bezeichnet. In unserem Falle, wo die Spannung die Null- und Maximalwerthe früher erreicht als der Strom, hat der Strom Nacheilung im Vergleich zur Spannung; oder man kann auch sagen, dass die Spannung dem Strome voreilt.

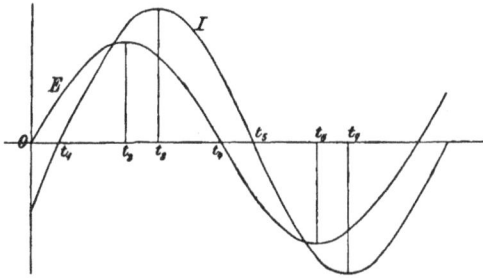

Fig. 32.

Bedingung für dieses relative Verhältnis ist, dass in dem beob-achteten Theil des Stromkreises eine elektromotorische Kraft thätig ist, welche sich der Aenderung der Stromstärke widersetzt. Eine solche elektromotorische Kraft wird z. B. durch die Aenderung in dem vom Strome selbst erzeugten Kraftlinienfluss hervorgerufen. Ist jedoch in dem betrachteten Theil des Stromkreises eine elektro-motorische Kraft im entgegengesetzten Sinne thätig, so wird sowohl das Anwachsen als auch das Abnehmen der Stromstärke dadurch begünstigt, und der Strom erreicht seine Null- und Maximalwerthe früher als die Spannung. Wir haben also dann zeitliche Voreilung des Stromes gegenüber der Spannung. Eine solche in der Strom-richtung wirkende elektromotorische Kraft wird durch Einschaltung eines Kondensators hervorgebracht. Die Platten des Kondensators erhalten den stärksten positiven Ladestrom in dem Augenblicke, wo die Spannung zwischen ihnen 0 ist. Hat diese Spannung ihr posi-tives Maximum erreicht, so kann keine weitere Ladung erfolgen,

und der Ladestrom wird Null. Bei Abnahme der positiven Spannung
tritt sofort ein negativer oder Entladestrom auf, der bei der Spannung 0 sein Maximum erreicht u. s. w. Wir sehen daraus, dass der
Strom der zwischen den Platten herrschenden Spannung um eine
viertel Periode voreilt. Nun ist noch der Fall denkbar, dass ausser
der Klemmenspannung im betrachteten Theil des Stromkreises keine
elektromotorische Kraft wirkt, dass also der Strom weder zeitlich
beschleunigt noch zeitlich verzögert wird. Dieser Fall tritt ein,
wenn der Stromkreis nur ohmischen Widerstand hat, z. B. Glüh-

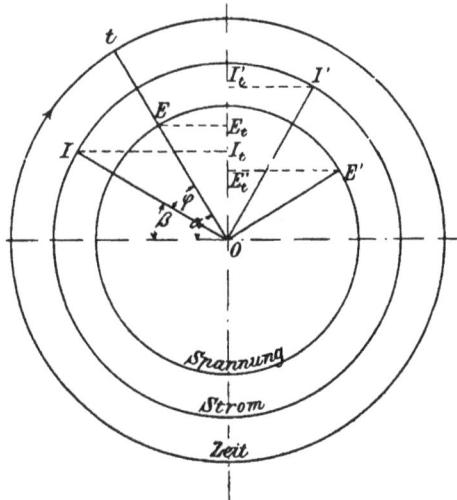

Fig. 33.

lampen, welche von den Sekundärklemmen des Transformators gespeist werden. Dann decken sich die Nullpunkte beider Kurven,
das heisst t_5 fällt mit t_4 zusammen, t_3 mit t_2 und so weiter. Man
kann den periodischen Verlauf der Stromstärke und Spannung bequem in einem Vektordiagramm darstellen. Es diene der äussere
Kreis in Fig. 33 zur Zeitmessung (etwa wie das Zifferblatt einer
Uhr), und $O\,t$ sei der Uhrzeiger, der sich in der Pfeilrichtung mit
konstanter Winkelgeschwindigkeit dreht. Wir zählen dabei die Zeit
von dem Augenblicke an, wo der Zeiger horizontal, und zwar links
steht. In diesem Augenblicke geht die Spannung durch Null. Wenn
man nun einen Kreis beschreibt, dessen Radius nach einem will-

kürlich gewählten Maassstab den Maximalwerth der Spannung dar-
stellt, so giebt die Projektion des innerhalb des Kreises liegenden
Theiles des Uhrzeigers (Spannungsvektor) den jeweiligen Werth der
Spannung im selben Maassstab an. Es ist also zur Zeit t die
Spannung gleich $O\,E_t$, wobei wir die Spannung als positiv betrach-
ten, wenn E_t über, und als negativ, wenn E_t unter O liegt.

In der gleichen Weise kann die Stromstärke dargestellt werden,
nur muss man sich den betreffenden Stromvektor $O\,I$ um den
konstanten Nacheilungswinkel $E\,O\,I = \varphi$ zurückgestellt denken. Die
zwei Vektoren drehen sich in derselben Richtung mit gleicher Geschwindigkeit und behalten somit immerwährend ihre gegenseitige
Winkelstellung φ bei. Nehmen wir an, der Vektor $O\,E$ schliesse
nach der Zeit t mit der Horizontalen den Winkel α ein, so wird
der Zeiger $O\,I$ zur selben Zeit mit der Horizontalen den Winkel
$\beta = \alpha - \varphi$ einschliessen. Die augenblicklichen Werthe der Spannung
und Stromstärke sind dann bezw. $E \sin \alpha$ und $I \sin (\alpha - \varphi)$. Der
augenblickliche Werth des Effektes ist das Produkt dieser beiden
Werthe

$$P = E\,I \sin \alpha \sin (\alpha - \varphi).$$

Nehmen wir an, dass die Vektoren in einer Sekunde $\sim$ Umdrehungen machen, so dass $\dfrac{1}{\sim} = T$ die Zeit einer vollen Periode
bezeichnet, und nennen wir die Winkelgeschwindigkeit ω, so ist
offenbar

$$\omega\,T = 2\,\pi$$
$$\alpha = \omega\,t$$
$$d\,\alpha = \omega\,d\,t$$
$$d\,\alpha = 2\,\pi \sim d\,t$$

Da die Arbeit das Produkt von Effekt und Zeit ist, so haben
wir die in der Zeit $d\,t$ geleistete Arbeit

$$d\,A = P\,d\,t.$$

Wenn wir nun die Strom- und Spannungskurven aufzeichnen
(Fig. 34) und das Produkt ihrer Ordinaten bilden, so erhalten wir
eine dritte Kurve P, deren Ordinaten den augenblicklichen Effekt,
und deren Fläche die Arbeit darstellt. Soweit diese Kurve oberhalb der Abscissenachse liegt, stellt sie positive, also dem Stromkreis zugeführte Arbeit dar; unterhalb der Achse liegende Theile
der Kurve (die kleinen schraffirten Theile) stellen negative, d. h.
vom Stromkreis wieder abgegebene Arbeit dar. Wollen wir die

während einer vollen Periode aufgenommene Arbeit bestimmen, so muss die Messung der Flächen zwischen den Ordinaten $t = 0$ und $t = T$ geschehen, wobei die unterhalb der Horizontalen liegenden Flächen als negativ zu nehmen sind.

Die Arbeit während einer vollen Periode ist also

$$A = \int_0^T P\, d\,t.$$

Der augenblickliche Effekt schwankt, wie man aus den Kurven sieht, zwischen einem kleinen negativen und einem grossen positiven Werthe. Wir können uns nun vorstellen, dass wir diese ver-

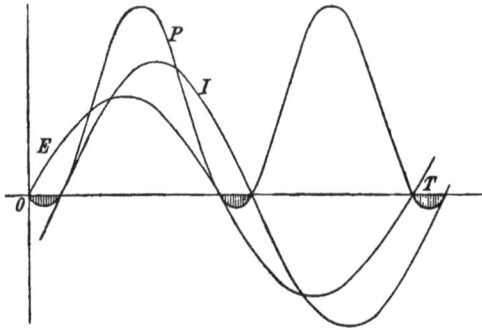

Fig. 34.

änderliche Leistung durch eine Dauerleistung ersetzen (etwa durch einen konstanten Gleichstrom), welche in der Zeit T genau so viel Arbeit liefert als der Wechselstrom; dann ist offenbar diese mittlere oder effektive Leistung der Quotient aus der Arbeit des Wechselstromes während einer Periode und der Zeitdauer der Periode

$$P = \frac{A}{T}$$

$$P = \frac{1}{T} \int_0^T P\, d\,t.$$

Mit Einsetzung der obigen Werthe kann dieser Ausdruck auch in folgender Form geschrieben werden:

$$P = \frac{\sim}{2\,\pi \sim} \int_0^{2\pi} E\,I \sin \alpha \sin (\alpha - \varphi)\, d\,\alpha,$$

deren Integration ergiebt

$$P = \frac{1}{2} E I \cos \varphi.$$

Das gleiche Resultat erhalten wir nach Blakesley durch eine geometrische Methode mit Benützung des Vektordiagrammes. Seien in Fig. 33 E und I die augenblicklichen Stellungen der Spannungs- und Stromvektoren, also $E \sin \alpha$ $I \sin \beta$ der augenblickliche Effekt. Um den mittlern Effekt zu finden, würden wir den Kreis in eine genügend grosse Anzahl gleicher Theile eintheilen, die Vektoren in ihren diesen Theilen entsprechenden Stellungen zeichnen, ihre Projektionen bestimmen und die Summe der Produkte dieser Projektionen durch ihre Anzahl dividiren.

Anstatt nun die Stellungen in ihrer richtigen Reihenfolge zu addiren, können wir dieselben paarweise zusammenfassen, indem wir je zwei um 90° verschiedene Stellungen als einen Summanden in der Reihe ansehen. Dadurch wird natürlich jede Stellung zweimal gezählt und um den richtigen Mittelwerth zu erhalten, müssen wir die Gesammtsumme durch die doppelte Anzahl der Kreistheile dividiren. Bedeutet m diese Anzahl, so ist also der mittlere Effekt

$$P = \frac{1}{m} \varSigma \, (E I \sin \alpha \sin \beta),$$

wobei die Anzahl der Summanden m ist. Wenn wir statt einfacher, konjugirte Stellungen zählen, so ist aus Fig. 33

$$P = \frac{1}{2\,m} \varSigma \, (E I \sin \alpha \sin \beta + E I \cos \alpha \cos \beta),$$

wobei wieder die Anzahl der Summanden m ist. Der Ausdruck unter dem Summationszeichen ist aber offenbar gleichwerthig mit $E I \cos (\alpha - \beta) = E I \cos \varphi$ und ist von der Stellung, d. h. von den speciellen Werthen der Winkel α und β unabhängig. Die Summation ergiebt also einfach $m E I \cos \varphi$, und dieser Werth in die Gleichung für P eingesetzt giebt

$$P = \frac{m}{2\,m} E I \cos \varphi$$

$$P = \frac{1}{2} E I \cos \varphi.$$

Dabei sind E und I die Maximalwerthe der Spannung und Stromstärke. Wenn wir die effektiven Werthe mit e und i bezeichnen, so bestehen, wie früher gezeigt, die Beziehungen $e = \dfrac{E}{\sqrt{2}}$,

$i = \dfrac{I}{\sqrt{2}}$, und wir können den mittleren Effekt auch wie folgt ausdrücken:

$$P = e\,i \cos \varphi \ \ldots \ldots \ldots \ 12)$$

In diesem Ausdrucke ist φ der Verschiebungswinkel zwischen
Strom und Spannung. Der Effekt bei gegebener Stromstärke und
Spannung wird ein Maximum, wenn der Verschiebungswinkel 0
ist, wenn also die Spannung mit dem Strom der Phase nach übereinstimmt Der Effekt wird Null, wenn die Verschiebung 90°
beträgt.

Da $i \cos \varphi$ die Projektion des Stromvektors auf den Spannungsvektor ist, so können wir den Effekt graphisch durch die Fläche

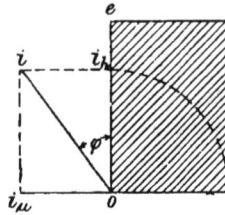

Fig. 35.

eines Rechteckes darstellen, dessen eine Seite die effektive Spannung
und die andere Seite die Projektion des effektiven Stromvektors
auf den Spannungsvektor ist. Oder wir projiciren den Spannungsvektor auf den Stromvektor und bilden das Rechteck aus dieser
Projektion und der Länge des Stromvektors. Die Fläche giebt den
Effekt. Natürlich muss bei der Flächenbestimmung auf den Maassstab, in welchem die Vektoren gezeichnet sind, Rücksicht genommen
werden. Wenn z. B. in beiden 1 mm 1 Ampère bezw. 1 Volt darstellt, so bedeutet jeder qmm der Fläche ein Watt. Wird jedoch
der Strom im Maassstab von 1 mm pro Ampère und die Spannung
im Maassstab von 1 mm pro 100 Volt aufgetragen, so stellt jeder
qmm der Fläche eine Leistung von 100 Watt dar. In Fig. 35 sei
$O\,i$ die effektive Stromstärke und $O\,e$ die effektive Spannung, welche
um den Winkel φ voreilt; dann stellt das schraffirte Rechteck den
Effekt dar. Dieser ist gleichwerthig mit jenem eines Stromes i_h,
welcher unter der Spannung e fliesst, aber keine Phasenverschiebung

hat. Wir können uns demnach den wirklichen Strom $O\,i$ als aus zwei rechtwinkligen Komponenten bestehend denken; die eine $O\,i_h$ hat die gleiche Phase wie die Spannung, und die andere $O\,i_\mu$ bleibt hinter der Spannung um 90° zurück. Die Komponente i_h bildet den wirklich Arbeit leistenden Theil des Stromes, während die Komponente i_μ keine Arbeit leistet. Es ist das die sogenannte wattlose Komponente des Stromes, während $O\,i_h$ die Wattkomponente des Stromes ist.

Die Zusammensetzung von Strömen oder Spannungen. Wir haben hier das bekannte Kräfteparallelogramm auf die Zusammensetzung von Strömen verwendet, und da taucht die Frage auf, ob dieser Vorgang nicht nur in dem betrachteten Falle, sondern auch im allgemeinen gestattet ist. Wir setzen dabei natürlich vor-

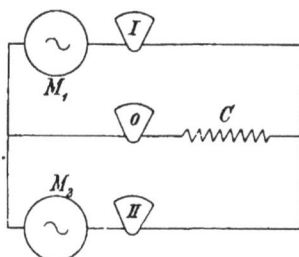

Fig. 36.

aus, dass wir es mit zwei Strömen von Sinusform und gleicher Periode, aber verschiedener Phase und verschiedener Stärke zu thun haben. Nehmen wir an, dass die zwei Ströme durch zwei Wechselstrommaschinen $M_1\,M_2$ (Fig. 36) erzeugt werden. Zur Messung der einzelnen Ströme dienen die Ampèremeter I und II, während der resultirende Strom durch das Ampèremeter O angezeigt wird. Die Maschinen seien mechanisch gekuppelt, so dass ihre Ströme gleiche Periodenzahlen haben. Es handelt sich nun darum, den durch den Leiter C fliessenden und im Instrumente O angezeigten Strom zu bestimmen, wenn die Stromstärke und gegenseitige Phasenverschiebung der Einzelströme gegeben sind. Im Vektordiagramm (Fig. 37) seien I' u. I'' die Maximalwerthe der Ströme. In dem Augenblicke, welcher der gezeichneten Stellung der Vektoren entspricht, ist $O\,i''$ der von der Maschine M_2 und $O\,i'$ der von der Maschine M_1 durch den Leiter C geschickte Strom. Der gesammte

diesen Leiter durchfliessende Strom ist die Summe dieser beiden,
also $O\,i'' + O\,i'$. Bilden wir nun das Parellelogramm $O\,I'\,I\,I''$, so
ist sofort klar, dass die vertikale Entfernung zwischen den Punkten
I und I' gleich der Höhe des Punktes I'' über der Horizontalen
ist. Die Länge der Strecke $O\,i$ ist also gleich der Summe von $O\,i''$
und $O\,i'$, d. h. $O\,i$ ist der in diesem Augenblicke durch den Leiter
C fliessende Strom. Diese Länge $O\,i$ ist aber die Projektion der
Resultante $O\,I$, und da diese Beziehung für jede Stellung der Vektoren gilt, so finden wir allgemein, dass die Projektion der Resultante der Maximalströme den jeweilig fliessenden Strom im Leiter C
darstellt. Wir können uns also vorstellen, dass der Leiter C von
einem einzigen Strom durchflossen wird, dessen Maximalwerth die
Resultante der beiden Ströme ist, und dessen Phase zwischen jenen

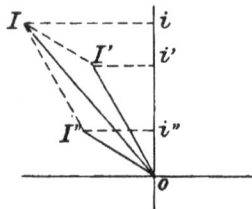

Fig. 37.

der beiden Ströme liegt. Wir können uns nun alle Längen im
Vektordiagramm im Verhältnis von $1 : \sqrt{2}$ verkleinert denken. Dadurch wird an den Winkeln und an dem gegenseitigen Verhältnis
der Grössen nichts geändert; wir erhalten aber dann den effektiven
Werth des resultirenden Stromes. Es ist auch klar, dass die
gleiche Betrachtung auf mehr als zwei Ströme ausgedehnt werden
kann, indem wir zunächst die Resultante von zwei Strömen bilden,
diese dann mit dem dritten Strom zu einer neuen Resultante zusammensetzen und so weiter. Wir brauchen übrigens die Parallelo-
gramme nicht vollständig zu zeichnen, sondern können die Ströme
nach Art des Seilpolygones einfach an einander reihen. Die Schluss-
linie des Seilpolygones giebt dann die Resultante aller Ströme. Dabei ist natürlich die Richtung der einzelnen Ströme zu beachten.
Seien z. B. in Fig. 38 die Ströme i_1 bis i_4 der Richtung, Stärke
und Lage nach verzeichnet, so giebt die Zusammensetzung nach
dem Seilpolygone die Resultirende i der Richtung, Stärke und
Lage nach.

Ebenso können elektromotorische Kräfte zu einer Resultirenden zusammengesetzt werden. Denken wir uns zwei Wechselstrom-Maschinen M_1, M_2 in Serienschaltung angeordnet, Fig. 39, und deren Klemmenspannung mittels der Voltmeter I und II gemessen. Wenn

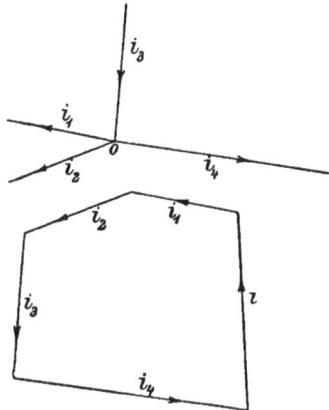

Fig. 38.

wir nun zwischen die Aussenleiter 1, 2 ein Voltmeter O einschalten, so giebt dieses uns nicht die arithmetische Summe der Ablesungen von I und II, sondern die Resultirende, deren absolute Grösse nicht nur von den Spannungen, welche beide Maschinen erzeugen,

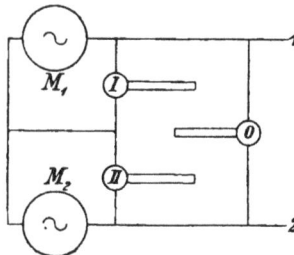

Fig. 39.

sondern auch von der Phasenverschiebung zwischen beiden Spannungen abhängt. Nach dem, was oben für die Zusammensetzung von Strömen ausführlich entwickelt wurde, kann die Zusammensetzung von Spannungen als selbstverständlich angenommen werden. Es ist auch ohne weiteres klar, dass wir aus den drei Voltmeter-Ablesungen unmittelbar die Phasenverschiebung ermitteln können. Sei

$O\,e_1$ (Fig. 40) die am Instrumente I abgelesene Spannung, und beschreiben wir um e_1 als Mittelpunkt einen Kreis, dessen Radius gleich der an II abgelesenen Spannung ist, ferner einen Kreis um O mit einem Radius, der gleich der resultirenden Spannung ist, so muss einer der Schnittpunkte der beiden Kreise der Endpunkt der Resultante sein. Welcher von beiden Schnittpunkten zu wählen ist, hängt davon ab, ob M_1 oder M_2 voreilt. Wenn M_1 voreilt, so muss der Vektor von M_2 hinter (also oberhalb) $O\,e_1$ liegen; es ist also der obere Schnittpunkt zu nehmen. Die Phasenverschiebung zwischen den Spannungen beider Maschinen wird nun durch den Winkel $e_1\,O\,e_2$ gegeben.

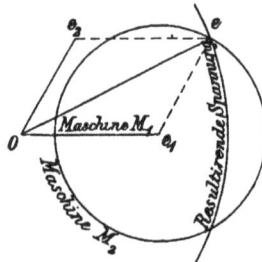

Fig. 40.

Bestimmung des Leerlaufstromes. Im Obigen wurden die Grundsätze entwickelt, auf welchen die Bestimmung der Arbeitsleistung eines Wechselstromes beruht. Praktische Methoden zur wirklichen Messung werden später behandelt, ebenso wie die Ausdehnung dieser Methoden auf Ströme von nicht sinusoidaler, sondern unregelmässiger Form. Das Vorhergehende genügt jedoch zur Bestimmung des Leerlaufstromes bei Transformatoren, und wir wollen vorerst diesen Gegenstand behandeln, weil es von grosser praktischer Wichtigkeit ist, die Transformatoren so zu konstruiren, dass ihr Leerlaufstrom möglichst klein ausfällt. Um diesen Punkt klar zu machen, wollen wir ein Beispiel wählen. Es seien an eine Beleuchtungscentrale mit Wechselstrom 100000 Glühlampen von 50 Watt angeschlossen, und zwar mittels Transformatoren für jeden Abnehmer. Es sind also Transformatoren mit einer Gesammtleistung von 5000 Kwt. erforderlich, denn es kann ja der Fall eintreten, dass dieser oder jener Abnehmer gelegentlich alle seine Lampen gleichzeitig benützt. Die Maschinenanlage braucht jedoch nicht für

5000 Kwt. bemessen zu sein; denn erfahrungsgemäss werden selbst zur Zeit des stärksten Bedarfes nie alle angeschlossenen Lampen gleichzeitig benützt, sondern nur ein Theil, der je nach dem Charakter des Beleuchtungsbezirkes zwischen 30 und 70% schwankt. Nehmen wir 60% als einen reichlich bemessenen Mittelwerth an, so erhalten wir die Maximalleistung der Centrale als 3000 Kwt. an den Lampen. Die Tagesbelastung ist natürlich ausserordentlich gering und schwankt zwischen 3% und 4%. Nehmen wir 3,5% als Mittelwerth, so würde die Leistung an den Lampen tagsüber etwas über 100 Kwt. betragen. Dazu muss noch der in den Transformatoren auftretende Eisenverlust gezählt werden, welcher etwa 2% durchschnittlich betragen mag. Es wäre also zur Deckung des Tagesbedarfes eine Wechselstrommaschine von etwa 200 Kwt. Leistung ausreichend. In Wirklichkeit wird jedoch mehr Strom verbraucht, als dieser Leistung entspricht, und der Unterschied

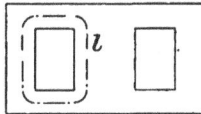

Fig. 41.

wird um so grösser, je grösser der von den Transformatoren erheischte Leerlaufstrom ist. Bei 10% Leerlaufstrom würde der Stromverbrauch zur Magnetisirung allein schon einer Leistung von 500 Kwt. entsprechen; bei 5% Leerlaufstrom einer solchen von 250 Kwt. Damit man nun tagsüber nicht eine zu grosse Maschine im Betrieb erhalten muss und damit nicht unnützerweise Stromwärme in den Leitungen verloren geht, ist es sehr wichtig, den Leerlaufstrom der Transformatoren so gering als möglich zu machen.

Der Leerlaufstrom ist jener Strom, welcher zur Magnetisirung des Eisenkernes bis auf den der Spannung entsprechenden Werth von B und zur Deckung des Eisenverlustes nöthig ist. Wir können diesen Magnetisirungsstrom nach den bekannten Gesetzen der Elektromagnete berechnen, wenn die Dimensionen des Eisenkernes, die Qualität des Eisens und die Windungszahl der Primärspule bekannt sind.

Sei l in Fig. 41 die aus der Zeichnung gemessene mittlere Länge des Kraftlinienpfades und μ die Permeabilität des Eisens, so

ist bei n Windungen die durch den Strom I_μ erzeugte magnetisirende
Kraft $4\pi n I_\mu : l$, wenn I_μ in absolutem Maass gegeben ist. Setzt
man I_μ in Ampère ein, so ist die magnetisirende Kraft $0,4\pi n I_\mu : l$.
Die dadurch erzeugte Induktion ist:

$$\mathfrak{B} = \mu \, \frac{0,4 \, \pi \, n \, I_\mu}{l} \, .$$

Dabei ist I_μ natürlich der Maximalwerth des Wechselstromes.
Will man seinen effektiven Werth i_μ einsetzen, so ist (weil I_μ
$= i_\mu \sqrt{2}$):

$$\mathfrak{B} = \mu \, \frac{0,4 \, \pi \sqrt{2} \, n \, i_\mu}{l}$$

$$\mathfrak{B} = \mu \, \frac{1,78 \, n \, i_\mu}{l} \, ,$$

woraus

$$i_\mu = \frac{\mathfrak{B} \, l}{\mu \, n \, 1,78} \, .$$

Die Aenderung im magnetischen Fluss inducirt in den Windungen der Spule eine elektromotorische Kraft, deren Phase jedoch
gegenüber jener des Magnetisirungsstromes um genau 90^0 verschoben
ist, wie sich sofort aus folgender Ueberlegung ergiebt. Wenn der
Strom sein Maximum erreicht, ist $\mathfrak{B}$ auch ein Maximum, die E.M.K.
also Null. Wenn der Strom durch Null geht, erreicht die E.M.K.
ihren Maximalwerth.

Dem Maximum des Stromes entspricht also die E.M.K. Null
und dem Maximum der E.M.K. entspricht die Stromstärke Null.
Diese Beziehung kann nur eintreten, wenn der Winkel φ in Fig. 33
90^0 beträgt; dann ist aber $e\,i \cos \varphi = 0$.

Der eigentliche Magnetisirungsstrom verbraucht mithin keine
Leistung; sein Vektor steht im Polardiagramm Fig. 35 auf dem
Vektor der E.M.K. senkrecht und ist in dieser Figur mit i_μ be-
zeichnet.

Nun wird aber infolge der Eisenverluste Leistung verbraucht,
und der dazugehörige Strom muss demnach der Phase nach mit der
E.M.K. zusammenfallen. Es ist das der Strom i_h in Fig. 35.

Der gesammte Leerlaufstrom ist also die Resultirende aus den
zwei Komponenten:

Dem wattlosen Magnetisirungsstrom i_μ;

Dem zur Deckung des Eisenverlustes gebrauchten Strom i_h .

Da diese beiden Komponenten, wie eben gezeigt wurde, auf einander senkrecht stehen, so ist der Leerlaufstrom i_0 gegeben durch die Gleichung

$$i_o = \sqrt{i_\mu{}^2 + i_h{}^2}.$$

Bei Ableitung des Ausdruckes für den Magnetisirungsstrom haben wir angenommen, dass die magnetisirende Kraft einzig und allein dazu dient, den magnetischen Fluss durch das Eisen zu treiben, mit anderen Worten, wir haben angenommen, dass der Pfad für die Kraftlinien nicht durch Luft oder andere Zwischenräume unterbrochen ist, dass der Eisenkörper des Transformators also keine Querfugen hat. Nun ist aber schon hervorgehoben worden, dass in manchen Typen der Eisenkörper nicht aus einem stossfreien Stück mit überlappenden Blechen besteht, sondern behufs bequemer Montage aus einzelnen Theilen mit ebenen Stossflächen zusammengesetzt wird. An diesen Stossflächen kann aber die Berührung aus den in Kapitel III angegebenen Gründen keine vollkommene sein, und es wird dadurch dem Flusse der Kraftlinien ein gewisser Widerstand geboten. Wenn δ die gesammte Dicke dieser Trennungsschichten ist (also $\frac{\delta}{2}$ oder $\frac{\delta}{4}$ die Dicke einer jeden bei 2 bezw. 4 den Weg der Kraftlinien unterbrechenden Stossflächen) und $\mathfrak{B}$ die an diesen Flächen herrschende Induktion bedeutet, so ist, weil für Luft- und Isolirmaterial $\mu = 1$, die zur Ueberwindung der magnetischen Luftwiderstände nöthige magnetisirende Kraft

$$0{,}4\,\pi\,n\,I : \delta$$

und die aufgewendeten effektiven Amperewindungen sind

$$n\,i = \frac{\mathfrak{B}\,\delta}{1{,}78}\,.$$

Der Magnetisirungsstrom ist also durch die Formel gegeben

$$i_\mu = \frac{\mathfrak{B}}{1{,}78\,n}\left(\frac{l}{\mu} + \delta\right),$$

wobei l und δ in Centimetern einzusetzen sind. Dabei ist angenommen, dass die Stossfläche gleich dem Querschnitt des Kernes ist. Wenn der Transformator einen kontinuirlichen Kern (also ohne Stossflächen) hat, so ist $\delta = 0$ und die Formel ist

$$i_\mu = \frac{\mathfrak{B}\,l}{1{,}78\,n\,\mu}\,,$$

wie schon oben angegeben.

Wenn wir uns zunächst auf Transformatoren beschränken, welche keine Stossfugen haben, wo also δ thatsächlich Null ist, so können wir diese Formel benützen, um μ als Funktion der Induktion $\mathfrak{B}$ zu berechnen, und zwar aus Versuchen mit fertigen Transformatoren. Man lässt den Transformator bei offenem sekundären Stromkreis arbeiten und bestimmt die Stromstärke bei Leerlauf und den gesammten Wattverlust, während gleichzeitig die Primärspannung und Periodenzahl beobachtet werden. Aus diesen Beobachtungen bestimmt man mit Zuhilfenahme der als bekannt vorausgesetzten Konstruktionsdaten die Induktion $\mathfrak{B}$ und diejenige Komponente des Stromes, welche zur Deckung der Verluste nöthig ist. Ist P_v der Effektverlust bei Leerlauf, den wir mittels des Wattmeters bestimmen, und e die Spannung, so ist

$$i_h = P_v : e.$$

Bei guten und selbst schon bei mittelguten Transformatoren ist die Leerlaufstromstärke so klein, dass die dadurch erzeugte Stromwärme in den Windungen der Spule vernachlässigt werden kann. Der Verlust P_v ist also lediglich durch Hysteresis und Wirbelströme verursacht. Es sei i_o der gemessene Leerlaufstrom. Den Magnetisirungsstrom bestimmt man dann aus

$$i_\mu = \sqrt{i_o{}^2 - i_h{}^2}$$

und findet daraus

$$\mu = \frac{\mathfrak{B}\, l}{1,78\, n\, i_\mu}.$$

Wenn man den Versuch bei verschiedener Primärspannung macht, so kann man auf diese Weise eine Reihe von zusammengehörigen Werthen von μ und $\mathfrak{B}$ finden und diese dann zur Bestimmung des Leerlaufstromes neu zu konstruirender Transformatoren benützen.

Die folgende Tabelle enthält eine Reihe von zusammengehörigen Werthen von μ und $\mathfrak{B}$, welche auf die hier angegebene Weise gefunden wurden. Das in den Versuchstransformatoren verwendete Eisen war verschieden, lag aber in Bezug auf Eisenverlust innerhalb zulässiger Grenzen. Es stellte sich bei den Versuchen übrigens heraus, dass die Permeabilität kein Maass für die Güte des Eisens ist und dass der Unterschied der Permeabilität bei den verschie-

denen Eisensorten nicht bedeutend ist. Die folgende Tabelle enthält Mittelwerthe.

$$\mathfrak{B} = \quad 2000 \quad 3000 \quad 4000 \quad 5000 \quad 6000 \quad 7000$$
$$\mu = \quad 1300 \quad 1720 \quad 2070 \quad 2330 \quad 2570 \quad 2780$$

Einfluss der Stossfugen. Es erübrigt noch zu untersuchen, welchen Einfluss Stossfugen auf den Leerlaufstrom haben.
Auf seine Wattkomponente haben sie natürlich keinen Einfluss, denn
diese hängt nur von den Verlusten, nicht aber von dem magnetischen Widerstand ab. Die wattlose Komponente wird jedoch durch
den magnetischen Einfluss der Fugen sehr bedeutend beeinflusst.
Das erhellt sofort aus der Anwendung der Formel

$$i_\mu = \frac{\mathfrak{B}}{1{,}78\,n} \left(\frac{l}{\mu} + \delta \right)$$

auf einige praktische Beispiele. In Kerntransformatoren der Type
Fig. 15 oder Fig. 16 würden bei Zusammensetzung des Eisenkörpers
aus einzelnen Stücken vier Stossfugen entstehen. Der Zwischenraum
zwischen den Blechkanten in jeder Fuge kann selbst bei der sorg-
fältigsten Bearbeitung nicht wohl kleiner als 0,25 bis 0,3 mm angenommen werden. Es ist also bei 0,3 mm Fugendicke $\delta = 0{,}12$.
Die Permeabilität ist von der Grössenordnung 2000. Die Länge l
des magnetischen Pfades richtet sich nach der Grösse des Transformators. Bei kleinen Transformatoren von 1 bis 10 Kwt. schwankt sie
zwischen den Grenzen 70 bis 160 cm und bei grösseren Transformatoren von etwa 100 Kwt. ist sie ungefähr 300 cm. Nehmen wir als
Mittelwerth bei kleinen Transformatoren 100 und bei grösseren 250 cm
an, so finden wir, dass der Bruch $\dfrac{l}{\mu}$ zwischen den Grenzen 0,05
und 0,15 liegt. Der Ausdruck in der Klammer wird also durch die
Stossfugen bei kleinen Transformatoren von 0,05 auf 0,17 und bei
grösseren von 0,15 auf 0,27 erhöht. Das ist eine Vergrösserung um
240 bezw. 80%. Der Einfluss dieser Vergrösserung mag an einem
praktischen Beispiel erläutert werden.

Es sei bei einem kleinen Transformator ohne Stossfugen der
Magnetisirungsstrom $i_\mu = 4\%$ und der zur Deckung des Eisenverlustes nöthige Strom $i_h = 3\%$ des vollen Betriebsstromes. Dann
ist der Leerlaufstrom $i_0 = \sqrt{3^2 + 4^2} = 5\%$ des vollen Betriebsstromes. Jetzt bauen wir genau denselben Transformator, aber mit
vier Stossfugen. Dadurch wird i_h nicht geändert; i_μ ist jedoch

jetzt auf 13,6% angewachsen und der Leerlaufstrom ist jetzt
$\sqrt{2^2 + 13,6^2} = 14\%$. In einem grossen Transformator ohne Stossfugen sei $i_h = 1,5\%$ und $i_\mu = 2\%$. Dann ist $i_0 = \sqrt{1,5^2 + 2^2}$
$= 2,5\%$. Wird nun der gleiche Transformator mit Stossfugen ge-
baut, so ist $i_\mu = 3,6\%$ und $i_0 = \sqrt{3,6^2 + 1,5^2} = 3,9\%$. Durch die Anwendung von Stossfugen ist also der Leerlaufstrom beim kleinen
Transformator auf nahezu das Dreifache und beim grossen auf mehr
als das Anderthalbfache gestiegen.

Bei Manteltransformatoren liegen die Verhältnisse noch un-
günstiger, weil die Länge des magnetischen Pfades l hier nur etwa
ein Drittel der entsprechenden Grösse in Kerntransformatoren beträgt und der schädliche Einfluss der Stossfugen daher um so fühl-
barer wird. Es werden deshalb Manteltransformatoren nie mit Stossfugen gebaut, sondern die Bleche nach einer der früher erläuterten
Anordnungen einzeln in die Spulen eingesetzt. Bei grossen Kerntransformatoren sind Stossfugen allenfalls noch zulässig, besonders
wenn der Transformator meistens unter Belastung arbeitet, weil
dann der grössere oder kleinere Magnetisirungsstrom gegenüber dem
nützlichen oder Arbeitsstrom ausser Betracht fällt. Für kleine
Einzeltransformatoren, die an ein städtisches Vertheilungsnetz angeschlossen werden, sind jedoch Stossfugen unter allen Umständen zu
vermeiden.

Fünftes Kapitel.

Konstruktion eines Transformators. — Günstigste Vertheilung des Kupfergewichtes. — Kosten des aktiven Materiales. — Günstigste Vertheilung der Verluste. — Wirthschaftlicher Betrieb. — Konstruktionsdetails.

Konstruktion eines Transformators. Um die praktische Anwendung der bisher gegebenen Formeln und Regeln zu zeigen, soll nun ein Transformator durchkonstruirt werden. Wir wählen die Kerntype und nehmen die Kerndicke zu 125 mm an. Die Abmessungen des Wickelungsraumes sind dann $a = 160$; $b = 450$ mm. Der Transformator möge für $\sim = 50$ bestimmt sein und wir wählen zunächst für die Induktion $\mathfrak{B} = 5000$. Die Bleche werden durch isolirte Bolzen an den Ecken zusammengehalten und die Spulen werden auf Papiercylinder, die entsprechende Flanschen haben, gewickelt und einzeln aufgeschoben. Dabei ist es in elektrischer Beziehung gleichgültig, ob die Hochspannungs- oder die Niederspannungsspule aussen zu liegen kommt, nicht jedoch in mechanischer. Es kommt manchmal vor, dass man, nachdem der Transformator fertig ist, sein Umsetzungsverhältnis in kleinen Grenzen korrigiren muss. Das geschieht am bequemsten durch Auf- oder Abwickeln einiger Windungen des dünnen Drahtes, und um das ohne Demontage machen zu können, wollen wir die Niederspannungsspule innen und die Hochspannungsspule aussen legen.

Um etwas an Draht zu sparen, wollen wir die Ecken des Kernes um 20 mm abschrägen, was dadurch geschieht, dass man beim Zusammenstellen der Kernbleche die nach aussen zu liegen kommenden Bleche stufenweise schmäler nimmt. Der Kern wird dann durch Umwickelung mit starkem Baumwollen- oder Hanfband zusammengehalten. Die Dicke dieser Bewickelung beträgt ungefähr

6*

2 mm. Wenn man noch an den Ecken einen Spielraum von 2 mm
behufs bequemer Aufschiebung der Spule lässt, so findet man aus
der Zeichnung (Fig. 42), dass der innere Durchmesser des inneren
Papiercylinders 160 mm beträgt. Seine Dicke kann zu 5 mm angenommen werden, so dass der innere Durchmesser der Sekundärspule 170 mm beträgt. Die Tiefe der Windungen und somit die
mittlere Windungslänge können vorläufig nur annähernd geschätzt
werden. Anhaltspunkte zu dieser Schätzung sind folgende: Aus
den Dimensionen des Eisenkörpers ersieht man, dass der Abstand
zwischen den Mittelpunkten der Spulen auf beiden Schenkeln
$125 + 160 = 285$ mm ist. Der äussere Durchmesser der Primär-

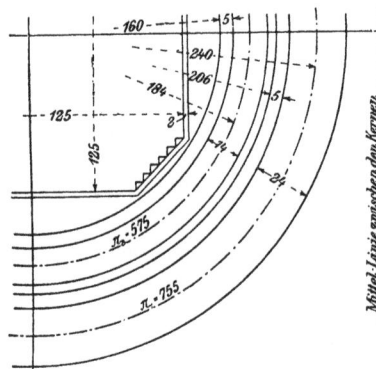

Fig. 42.

spulen könnte also höchstens 285 mm betragen; da aber dabei
schon Berührung der beiden Spulen eintreten würde, so müssen wir
den Durchmesser kleiner wählen. Ein gewisser Spielraum zwischen
den beiden Spulen muss gelassen werden, erstens wegen etwaiger
Unregelmässigkeiten in der Herstellung, und zweitens um der Luft
oder dem Oel Zugang zu verschaffen. Nehmen wir nun einen Spielraum von 20 mm an, so würde der äussere Durchmesser der Primärspulen 265 mm betragen. Wir haben also zwischen der innern
Fläche der Sekundärspule und der äussern Fläche der Primärspule
einen Raum von $^1/_2$ $(265 - 170) = 47,5$ mm. Dieser Raum setzt
sich zusammen aus folgenden Grössen: Tiefe der sekundären Wickelung, dem Spielraum zwischen letzterer und der Innenseite des primären Papiercylinders, der Dicke des Cylinders und der Tiefe der
Primärwickelung. Für Spielraum rechnen wir 4 mm und für die

Dicke des primären Papiercylinders 5 mm. Es bleiben also 47,5
— 9 = 38,5 oder rund 38 mm auf die Wickelungstiefe der beiden
Spulen zu vertheilen. Dabei ist zu beachten, dass die Tiefe der
primären Wickelung mehr als die Hälfte ausmachen wird, denn
erstens ist wegen des dünnern Drahtes die Raumausnützung nicht
so gut, und zweitens hat diese Spule den grössern Durchmesser,
dessen Einfluss auf den ohmischen Widerstand durch einen grössern
Drahtquerschnitt ausgeglichen werden muss. Als ersten Versuch
für die Vertheilung des Raumes kann man 60% des Gesammtraumes
der Primärspule und 40% der Sekundärspule zuschreiben.

Günstigste Vertheilung des Kupfers zwischen beiden Spulen.
Der Wicklungsraum ist durch die Form des Eisenkörpers beschränkt.
Deshalb ist für einen gegebenen Transformator das gesammte Kupfergewicht im primären und sekundären Stromkreis als konstant anzusehen. Die Vertheilung dieses Gesammtgewichtes in die beiden
Stromkreise ist jedoch nicht von vornherein gegeben. Je mehr
Kupfer wir in den einen Stromkreis legen, um so weniger bleibt
für den anderen übrig. Wenn wir also den ersten Stromkreis nur
auf Kosten des anderen bereichern können, so muss es offenbar
eine Vertheilung des Kupfers zwischen die beiden Stromkreise
geben, bei der die Summe der ohmischen Verluste ein Minimum
wird, und dieses ist die richtige Vertheilung.

In seiner allgemeinsten Form lässt sich das Problem folgendermaassen stellen. Gegeben ist ein Gesammtvolumen v, die Drahtlänge l_1 und l_2 in beiden Stromkreisen und die Ströme i_1 und i_2 in
ihnen. Gesucht werden die Querschnitte der Drähte q_1 und q_2 beziehungsweise die beste Vertheilung von v in zwei Theile

$$v_1 = q_1\, l_1$$
$$v_2 = q_2\, l_2,$$

so dass der Gesammtverlust

$$P_v = w_1\, i_1{}^2 + w_2\, i_2$$

ein Minimum wird. Dabei bedeuten w_1 und w_2 die Widerstände
der beiden Stromkreise. Ist k ein Koefficient, der von den gewählten Maasseinheiten abhängt, so haben wir

$$w_1 = k\, \frac{l_1}{q_1}$$

$$w_2 = k\, \frac{l_2}{q_2}.$$

Die Bedingung des kleinsten Gesammtverlustes P_v ist

$$\frac{d\,P_v}{d\,q_1} = 0 \text{ oder } \frac{d\,P_v}{d\,q_2} = 0.$$

Wählen wir die erste Gleichung, so haben wir

$$\frac{d}{d\,q_1}\,(w_1\,i_1{}^2 + w_2\,i_2{}^2) = 0.$$

Da $q_2 = \dfrac{v - l_1\,q_1}{l_2}$, so ist

$$\frac{d}{d\,q_1}\left(\frac{l_1}{q_1}\,i_1{}^2 + \frac{l_2{}^2}{(v - q_1\,l_1)^2}\,i_2{}^2\right) = 0,$$

die Bedingung für q_1, damit der Gesammtverlust ein Minimum wird. Wir erhalten daraus

$$\frac{i_1}{q_1} = \frac{i_2}{q_2}\,.$$

Ist die Drahtlänge für beide Stromkreise gegeben, so nimmt der Gesammtverlust den kleinsten Werth an, wenn die Stromdichten gleich sind. Bei Scheibenwickelung wird man schon mit Rücksicht auf die vollständige Ausnützung des Wickelungsraumes die radiale Tiefe der Primär- und Sekundärscheiben gleich machen. Die Windungszahlen $n_1\,n_2$ verhalten sich wie die Spannungen und diese fast nahezu wie die reciproken Werthe der Stromstärken. Abgesehen von den (übrigens sehr kleinen) Verlusten haben wir wegen Gleichheit der Leistungen in beiden Stromkreisen

$$l_1\,i_1 = l_2\,i_2$$

$$k\,\frac{l_1}{q_1}\,i_1{}^2 = k\,l_1\,i_1\,\frac{i_1}{q_1}$$

$$k\,\frac{l_1}{q_1}\,i_1{}^2 = k\,l_2\,i_2\,\frac{i_1}{q_1}$$

$$k\,\frac{l_1}{q_1}\,i_1{}^2 = k\,\frac{l_2}{q_2}\,i_2{}^2\,.$$

Im Falle der Scheibenwickelung bedeutet die Bedingung gleicher Stromdichte auch Gleichheit des Verlustes in beiden Stromkreisen.

In der obigen Ableitung haben wir angenommen, dass die beiden Drahtlängen von vornherein gegeben sind. Diese Voraussetzung trifft bei Scheibenwickelung zu, sie ist aber nicht mehr richtig bei Cylinderwickelung. Da stecken die Spulen in einander und es besteht deshalb zwischen den Drahtlängen l_1 und l_2 eine Beziehung, die von der Vertheilung des Kupfergewichtes beeinflusst wird. Es ist also nicht zulässig, die Bedingung für den kleinsten Gesammt- verlust unter der Voraussetzung aufzustellen, dass das Verhältnis l_1/l_2 von vornherein gegeben, also konstant ist. Man kann aber auch für diesen Fall die beste Vertheilung des Kupfers rechnerisch be- stimmen und kommt zu dem Ergebnis, dass jetzt nicht gleiche Stromdichte, sondern gleicher Verlust die Bedingung für einen kleinsten Gesammtverlust ist. Die Ueberlegung ist wie folgt.

Nennen wir die verfügbare Wickelungstiefe b und die Tiefe der Sekundärwickelung a, so ist die Tiefe der Primärwickelung $b-a$. Der innere Durchmesser der Sekundärspule sei D. Dann ist ihr ohmischer Widerstand proportional der Windungszahl n_2 und der mittleren Windungslänge ist $\pi (D + a)$. Er ist umgekehrt propor- tional dem Drahtquerschnitt, also bei gegebener Länge der Spule ist der ohmische Widerstand umgekehrt proportional der Wickelungs- tiefe a. Unter Zusammenfassung aller konstanten Grössen in einen Koefficienten k können wir schreiben

$$P_{v_2} = k\, n_2\, \frac{D + a}{a}\, i_2{}^2,$$

wobei P_{v_2} den Effektverlust durch Stromwärme in der Sekundär- spule bezeichnet.

Für die Primärspule ergiebt sich ein ähnlicher Ausdruck, nur müssen wir den Koefficienten k noch mit dem Verhältnis der Windungszahlen multipliciren, damit der gleiche Ausdruck auch für den dünneren Draht gilt. Das giebt

$$P_{v_1} = k\, n_1\, \frac{D + a + b}{b - a} \cdot \frac{n_1}{n_2}\, i_1{}^2.$$

Da nun $n_1{}^2\, i_1{}^2 = n_2{}^2\, i_2{}^2$, so kann man auch schreiben

$$P_{v_1} = k\, n_2\, \frac{D + a + b}{b - a} \cdot i_2{}^2.$$

und der gesammte Verlust durch Stromwärme ist

$$P_v = k\, n_2\, i_2{}^2 \left(\frac{D + a}{a} + \frac{D + a + b}{b - a} \right).$$

Damit dieser Verlust ein Minimum werde, muss a so gewählt werden, dass der eingeklammerte Ausdruck ein Minimum wird. Wenn wir den ersten Differentialquotienten bilden und gleich 0 setzen, so erhalten wir nach einigen Kürzungen

$$a^2 + aD - \frac{bD}{2} = 0,$$

woraus

$$a = -\frac{D}{2} + \sqrt{\frac{D^2}{4} + \frac{bD}{2}}.$$

Wenn man die beiden Brüche innerhalb der Klammern gleichsetzt, so erhält man ebenfalls den Ausdruck

$$a^2 + aD - \frac{bD}{2} = 0,$$

welcher der Bedingung für Minimalstromwärme entspricht.

Es ist dadurch bewiesen, dass die günstigste Konstruktion jene ist, bei welcher die durch Stromwärme erzeugten Verluste in beiden Spulen gleich sind. Wenn also unsere erste Annahme in Bezug auf die Wickelungstiefen diese Gleichheit nicht erzielt, so muss die Vertheilung des verfügbaren Wickelungsraumes zwischen beide Spulen entsprechend geändert werden. Uebrigens ist zu bemerken, dass bei den cylindrischen Spulen mit geringer radialer Tiefe, wie sie in Transformatoren vorkommen, die Bedingung gleichen Verlustes sich fast nahezu mit jener der gleichen Stromdichte deckt, so dass man letztere, weil für die Berechnung einfacher, nicht nur bei Scheibenwickelung, sondern auch bei Cylinderwickelung ohne weiteres anwenden kann.

Wir berechnen also zunächst für die angenommene Induktion $\mathfrak{B} = 5000$ und Periodenzahl $\sim = 50$ die Windungszahlen und entwerfen die Wickelungen. Dabei finden wir, dass in der Primärspule zu viel und in der Sekundärspule zu wenig Stromwärme entwickelt wird. Um das Missverhältnis auszugleichen, müssen wir die Tiefe der Wickelung in der Sekundärspule etwas verkleinern und in der Primärspule entsprechend vergrössern. Es ist nicht nothwendig, diese vorläufigen Berechnungen hier durchzuführen; das Resultat ist folgendes:

Günstigste Wickelungstiefe der Sekundärspule 14 mm
      „   „   „ Primärspule   24   „

Die Spulen können jetzt aufgezeichnet und die mittlere Windungslänge in jeder kann aus der Zeichnung nunmehr genau ermittelt werden. Das giebt

$$\pi_2 = 0{,}575 \text{ m} \qquad \pi_1 = 0{,}755 \text{ m}.$$

Wir berechnen nun zunächst den Eisenverlust und benützen dabei die Kurven in Fig. 9. Bei einer Induktion von 5000 beträgt nach diesen Kurven der Verlust durch Hysteresis 1,55 und durch Wirbelströme 1,16 Watt pro Kilogramm per 100 Perioden in der Sekunde. Da unser Transformator jedoch nur mit 50 Perioden betrieben werden soll, so ist der Verlust durch Hysteresis nur die Hälfte und jener durch Wirbelströme nur ein Viertel des Werthes bei $\sim = 100$. Jedes Kilogramm des Kernes wird also 1,07 Watt gebrauchen. Der Querschnitt des Kernes ist mit Berücksichtigung der Abschrägungen 130 qcm; in den beiden Jochen, wo die Ecken nicht abgeschrägt sind, ist er 136 qcm. Die Induktionen sind also in Kern und Joch bezw. 5000 und 4770. Die Gewichte bestimmt man aus der Zeichnung und erhält:

2 Kerne	116,8 kg,	$\mathfrak{B} = 5000$ bei 1,07 W.	Hysteresis 125 W.
2 Joche	61,2 „	$\mathfrak{B} = 4770$ „ 0,95 „	„ 58 „
Gesammtgewicht .	178,0 kg.		Gesammtverlust 183 W.

Die gesammte abkühlende Oberfläche wird jetzt aus der Zeichnung bestimmt.

Die Berechnung ergiebt 12 000 qcm. Nehmen wir nun zunächst an, dass der Transformatorkasten nicht mit Oel gefüllt werden soll, und dass bei Dauerbetrieb mit voller Belastung die Temperaturerhöhung 60° C. nicht übersteigen soll. Wir haben dann aus der Temperaturkurve (Fig. 31) für Luft $o = 31$ und die Belastung ist so zu wählen, dass der Gesammtverlust $12\,000 : 31 = 387$ Watt nicht übersteigt. Die Kupferwärme in allen Spulen ist also $387 - 183 = 204$ Watt, somit bei richtiger Vertheilung zwischen beiden Wickelungen 102 Watt für jede Wickelung.

Wir haben nunmehr die Wickelung zu entwerfen. Dabei ist zu beachten, dass neben dem Spannungsverlust durch ohmischen Widerstand noch ein durch magnetische Streuung hervorgebrachter Spannungsverlust auftritt. Den letzteren kann man, wie später gezeigt wird, annähernd berechnen. Bei der gewählten Konstruktion ist er sehr klein und wird bei Belastung mit Glühlampen weniger als 1 % betragen. Wenn wir nun den ohmischen Verlust in den Wickelungen zu ungefähr $1^1/_2$ % annehmen, so wird die sekundäre Klemmenspannung zwischen Leerlauf und Vollbelastung um $2^1/_2$ % verschieden sein.

Da $N = 130 \times 5000 = 650\,000$ und $\sim = 50$, so erhalten wir aus der Formel

$$e_2 = 4{,}44 \sim n_2 \, N \, 10^{-8}$$

die Windungszahl n_2. Diese muss offenbar eine ganze Zahl sein, und wenn wir die Anordnung der Wickelung auf beiden Schenkeln symmetrisch machen (was wegen Raumausnützung erwünscht ist), so muss n_2 auch eine gerade Zahl sein. Die nächste gerade Zahl, welche in die Formel passt, ist

$$n_2 = 70;$$

wobei $e_2 = 101{,}23$ wird, wenn $\mathfrak{B} = 5000$ ist.

Wenn nun Spannungsabfall weder durch Streuung noch durch ohmische Verluste eintreten würde (wie das bei Leerlauf der Fall ist), so wäre die Anzahl der Primärwindungen $2000 : 100 = 20$ mal so gross zu nehmen. Wir würden also $n_1 = 1400$ erhalten. Dann würde die Spannung an den Sekundärklemmen bei Leerlauf und bei 2000 Volt Primärspannung genau 100 Volt betragen, jedoch bei Vollbelastung um $2^1/_2\%$ abnehmen, also nur 97,5 Volt betragen. Will man nun bei Vollbelastung die volle Spannung von 100 Volt an den Sekundärklemmen erhalten, so muss das Uebersetzungsverhältnis um $2^1/_2\%$ vermindert werden. Die Windungszahl in der Primärwickelung muss also um $2^1/_2\%$, das ist um 35 Windungen kleiner gemacht werden. Wir erhalten somit

$$n_1 = 1365.$$

Es ist dann bei Leerlauf e_2 nicht 101,23, sondern 102,5 Volt und die Induktion ist im gleichen Verhältnisse, d. h. um $102{,}5 - 101{,}23 = 1{,}27\%$ gestiegen. Sie beträgt also jetzt nicht 5000, sondern 5063. Wenn man diese Korrektion an dem früher bestimmten Eisenverlust macht, so findet man, dass derselbe nunmehr nicht 183, sondern 189 Watt beträgt.

Wir können jetzt mit Hilfe der Zeichnung jene Drahtstärken bestimmen, welche in den verfügbaren Wickelungsräumen untergebracht werden können. Für die Länge der Spulen ist die Höhe des Fensters maassgebend (in unserem Falle 45 cm), wobei noch der Raum für die Flanschen und ein gewisser Spielraum abzuziehen ist. Man kann für diese Zwecke etwa $3^1/_2$ cm in Abzug bringen, so dass die Spulen selbst eine wirkliche Länge von 41,5 cm haben. Jede Sekundärspule muss 35 Windungen erhalten. Wenn man diese in einer einzigen Lage anbringen wollte, so würde der Draht hochkantig gewickelt werden müssen, was gewisse Schwierigkeiten macht. Es ist also besser, die sekundäre Wickelung in zwei Lagen von zusammen 35 Windungen anzubringen, eine Lage mit 18 und die andere mit 17 Windungen. Da nun beim Uebergang von der unteren auf die obere Lage der Raum einer Windung verloren geht, so muss die Breite des besponnenen Drahtes nicht $1/_{18}$, sondern $1/_{19}$ der Spulenlänge sein, also 41,5 : 19 = 21,8 mm betragen. Die Dicke des Drahtes ist durch die Wickelungstiefe von 14 mm schon festgesetzt. Rechnet man 0,5 mm Bespinnung (also einen Zuschlag von 1 mm per Draht), so findet man, dass der nackte Draht 6 mm tief und 20,8 mm breit sein kann. Da es jedoch nicht möglich ist, die einzelnen Windungen mit mathematischer Genauigkeit neben einander zu legen, so wollen wir die Breite zu 20 mm annehmen. Wir haben somit in den Sekundärspulen rechteckigen Draht von 6 × 20 mm = 120 qmm Querschnitt und einer Länge von 70 × 0,575 = 40,5 m, oder mit Zuschlag von 0,5 m für die Verbindungen rund 41 m. Der Widerstand berechnet sich unter Berücksichtigung der Temperaturerhöhung aus

$$W_2 = \frac{0,02\,l_2}{120} \text{ zu } W_2 = 0,00682 \text{ Ohm.}$$

Eine ähnliche Rechnung, für die Primärspulen ausgeführt, zeigt, dass runder Draht von 3,1 mm Durchmesser (besponnen auf 3,67 mm) verwendet werden muss. Es kommen 112 Windungen auf eine Lage, und es sind im Ganzen auf jedem Schenkel 6 Lagen und 10 bezw. 11 Windungen erforderlich. Die Windungslänge ist 1030 m und der Widerstand warm ist

$$W_1 = 2,8 \text{ Ohm.}$$

Wir können jetzt den Gesammtverlust bei verschiedenen Belastungen bestimmen, wobei durchweg für $\mathfrak{B}$ = 5063 der Eisenverlust mit 189 Watt in Rechnung zu setzen ist. Die folgende Tabelle enthält das Ergebnis.

Belastung in Kilowatt .	8	9	10	11	12	13	14	15
Sekundärstrom, Ampère	80	90	100	110	120	130	140	150
Primärstrom, Ampère .	4,125	4,634	5,15	5,664	6,18	6,7	7,22	7,44
Stromwärme	91	115	143	172	205	241	278	321
Eisenverlust	189	189	189	189	189	189	189	189
Gesammtverlust . . .	280	304	332	361	394	430	467	510
Procentualer Verlust .	3,5	3,4	3,3	3,3	3,3	3,3	3,3	3,4
Abkühlungsfläche per Watt	43	40	36	33	30	28	26	24
Temperaturerhöhung in Luft	48	52	55	57	61	63	66	68
Temperaturerhöhung in Oel	37	38	41	43	45	47	48	50

Wenn also der Transformator, wie eben angenommen, nicht mit Oelfüllung versehen werden soll, so wird man ihn höchstens bis auf 12 Kwt. belasten dürfen. Der Gesammtverlust beträgt dabei 394 W. Es müssen also 12 394 W. zugeführt werden und der Wirkungsgrad ist

$$\eta = \frac{12\,000}{12\,394} = 97\%.$$

Bei Oelfüllung kann man bis auf 15 Kwt. belasten und erhält ungefähr den gleichen Wirkungsgrad; dabei ist jedoch die Temperaturerhöhung nur 50° C.

Kosten des aktiven Materiales. Der Wirkungsgrad allein reicht jedoch nicht aus, um die Güte der Konstruktion zu beurtheilen. Wir müssen auch das Gewicht und die Kosten mit in Betracht ziehen, und zwar bezogen auf das Kilowatt Leistung. Wenn man das Kilogramm gestanztes oder zugeschnittenes Blech zu 75 Pf. und das Kilogramm besponnenen Kupferdraht zu M. 1,75 in Rechnung setzt, so erhält man für die Kosten:

$$
\begin{array}{llll}
\text{Eisen} & . \; . \; . \; 178 \text{ kg à } 0,75 & . \; . \; . \; . & \text{M. } 134 \\
\text{Kupfer} & . \; . \; . \; 112 \text{ „} \quad \text{„ } 1,75 & . \; . \; . \; . & \text{„ } 195 \\
\end{array}
$$

Gesammtgewicht 290 kg.   Gesammtkosten M. 329

Das Gesammtgewicht und die Gesammtkosten beziehen sich nur auf das aktive Material, d. h. Eisenblech und Kupferdraht.

	Luftkühlung	Oelkühlung
Leistung Kilowatt	12	15
Gewicht des aktiven Materiales pro Kilowatt	24,2 kg	19,4 lg
Kosten des aktiven Materiales pro Kilowatt	M. 27,4	M. 21,9

Günstigste Vertheilung der Verluste. Der mit Oekühlung arbeitende Transformator stellt sich also leichter und billiger im Verhältnis zu seiner Leistung als der mit Luftkühlung arbeitende. Ausserdem ist seine Temperaturerhöhung kleiner. Allerdings ist bei ersterem der procentuale Verlust etwas grösser, nämlich 34% der Leistung gegen 3,3 % bei Luftkühlung. Bei einer Belastung zwischen 10 und 14 Kwt. ist der Wirkungsgrad am grössten. Der untern Grenze entspricht ein Eisenverlust von 67% und der obern ein Eisenverlust von 40% des Gesammtverlustes. Die Zahlen der Tabelle sind abgerundet; rechnet man sie auf mehrere Decimalen

genau aus, so findet man engere Grenzen, deren Mittel etwa 50%
für den Eisenverlust und 50% für Stromwärme ausmacht. Es liegt
also der Gedanke nahe, dass die beste Konstruktion jene ist, bei
der Eisen- und Kupferverluste ungefähr gleich werden. Wenn diese
Voraussetzung zutrifft, müsste sich der Wirkungsgrad des 15 Kwt.-
Transformators dadurch verbessern lassen, dass man das Eisen mehr
und das Kupfer weniger beansprucht. Der Gesammtverlust ist bei
15 Kwt. nach obiger Tabelle 510 Watt. Wir wollen nun die Wickelung so ändern, dass der Eisenverlust etwa die Hälfte des Gesammtverlustes ausmacht, also ungefähr 255 Watt beträgt. Der Verlust
pro Kilogramm Eisen darf also jetzt bei 50 Perioden im Mittel
1,43 Watt betragen.

Eine einfache Rechnung zeigt, dass der Eisenverlust von
255 Watt erreicht wird bei $B = 6000$ in den Kernen und $B = 5750$
in den Jochstücken. Wir haben

2 Kerne .	.	116,8 kg	$B = 6000$	bei 1,5 W	.	.	174 W
2 Joche .	.	61,2 „	$B = 5750$	bei 1,32 W	.	.	81 W
Zusammen .		178,0 kg		bei 1,43 W	.	.	255 W.

Bei einer Induktion von 6000 wird $N = 0,78$ und $n_2 = 58$. Es
kommen also auf jeden Schenkel 29 Windungen sekundären Drahtes
in zwei Lagen von 15 und 14 Windungen. Der Draht kann $24,5 \times$
6 mm nackt, oder $25,5 \times 7$ mm besponnen sein. Der Widerstand
der sekundären Wickelung ist, wenn warm, 0,0046 Ohm.

Die Anzahl der Primärwindungen ist $20 \cdot 58 \left(\dfrac{100 - 2,5}{100} \right) = 1130$.
Bei 3,5 mm Draht (besponnen auf 4,2 mm) kommen auf jede Lage
98 Windungen. Es sind also auf jedem Schenkel fünf Lagen und
75 Windungen zu wickeln. Der Widerstand ist warm 1,78 Ohm.
Das gesammte Kupfergewicht ist 117 kg. Bei 15 Kwt. Belastung
haben wir folgende Verluste:

Kupferwärme primär . . .	106	W
„ sekundär . .	103	„
Eisenwärme	255	„
Insgesammt	464	W

Der Gesammtverlust ist jetzt nur 3,1% der Leistung und nicht
3,4 wie früher. Gleichzeitig ist die Temperaturerhöhung um 2° C.
geringer. Die Verbesserung ist eine Folge der günstigern Vertheilung
der Eisen- und Kupferverluste. Wir haben uns durch Vergrösserung

des erstern und Verminderung des letztern dem günstigsten Zustande gleicher Verluste in Eisen und Kupfer genähert. Mit Oelkühlung sind die Betriebsverhältnisse dieses Transformators wie in folgender Tabelle angegeben.

Belastung in Kwt.	12	15	17
Sekundärstrom	120	150	170
Primärstrom	6,18	7,72	8,75
Kupferverlust	134	209	270
Eisenverlust	255	255	255
Gesammtverlust	389	464	525
Procentualer Verlust	3,25	3,1	3,1
Temperaturerhöhung	44	48	52

Bei 15 Kwt. ist der Eisenverlust etwas weniger als die Hälfte des Gesammtverlustes, bei 17 Kwt. ist er etwas mehr. Beide Belastungen sind in Bezug auf den Wirkungsgrad gleich günstig. Man sieht hieraus, dass man es mit der gleichen Vertheilung der Verluste zwischen Kupfer und Eisen nicht allzu genau zu nehmen braucht. Es genügt, wenn die Gleichheit nur in grober Annäherung erreicht wird. Uebrigens ist ein gewisser Spielraum in dieser Beziehung nützlich. Soll der Transformator hauptsächlich für Beleuchtung dienen, so wird man den Eisenverlust etwas kleiner machen als den Kupferverlust bei Vollbelastung, um dem Umstande Rechnung zu tragen, dass der Transformator die meiste Zeit über nur schwach belastet ist. Handelt es sich jedoch um einen Transformator für eine Kraftanlage, die jeden Tag viele Stunden lang so ziemlich vollbelastet ist, so wird man zweckmässig den grösseren Theil des Gesammtverlustes in das Eisen legen, weil man dadurch eine billigere Konstruktion erhält.

Wirthschaftlicher Betrieb. Wir haben aus den obigen Beispielen gesehen, dass für einen bestimmten Transformator jene Belastung den grössten Wirkungsgrad erzielt, bei der die Verluste in Eisen und Kupfer so ziemlich gleich sind. Nun kann dieser Zustand natürlich nicht bei allen Belastungen eintreten, sondern streng genommen nur bei einer. Der Konstrukteur wird also beim Entwurf des Transformators darauf Bedacht nehmen, dass die günstigste Vertheilung der Verluste bei jener Belastung eintritt, die im Jahresbetrieb überwiegt. Nun ist es aber bei kleinen Transformatoren praktisch unmöglich, die Konstruktion jedem Fall genau anzupassen. Solche Transformatoren sind Massenartikel und bei ihrer Herstellung weiss der Fabrikant meistens nicht, wie sie später verwendet werden sollen. Es werden einfach so viele Dutzend oder so viele hundert Stück von jeder Type gleichzeitig hergestellt und dann der Nachfrage entsprechend geliefert.

Wenn es nun auch nicht möglich ist, in jedem einzelnen Fall die Konstruktion den Betriebsverhältnissen anzupassen, so kann man doch, ohne das Princip einer Massenfabrikation deshalb aufzugeben, eine Anpassung an diese Verhältnisse wenigstens in gewissem Grade erzielen, indem man von jeder Grösse zwei Typen baut, einen für jene Fälle, wo die Belastung in sehr weiten Grenzen schwankt und die andere für weniger stark schwankende Belastung.

Bei letzteren wird man zweckmässiger Weise den Eisenverlust etwas grösser halten als den Kupferverlust. Man wird also z. B. für eine Anlage, die bei geringen Schwankungen durchschnittlich 15 Kwt. beansprucht, die oben behandelte Konstruktion wählen. Dabei ist der Eisenverlust 255 und deren Kupferverlust 209 Watt. Dieser Transformator wäre jedoch für eine Anlage mit stark schwankender Belastung nicht so vortheilhaft als einer, bei dem der Eisenverlust kleiner und der Kupferverlust grösser ist. Ein solcher Transformator ist der früher behandelte, bei dem der Eisenverlust 189 und der Kupferverlust 321 Watt war. Wir wollen diese beiden Arten kurzweg Lichttype und Krafttype nennen. Um nun zu entscheiden, ob es sich verlohnt, diese beiden Typen statt einer einzigen zu fabriciren, wollen wir den jährlichen Wirkungsgrad für beide Typen berechnen unter der Voraussetzung, dass sie einmal für eine Lichtanlage mit stark schwankender Belastung und das andere Mal in einer Kraftanlage mit wenig schwankender Belastung verwendet werden. Der leichteren Uebersicht halber stellen wir zunächst die Daten der beiden Transformatoren tabellarisch zusammen. I bedeutet Lichttype und II bedeutet Krafttype.

	I	II
Induktion im Kern	5063	6000
Leistung in Kwt.	15	15
Eisenverlust, Watt	189	255
Kupferverlust „	321	209
Gesammtverlust „	510	464
Gewicht des aktiven Materiales, kg .	290	295
Kosten „ „ „ M. .	329	338

Die Lichtanlage enthalte ein Aequivalent von 300 Lampen zu 50 Watt und die Brennzeit der Lampen sei durch folgende Tabelle gegeben. Die vier letzten Spalten geben die durch Stromwärme im Transformator verlorene Leistung und Arbeit.

Tabelle der Brennzeit

Stunden	Gleich-zeitige Lampen	Lampen-stunden	Verlorene Stromwärme			
			Watt		Wattstunden	
			I	II	I	II
40	300	12 000	321	209	12 800	8 400
90	210	18 900	157	102	14 200	9 200
500	120	60 000	52	34	26 000	17 000
1 000	60	60 000	13	9	13 000	9 000
800	30	24 000	3	2	2 400	1 600
6 330	0	0	0,2	0,2	1 300	1 300
8 760		174 900			69 700	46 500

Die durchschnittliche Brennzeit der installirten Lampen ist 580 Stunden. Geliefert wird eine Arbeit von $\frac{174\,900}{1000} \times 50 = 8745$ Kwt.-St.

Dem Transformator muss ausser dieser Arbeit noch zugeführt werden die Stromwärme von 69,7 Kwt.-St. bei Type I oder 46,5 Kwt.-St. bei Type II und die Eisenwärme. Letztere macht bei I 1660 und bei Type II 2240 Kwt.-St. aus. Unter der gewöhnlich zutreffenden Voraussetzung, dass der Transformator bei einer Lichtanlage primär nicht abgeschaltet wird, berechnet sich nunmehr der jährliche Wirkungsgrad für diese beiden Typen wie folgt:

	Type	
	I	II
Gelieferte Arbeit, Kwt.-St. . .	8 745	8 745
Verlorene Stromwärme, Kwt.-St.	69,7	46,5
Verlorene Eisenwärme „	1 660	2 240
Zugeführte Arbeit, Kwt.-St. . .	10 474,7	11 031,5
Jährlicher Wirkungsgrad % . .	83,5	79,4

Es kostet also Type II im Jahre rund 560 Kwt.-St. mehr als Type I. Die Herstellungskosten eines Transformators dieser Grösse betragen etwa das $2\frac{1}{2}$- bis 3fache der Kosten des aktiven Materials, also für Type I rund 900 M. und für Type II etwa 30 M. mehr. Der Unterschied ist so gering, dass wir ihn vernachlässigen und annehmen können, beide Transformatoren sind in Bezug auf Herstellungskosten gleichwerthig. Man wird also durch Verwendung der Type I den Strompreis von 560 Kwt.-St. jährlich sparen. Gewöhnlich werden Transformatoren, die an ein Stadtnetz angeschloseen sind, vom Elektricitätswerk geliefert und der Zähler wird sekundär angeschlossen, so dass nur die den Lampen gelieferte, nicht aber die im Transformator verlorene Arbeit vom Abnehmer bezahlt wird. Das Werk muss also den Verlust tragen. Rechnet man die reinen Selbstkosten für Stromerzeugung zu 10 Pf., so macht dieser Mehrverlust, entstanden durch Verwendung einer ungeeigneten Transformatorentype, 56 M. jährlich aus, was zu 5°/₀ kapitalisirt den Anschaffungswerth des Transformators übersteigt.

Wir gehen nun dazu über, die wirthschafllichen Betriebsverhältnisse dieser beiden Typen in einer Kraftanlage zu untersuchen. Wir nehmen dabei an, dass der Transformator zum Betrieb einer kleinen Werkstatt dient und dass er, wenn nicht im Gebrauch, primär abgeschaltet werden kann. Die ganze Betriebszeit betrage 3000 Stunden und die Belastung sei vertheilt, wie folgende Tabelle angiebt.

Tabelle der Belastungszeit.

Stunden	Belastung		Verlorene Stromwärme			
			Watt		Kwt.-St.	
	Kwt.	Kwt.-St.	I	II	I	II
1 500	15	22 500	321	209	482	314
1 500	12	18 000	206	134	309	200
3 000		40 500			791	514

Die Eisenverluste sind bei I 567 Kwt.-St. und bei II 765 Kwt.-St. Der jährliche Wirkungsgrad berechnet sich nunmehr wie folgt:

	Type	
	I	II
Gelieferte Arbeit, Kwt.-St.	40 500	40 500
Verlorene Stromwärme, Kwt.-St. . .	791	514
Verlorene Eisenwärme, Kwt.-St. . .	567	765
Zugeführte Arbeit, Kwt-St.	41 858	41 779
Jährlicher Wirkungsgrad °/₀ rund .	97	97

Der Unterschied in der zugeführten Arbeit ist 79 Kwt.-St. zu Gunsten der Type II. Es ist also jetzt diese besser als die andere Type. Sie hat auch noch den Vortheil einer geringeren Temperaturerhöhung.

Die hier durchgerechneten Beispiele zeigen, dass es sich wohl
verlohnt, die Fabrikation von Transformatoren derart zu differenziren,
dass man zwei Typen baut, eine für veränderliche und die andere
für konstante Belastung.

Konstruktionsdetails. Die Figuren 43 bis 46 zeigen die
Einzelheiten der Konstruktion des oben berechneten Transformators
für 12 Kwt. bei Luftkühlung bezw. 15 Kwt. bei Oelkühlung. Der
Transformator ist in einen gusseisernen Kasten eingebaut und eignet

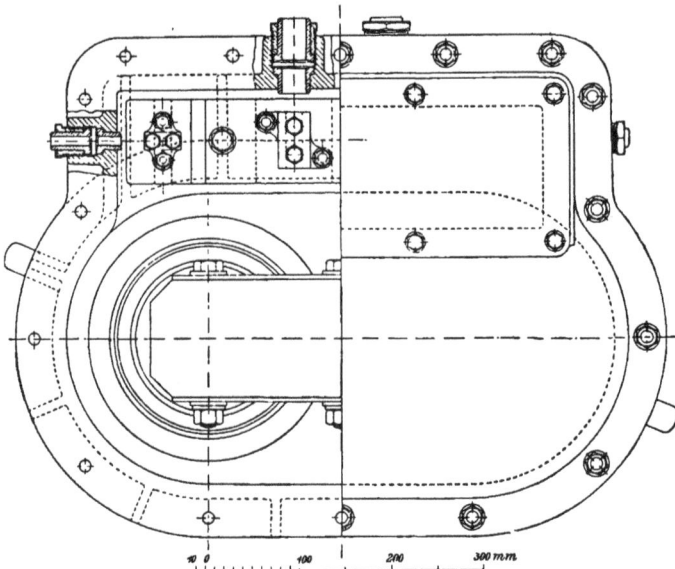

Fig. 43.

sich daher zur Aufstellung in einem Keller oder anderen feuchten
Ort, oder in freier Luft bei feuchtem Klima. Bei solchen Anlagen,
wo Transformatoren in trockenen Räumen aufgestellt werden, kann
der äussere Schutzmantel auch aus perforirtem Blech bestehen
und dann ist die Erwärmung geringer; sie kann etwa nach der
unteren der beiden Kurven in Fig. 31 bemessen werden. Der in
Fig. 43 bis 46 dargestellte Transformator hat keine Stossfugen.

Nachdem die Bleche in der richtigen Grösse zugeschnitten und
ausgelocht sind, werden sie auf einer Seite mit sehr dünnem Papier
belegt und zusammengesetzt, wobei die zwei Kerne und das untere

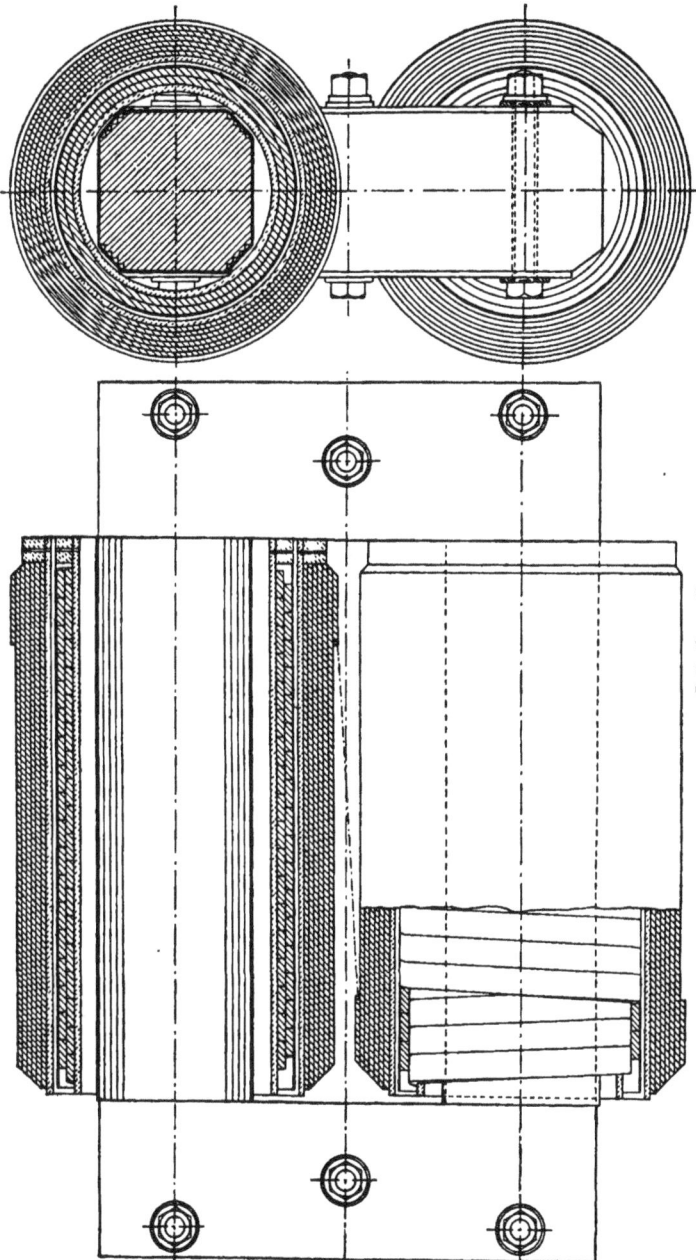

Maßstab 1:6

Fig. 44.

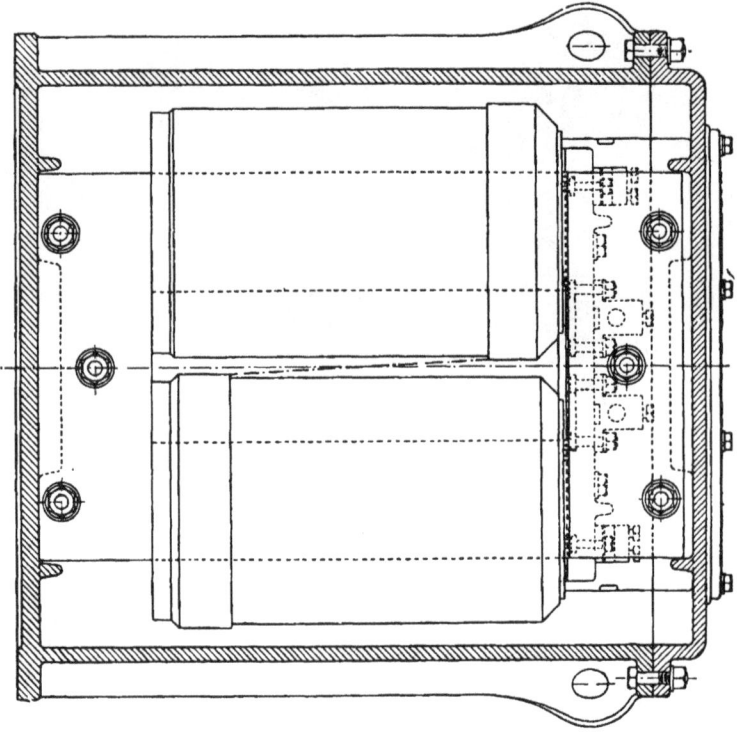

Fig. 46.

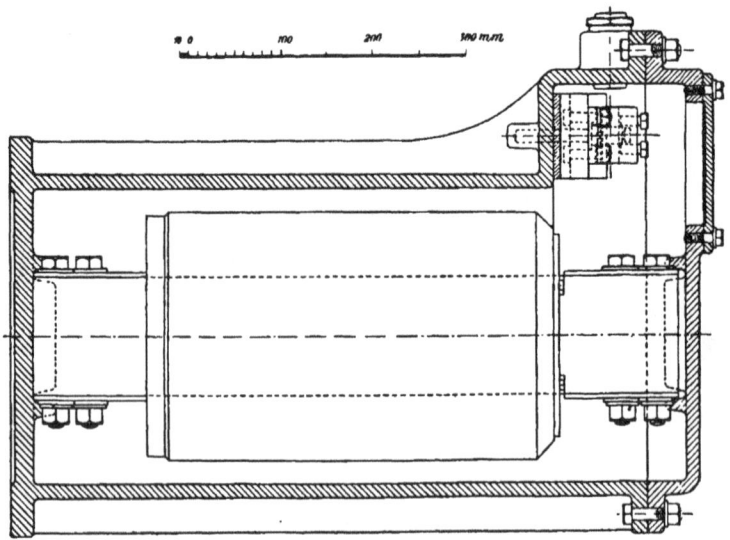

Fig. 45.

Joch zuerst hergestellt werden. Die Spulen werden dann aufgeschoben und zuletzt werden die Bleche des oberen Joches eingesetzt. Die Spulen werden, wie schon erwähnt, auf Papiercylinder
gewickelt. Am unteren Ende müssen die Papiercylinder mit Flanschen
versehen sein, welche die Wickelung gegen Heruntergleiten schützen.
Am oberen Ende sind Flanschen entbehrlich, wenn man die Drähte
am Ende jeder Lage entsprechend zurückbindet. Es empfiehlt sich,
nach Vollendung jeder Lage dieselbe mit dünner, paraffinirter Leine-
wand zu umhüllen, deren Ende vor der Anbringung der nächsten
Lage zurückgeschlagen wird, so dass die benachbarten Drähte aller
Lagen ausser durch ihre Baumwollumspinnung noch durch die
Leinwandschichte isolirt sind.

Die Dicke der Baumwoll-Umspinnung richtet sich nach dem
Durchmesser der Drähte (oder dem äquivalenten Durchmesser bei
rechteckigen Drähten), der Spannung und der Art der Bespinnung.
Die Bespinnung muss wenigstens doppelt sein; dreifache Bespinnung ist jedoch vorzuziehen. Bei sehr starken Drähten kann
ausser einer Umspinnung noch eine Umklöppelung verwendet
werden. Für Spannungen bis zu 3000 Volt soll die Dicke der
Umhüllung, wenn feine Baumwolle oder feines Garn dazu verwendet wird, wenigstens den nach folgender Formel berechneten
Werth haben:

$$\delta = 0{,}13 + 0{,}06\,d,$$

wobei d den Drahtdurchmesser bedeutet. Die Werthe sind in
Millimetern einzusetzen. Der Durchmesser des besponnenen Drahtes
ist also

$$d_1 = d + 2\,\delta$$
$$d_1 = 0{,}26 + 1{,}12\,d.$$

Der Widerstand des Drahtes muss mit Rücksicht auf die Erwärmung bei Dauerbetrieb berechnet werden. Für die vorläufige
Rechnung kann man dabei die Formel benutzen

$$w = \frac{0{,}02\,l}{q}\ \text{Ohm},$$

wobei l die Länge in Meter und q den Querschnitt in Quadrat-
millimeter bedeutet. Diese Formel beruht auf der Annahme, dass
die Temperatur der Spulen 75° C. beträgt.

Das Gehäuse kann, wie in den Figuren veranschaulicht, behufs
besserer Abkühlung mit Rippen versehen sein. Zudem sind innen

am Boden und Deckel des Gehäuses kleine Rippen angebracht,
welche die Verschiebung des Eisenkörpers verhindern. Es empfiehlt
sich, an dem Deckel einen kleinen besonderen Deckel anzubringen,
um dadurch den Zugang zu den Klemmschrauben möglich zu
machen, ohne dass man den grossen Deckel abzunehmen braucht.
Die Zuleitungskabel können durch Stopfbüchsen mit Kautschukring-
dichtung, wie in der Figur gezeigt, geführt werden oder sie können
einfach durch geeignete Löcher eingebracht werden, welche dann mit
Isolirmasse ausgegossen werden. Letztere Anordnung empfiehlt sich
bei Transformatoren für grosse Leistung.

Sechstes Kapitel.

Das Vektordiagramm. — Berechnung des induktiven Spannungsabfalles. — Einfluss der Frequenz auf den induktiven Spannungsabfall. — Graphische Bestimmung der Arbeitsgrössen. — Graphische
Bestimmung des Abfalls der sekundären Klemmenspannung.

Das Vektordiagramm. Der Arbeitszustand eines Transformators und im allgemeinen eines jeden Wechselstrom-Apparates lässt
sich in zwei Weisen darstellen, nämlich analytisch durch gewisse,
meist jedoch ziemlich komplicirte Formeln, und zeichnerisch durch
sogenannte Vektordiagramme. Die analytische Darstellung ist wenig
übersichtlich und· soll deshalb hier nur in solchem Maasse verwendet
werden, als nöthig ist, um die graphische Darstellung zu erläutern.
Alle periodisch veränderlichen Grössen können durch rotirende Vektoren dargestellt werden. Es ist dabei die Länge des Vektors der

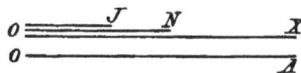

Fig. 47.

Maximalwerth der Grösse und die Projektion des Vektors ihr augenblicklicher Werth. Die Vektoren von solchen Grössen, die gleiche
Phase haben, liegen in einer Linie und decken sich mithin. Sie werden
bei willkürlich gewählten Maassstäben im Allgemeinen verschiedene
Länge haben, können aber natürlich auch die gleiche Länge haben,
wenn die Maassstäbe entsprechend gewählt werden. In diesem Falle
stellt ein und derselbe Vektor gleichzeitig mehrere Grössen dar. So
sind z. B. Strom, Erregung d. h. Strom $\times$ Windungen und der dadurch erzeugte magnetische Fluss Grössen derselben Phase. Ihre
Vektoren liegen mithin in ein und derselben Linie. Sie können
jedoch verschiedene Länge haben. Es kann also z. B. $0\,J$ in Fig. 47

der Stromvektor sein, während die Strecke $0\,N$ den Feldvektor und
die Strecke $0\,X$ den Erregungsvektor darstellt.

In Fig. 47 sind des besseren Verständnisses halber die drei
Vektoren getrennt gezeichnet. Der Leser muss sie sich jedoch auf-
einander gelegt denken. Zunächst sei der Maassstab für alle drei
Grössen derselbe, so dass z. B. 1 mm = 1 A; 1 mm = 1 Feldeinheit
in 10^6 Kraftlinien und 1 mm = 1 Ampèrewindung ist. Ist n die
Anzahl Windungen, so muss in diesem einheitlichen Maassstabe
$\frac{0\,X}{0\,J} = n$ und $\frac{0\,X}{0\,N} = R$ sein, wobei wir mit R den magnetischen
Widerstand des Kraftlinienpfades bezeichnen. Nach einem bekannten
Satz der Elektrodynamik ist die magnetische Kraft in absolutem
Maass

$$H = \frac{4\,\pi\,n\,J}{l},$$

wobei l die Länge des Kraftlinienpfades bedeutet. Ist A der Querschnitt des Kraftlinienpfades, μ seine Permeabilität und B die Induktion, so haben wir

$$B = H\,\mu$$
$$N = A\,H\,\mu\,10^{-6}$$

in Einheiten von 10^6 Linien. Wird J in Ampère gesetzt, so ist

$$N = \frac{1{,}25\,n\,J}{l}\,A\,\mu\,10^{-6}$$

$$N = \frac{1{,}25\,X\,A\,\mu}{l}\,10^{-6}$$

$$N = \frac{X}{\dfrac{0{,}8\,l\,10^6}{A\,\mu}} = \frac{X}{R}$$

$$R = \frac{1}{\mu}\,\frac{0{,}8\,l}{A}\,10^6.$$

Besteht der magnetische Kreis aus verschiedenartigen Theilen
in Reihenschaltung, so ist der Gesammtwiderstand die Summe der
Theilwiderstände, also allgemein

$$R = \varSigma\,\frac{1}{\mu}\,\frac{0{,}8\,l}{A}\,10^6 \qquad \ldots \ldots \ldots \quad 13)$$

Die zur Erzeugung eines Feldes von N Millionen Linien nöthige Erregung ist dann

$$X = R\,N \text{ Ampèrewindungen.}$$

Ist N der Maximalwerth des Feldes, so muss natürlich auch der Maximalwerth und nicht der effektive Werth der Ampèrewindungen genommen werden. Soll jedoch X den effektiven Werth darstellen, so ist der Maximalwerth des Feldes

$$N = \frac{X\sqrt{2}}{R} \quad \ldots \ldots \ldots \ldots \quad 14)$$

Wir haben bei Fig. 47 angenommen, dass derselbe Maassstab für alle drei Grössen gilt. Nun können wir aber auch den Maassstab für zwei dieser Grössen so ändern, dass sie durch den Vektor der dritten Grösse ausgedrückt werden. Ist z. B. $OA = OX$ der Vektor der maximalen Ampèrewindungen in dem Maass 1 mm = 1 Ampèrewindung, so kann die Länge OA auch als Stromvektor aufgefasst werden, wenn wir sie mit einem neuen Maassstab messen, dessen Theilstriche nicht 1 mm, sondern n Millimeter von einander

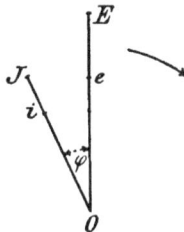

Fig. 48.

entfernt sind. In derselben Weise kann OA den Kraftfluss darstellen, wenn wir diesen mit einem Maassstab messen, dessen Theilstriche R Millimeter von einander entfernt sind. Ist X jedoch in effektiven Ampèrewindungen gegeben, so ist der Abstand der Theilstriche des Feldmaassstabes $R/\sqrt{2}$.

Es sei in Fig. 48 OE der Maximalwerth der Spannung, die einem Stromkreis (z. B. der Primärspule eines Transformators) aufgedrückt wird, und OJ sei der Maximalwerth des Stromes. Die Maassstäbe für Strom und Spannung seien verschieden und beliebig gewählt. Beide Vektoren rotiren in der Pfeilrichtung. Ihre Projektion auf der Vertikalen stelle die Augenblickswerthe dar. Nun wissen wir, dass die effektiven Werthe, in dem betreffenden Maassstabe gemessen, durch Vektoren gegeben sind, deren Längen kleiner sind als die Vektoren der Maximalwerthe im Verhältniss von $\sqrt{2} : 1$. Es ist also

$$\text{Die effektive Spannung } O\,e = \frac{O\,E}{\sqrt{2}}$$

$$\text{Der effektive Strom } \qquad O\,i = \frac{O\,J}{\sqrt{2}}\,.$$

Wenn wir nun die bisher verwendeten Maassstäbe so ändern, dass ihre Theilstriche $\sqrt{2}$ mal so weit von einander abstehen, als früher, so können wir die effektiven Werthe mit den neuen Maassstäben direkt auf den Längen $O\,E$ und $O\,J$ abgreifen. Wir können auch diese nunmehr als effektive Vektoren anzusehenden Linien stillstehen lassen, denn von Wichtigkeit ist nur ihr Winkelabstand φ, und der bleibt derselbe, ob wir uns die Vektoren stillstehend oder rotirend denken. Wir müssen allerdings den Rotationssinn beibehalten, damit wir wissen, welcher Vektor vor- und welcher nacheilt. In Fig. 48 eilt der Spannungsvektor vor, der Stromvektor nach.

Wie schon im 4. Kapitel gezeigt wurde, lassen sich Vektoren gleichartiger Grössen nach Art der Seilpolygone zusammensetzen. Wir können also Felder miteinander, Erregungen miteinander und Spannungen miteinander, nicht aber eine Erregung mit einer Spannung oder einen Strom mit einem Feld zusammensetzen. Ein Diagramm, in welchem die verschiedenen in einem Transformator auftretenden Grössen in der richtigen Weise zusammengesetzt sind, heisst ein Vektordiagramm oder ein Arbeitsdiagramm des Transformators. Als einfachstes Beispiel wollen wir zunächst ein solches Diagramm aufstellen für einen Transformator, der keine Verluste und keine Streuung, wohl aber magnetischen Widerstand hat. Dieser Fall ist praktisch natürlich nicht möglich, seine Aufnahme hier hat nur den Zweck, dem Leser das Studium der später behandelten Fälle zu erleichtern.

Wenn der Transformator nur Glühlampen speist, so hat der Sekundärstrom keine Phasenverschiebung; Strom- und Spannungsvektor liegen also in einer Linie, können aber natürlich von verschiedener Länge sein. Enthält der sekundäre Stromkreis neben Glühlampen auch Bogenlampen oder Motoren, so ist Phasenverschiebung vorhanden; der Strom eilt der Spannung nach. Die sekundäre Stromstärke wird regulirt durch Zu- oder Abschalten der Stromverbraucher (Lampen oder Motoren), und wir wollen annehmen, dass bei allen Belastungen das Mischungsverhältnis der Glühlampen und der andern Apparate dasselbe bleibt, so dass die Phasenverschiebung im sekundären Stromkreis für alle Belastungen gleich bleibt.

Fig. 49 zeigt das Arbeitsdiagramm des Transformators bei Glüh-
lichtbelastung und Fig. 50 bei gemischter Belastung. Die Rotation
der Vektoren erfolgt in diesen und in allen anderen Diagrammen
im Sinne des Uhrzeigers.

Es sei $O\,C = X_2$ der Vektor der sekundären effektiven Ampèrewindungen, und $O\,E_2 = e_2$ jener der sekundären effektiven Klemmenspannung. Damit diese entstehen kann, muss ein gewisser Kraftfluss
vorhanden sein, dessen Maximalwerth sich aus Gleichung 7 bestimmen lässt.

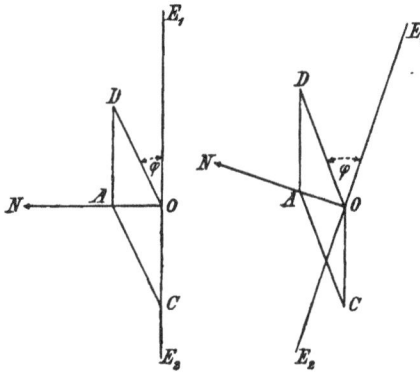

Fig. 49.   Fig. 50.

Es ist

$$N = \frac{e_2}{4,44 \, \frac{\sim}{100} \, n_2} \, .$$

Der Feldvektor $O\,N$ muss dem Spannungsvektor e_2 um 90^0 voreilen.
Es ist also Grösse und Lage dieses Vektors bestimmt. In der Primärspule erzeugt das Feld N eine E.M.K., deren Vektor dem Feldvektor um 90^0 nacheilt. Ihre Grösse ist

$$e_1 = 4,44 \, \frac{\sim}{100} \, N \, n_1 \, .$$

Um ihr das Gleichgewicht zu halten, muss eine gleich grosse E.M.K.,
aber in umgekehrtem Sinne, der Primärspule aufgedrückt werden.
Die primäre Klemmenspannung ist also gegeben durch den Vektor

$$O\,E_1 = e_1 \, .$$

Der Voltmaassstab ist für e_1 derselbe wie für e_2. Wir nehmen an, dass $n_1 > n_2$; dann wird auch, wie im Diagramm gezeichnet, $e_1 > e_1$.

Damit nun das Feld N zu Stande kommt, muss die resultirende Erregung einen gewissen effektiven Werth X haben, der sich aus Gleichung 14) berechnen lässt. Der magnetische Widerstand ist aus Gleichung 13) zu berechnen. Wir machen nun in dem für X_2 verwendeten Maassstab

$$O\,A = X,$$

und da wir wissen, dass X die Resultirende aus den beiden Erregungen (sekundär X_2 und primär X_1) sein muss, so können wir X_1 zeichnerisch finden. Es ist die Strecke $O\,D$. Wenn wir nun einen Maassstab anfertigen, dessen Theilstriche n_2 mal so weit von einander abstehen als jene des Maassstabes für Erregung, so ist in diesem neuen Maassstabe $O\,C = i_2$. Ebenso können wir einen anderen Ampèremaassstab anfertigen, dessen Theilstriche n_1 mal so weit abstehen als jene des Maassstabes für Erregung, und mit diesem messen wir $O\,D = i_1$. Da $O\,A$ nicht Null sein kann (der Voraussetzung gemäss hat der Transformator magnetischen Widerstand), kann in Fig. 49 i_1 nicht mit e_1 zusammenfallen; es ist also primär die Phasenverschiebung φ vorhanden, obwohl sekundär keine Phasenverschiebung besteht. In Fig. 50 ist die sekundäre Phasenverschiebung $\triangle\,C\,O\,E_2$ und die primäre φ. Es ist ohne weiteres klar, dass φ grösser ist als $\triangle\,C\,O\,E_2$. Wegen des magnetischen Widerstandes des Transformators ist also die Phasenverschiebung im sekundären Verbrauchsstromkreis mit einer gewissen Vergrösserung in den primären Stromkreis übersetzt worden.

Aus den Diagrammen ist ohne weiteres klar, dass die sekundäre Klemmenspannung in einem bestimmten und von der Belastung unabhängigen Verhältnis steht zur primären Klemmenspannung. Es ist

$$e_2 = e_1\,\frac{n_2}{n_1}.$$

Ist also die aufgedrückte primäre Klemmenspannung konstant, so bleibt auch die abgegebene sekundäre Klemmenspannung konstant. Wird der sekundäre Strom vermindert (durch Abschalten von parallel abgezweigten Stromverbrauchern), so rückt C näher an O und D näher an A. Es wird also i_1 vermindert und φ vergröseert. Bei Leerlauf ist $i_2 = 0$ und C fällt mit O zusammen. Gleichzeitig fällt D mit A zusammen, und je nachdem wir den Erregungsmaass-

stab oder den Ampèremaassstab verwenden, ist OA die Leerlaufs-
erregung X_μ oder der Leerlaufstrom i_μ.

Bisher haben wir angenommen, dass der Transformator weder
Verluste noch Streuung hat. Wir wollen vorläufig an der ersten
Annahme noch festhalten, die zweite jedoch fallen lassen. Wir
nehmen also an, dass der Transformator Streuung hat, eine Eigen-
schaft, die sich dadurch äussert, dass in jeder Spule eine der Erregung proportionale und auf ihr senkrecht stehende E.M.K. der
Selbstinduktion auftritt. Diese eilt dem Strom nach und muss durch
eine gleich grosse, der Spule aufgedrückte und dem Strom um 90°
voraneilende E.M.K. ausgeglichen werden.

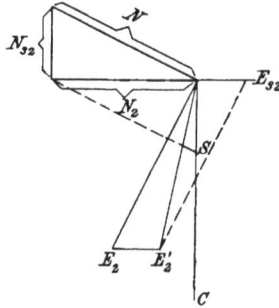

Fig. 51.

Es sei wie früher $OC = X_2$ in Fig. 51 die sekundäre Erregung
und OE_2' die sekundäre Klemmenspannung. Die Erregung X_2 erzeuge ein Streufeld N_{s_2} und dieses erzeuge die E.M.K. der Selbstinduktion $OE_{s_2} = e_{s_2}$. Damit nun die Klemmenspannung $e'_2 = OE'_2$
wirklich zu Stande kommt, muss das Nutzfeld N nicht nur diese
E.M.K. erzeugen, sondern noch eine zweite E.M.K., welche e_{s_2} das
Gleichgewicht hält. Wir machen also

$$E_2' E_2 = OE_{s_2},$$

und erhalten so

$$e_2 = OE_2,$$

die E.M.K., welche durch das Nutzfeld N der Sekundärspule auf-
gedrückt werden muss. Um N zu finden, haben wir die E.M.-
Kräfte zusammengesetzt und dann aus ihrer Resultirenden e_2 die
Existenz des Nutzfeldes gefolgert. Wir hätten aber ebenso gut die
Felder zusammensetzen können und aus ihrer Resultirenden N_2 die

Klemmenspannung e_2' folgern können. Beide Anschauungsweisen
führen zum selben Ziel, die letztere ist jedoch in besserer Uebereinstimmung mit der Wirklichkeit. Dass das Feld N in der sekundären Spule allein auftritt, wie das der Fall sein müsste, damit e_2
wirklich inducirt wird, ist eine unhaltbare Annahme. Denn es muss,
damit die E.M.K. $O E_{s_2}$ entstehen kann, auch das Feld $O S = N_{s_2}$
in den sekundären Spule auftreten. Es treten also thatsächlich zwei
Felder in dieser Spule auf, nämlich N und N_{s_2}, und diese beiden
verbinden sich zu dem resultirenden Felde N_2, wie Fig. 51 zeigt.
Der Maximalwerth des thatsächlich auftretenden Kraftflusses ist
also nicht N, sondern N_2. Es ist also richtiger, wenn wir nicht die
E.M.Kräfte, sondern die Felder zusammensetzen. Andererseits ist
es für manche Zwecke bequemer, die E.M.Kräfte einzeln in das
Diagramm einzuführen, und wir werden deshalb, je nachdem es
besser passt, entweder die eine oder die andere Anschauungsweise
verwenden. Der Zusammenhang zwischen beiden ist im nächsten
Kapitel näher erläutert.

Zunächst handelt es sich darum, den Einfluss des selbstinducirten Feldes zu bestimmen. Wäre $N_{s_2} = 0$, so würde N_2 den
grösseren Werth N und e_2' den grösseren Werth e_2 annehmen. Wir
sehen also, dass in Folge des selbstinducirten Feldes die Spannung
etwas abfällt. Der Abfall ist um so grösser, je grösser e_{s_2} ist. Man
nennt die E.M.K. e_{s_2} den inductiven Spannungsabfall. Diese Grösse
ist nicht zu verwechseln mit dem algebraischen Unterschied der
Spannungen e_2 und e_2'. In der Regel ist $e_{s_2} > e_2 - e_2'$; nur bei rein
inductiver Belastung ist, wie später gezeigt wird, $e_{s_2} = e_2 - e_2'$. Es
ist aber bei jeder Belastung e_{s_2} die vektorielle Differenz zwischen
e_2 und e_2', und deshalb hat der inductive Spannungsabfall auf den
thatsächlichen Abfall der Klemmenspannung umsomehr Einfluss, je
grösser die Phasenverschiebung im sekundären Stromkreis ist.

Es wurde oben gesagt, dass die Streuung eine E.M.K. erzeugt,
die auf dem Strom senkrecht steht. Die Erklärung hierfür ist wie
folgt. Da die Drähte der beiden Spulen nicht denselben Raum einnehmen können, so entstehen zwischen ihnen Streufelder, deren
Kraftlinien nur mit den Windungen der einen oder nur mit den
Windungen der anderen Spule, nicht aber mit beiden gleichzeitig
verschlungen sind. Mit beiden gleichzeitig sind nur die Kraftlinien
des gemeinsamen oder Hauptfeldes verschlungen. Das Hauptfeld
wird erzeugt durch die Resultirende der Ampèrewindungen in beiden

Spulen. Die Streufelder N_{s_1} und N_{s_2} werden von den Amperewindungen der betreffenden Spulen einzeln erzeugt und ihre Vektoren
haben deshalb dieselbe Richtung wie die Ströme, während die Vektoren der entsprechenden E.M. Kräfte e_{s_1} und e_{s_2} auf den Stromvektoren senkrecht stehen.

Berechnung des induktiven Spannungsabfalles. Um die
E.M. Kräfte der Streuung zu finden, verfahren wir folgendermaassen.
Es sei in Fig. 52 II der Querschnitt der Sekundärspule und I der
Querschnitt der Primärspule eines Kerntransformators mit cylindri-

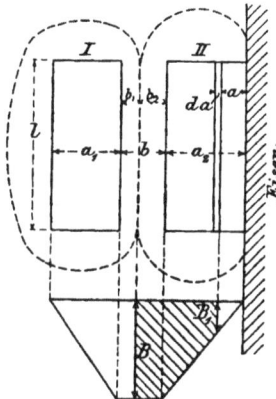

Fig. 52.

schen Spulen. Die Sekundärspule liege dem Eisen zunächst, die
Primärspule aussen. Da im Eisen die Permeabilität sehr gross ist,
so ist nahezu keine treibende Kraft nöthig, um den Streufluss
durch das Eisen zu führen; dagegen ist eine erhebliche Kraft
nöthig, um ihn durch den Raum b zwischen den beiden Spulen zu
führen, während der ausserhalb von I durch die Luft verlaufende
Streufluss auch einen gewissen Theil der treibenden Kraft beansprucht. Diese Ueberlegung zeigt, dass der Streulinienpfad von II
einen kleineren magnetischen Widerstand hat als der Streulinienpfad
von I. Es wird also bei gleicher Erregung das Streufeld von II
stärker sein als jenes von I. Um nun diesen Gegenstand in einfacher Weise mathematisch behandeln zu können, müssen wir einige
Annahmen machen. Zunächst wollen wir annehmen, dass i_2 und i_1
gleiche Phase haben. Das ist nahezu immer der Fall. Dann wollen
wir annehmen, dass in dem Raum b eine cylindrische Trennungs-

fläche besteht, ausserhalb welcher alle Streulinien nur mit I und innerhalb welcher alle Streulinien nur mit II verschlungen sind. Wäre der magnetische Widerstand links von I ebenso klein als jener im Eisen rechts von II, so würde die Trennungsfläche genau in der Mitte des cylindrischen Raumes b liegen; da aber der Raum links von I einen merklichen magnetischen Widerstand hat, so müssten wir uns streng genommen die Trennungsfläche nicht in die Mitte des Raumes b, sondern so gelegt denken, dass $b_1 < b_2$. Als extremen Fall würden wir $b_1 = \frac{b_2}{2}$ haben. Dadurch würden wir aber dem Raum links von I einen zu grossen Widerstand zuschreiben, nämlich den gleichen, als dem schmalen Raum b_1 rechts von I zukommt. Legen wir dagegen die Trennungsfläche in die Mitte von b (machen also $b_1 = b_2$), so würden wir dem Raum links von I einen viel zu kleinen magnetischen Widerstand zuschreiben. Beides wäre unrichtig. Da nun eine genaue Bestimmung der Lage der Trennungsfläche überhaupt nicht möglich ist, so thun wir am besten, wenn wir die Rechnung für diese beiden extremen Fälle durchführen und aus ihren Ergebnissen das Mittel nehmen. Ein Fehler in der Schätzung der einzelnen Streufelder ist übrigens praktisch nicht von Belang, weil wir ja nicht die einzelnen Werthe der E.M.K. der Selbstinduktion, sondern nur ihre Summe zur Berechnung des Spannungsabfalls brauchen.

Es seien n_1 und n_2 die Windungszahlen, π der Perimeter des Streuraumes b (den wir mit genügender Annäherung als für beide Spulen gleich annehmen), γ die Anzahl Windungen für 1 cm Wickelungstiefe und l die Länge der Spulen. Die Ordinaten der schraffirten Fläche sind dann je nach dem Maassstab entweder Amperewindungen oder Felddichten B. Knapp am Eisen sind beide Null, im Spalt b sind beide Maxima und an der linken Grenze von I sind sie wieder Null. Diese Auffassung ist allerdings strenggenommen nicht richtig, wir müssen sie aber annehmen, wenn wir die Rechnung einfach halten wollen.

In einem Elementenstreifen von II, dessen radiale Dicke da sei, haben wir

$$dn = \gamma \, da$$

Windungen. Mit diesen sind verschlungen alle Kraftlinien, welche der schraffirten Fläche zwischen B und B_1 entsprechen. Dieser Kraftfluss ist, wie man aus dem Diagramm ohne Weiteres sieht,

$$N = \pi \left(b_2 B + (a_2 - a) \frac{B + B_1}{2} \right).$$

Die entsprechende E.M.K. der Streuung ist

$$d e_s = 4{,}44 \sim \pi \left(b_2 B + (a_2 - a) \frac{B + B_1}{2} \right) \gamma \, da.$$

Integriren wir nun von $a = 0$ bis $a = a_2$, so erhalten wir die ganze in der Spule II durch Streuung selbstinducirte E.M.K.

$$e_{s_2} = 4{,}44 \sim \pi \gamma \int_0^{a_2} \left[b_2 B + (a_2 - a) \left(\frac{B + B_1}{2} \right) \right] da$$

$$e_{s_2} = 4{,}44 \sim \pi \gamma \left[b_2 B a_2 + \int_0^{a_2} (a_2 - a) \left(\frac{B + B_1}{2} \right) da \right].$$

Nun ist aber

$$\frac{B + B_1}{2} = \frac{B}{a_2} \left(\frac{a_2 + a}{2} \right)$$

$$(a_2 - a) \left(\frac{B + B_1}{2} \right) = \frac{B}{a_2} \left(\frac{a_2^2 - a^2}{2} \right)$$

$$\int_0^{a_2} (a_2 - a) \left(\frac{B + B_1}{2} \right) da = \frac{B}{2 a_2} \int_0^{a_2} (a_2^2 - a^2) \, da$$

$$= \frac{B}{2 a_2} \left(a_2^3 - \frac{1}{3} a_2^3 \right)$$

$$= \frac{B a_2^2}{3}$$

$$e_{s_2} = 4{,}44 \sim \pi \gamma a_2 B \left(b_2 + \frac{a_2}{3} \right).$$

γa_2 ist die Windungszahl von II, also n_2 und B ist proportional $n_2 i_2 = X_2$. Wir können also allgemein schreiben

$$B = k \frac{X_2}{l},$$

wobei k ein Erfahrungskoefficient ist. Wir haben mithin

$$e_{s_2} = 4{,}44 \sim n_2 X_2 k \left(b_2 + \frac{a_2}{3} \right) \frac{\pi}{l}$$

$$e_2 = 4{,}44 \sim n_2 N$$

$$\frac{e_{s_2}}{e_2} = k \frac{X_2}{N} \left(b_2 + \frac{a_2}{3} \right) \frac{\pi}{l} \quad . \quad . \quad . \quad . \quad . \quad . \quad 15)$$

In derselben Weise finden wir

$$\frac{e_{s_1}}{e_1} = k \frac{X_1}{N} \left(b_1 + \frac{a_1}{3} \right) \frac{\pi}{l} \quad \ldots \ldots \quad 16)$$

Da nun die Vektoren der Ströme und mithin auch jene der Erregungen X_1 und X_2 sehr nahezu die gleiche Richtung haben, so finden wir den ganzen procentualen Spannungsabfall, wenn wir die Summe bilden

$$100 \frac{e_s}{e} = 100 \left(\frac{e_{s_1}}{e_1} + \frac{e_{s_2}}{e_2} \right).$$

Wenn wir auf jedem Schenkel nur eine primäre und eine sekundäre Spule haben, so kann X_1 als nahezu gleich X_2 angesehen werden und wir können sagen, der gesammte induktive Spannungsabfall, bezogen auf die sekundäre Seite, ist $k \dfrac{X_2}{N} \dfrac{\pi}{l}$ proportional. In Procenten ausgedrückt ist er

$$100 \frac{e_{s_2}}{e_2} = 100 \, k \frac{X_2}{N} \left(b_1 + b_2 + \frac{a_1 + a_2}{3} \right) \frac{\pi}{l}.$$

Nennen wir die mittlere Wickelungstiefe a, so dass

$$a = \frac{a_1 + a_2}{2},$$

so kann die Klammer auch so geschrieben werden

$$\left(b + \frac{2}{3} a \right) = 2 \left(\frac{b}{2} + \frac{a}{3} \right)$$

$$100 \frac{e_{s_2}}{e_2} = 200 \, k \frac{X_2}{N} \left(\frac{b}{2} + \frac{a}{3} \right) \frac{\pi}{l}.$$

Aus Versuchen mit ausgeführten Transformatoren[1]) habe ich gefunden, dass $200\,k$ ungefähr den Werth $0,2$, also k den Werth 10^{-3} hat. Dabei ist für X_2 der effektive Werth in Einheiten von 10^3 und für N der Maximalwerth in Einheiten von 10^6 einzusetzen.

Wir haben also: gesammter induktiver Spannungsabfall, auf die Sekundärseite bezogen, in Procenten

$$= 0,2 \frac{X_2}{N} \left(\frac{b}{2} + \frac{a}{3} \right) \frac{\pi}{l} \cdot \quad \ldots \ldots \quad 17)$$

Für die Bestimmung des gesammten induktiven Spannungsabfalls, auf die sekundäre Seite bezogen, ist es gleichgiltig, wie wir

---

[1]) Vergl. E.T.Z. 1898, Heft 15.

uns die Trennungsfläche in b gelegt denken, denn es kommt nur die Summe von b_1 und b_2 in der Formel vor. Wollen wir jedoch den Spannungsabfall für jede Wickelung allein bestimmen, so ist die Lage der Trennungsfläche nicht gleichgiltig. Wir haben oben die beiden extremen Fälle angenommen

$$b_2 = 2\,b_1 = \frac{2}{3}\,b; \; e_{s_2} \text{ ergiebt sich zu klein, } e_{s_1} \text{ zu gross,}$$

$$b_2 = b_1 \;\; = \frac{1}{2}\,b; \; e_{s_1} \text{ ergiebt sich zu gross, } e_{s_2} \text{ zu klein}$$

und haben gesagt, dass wir das Mittel zwischen diesen beiden Fällen als wahrscheinlich den richtigen Werthen am nächsten kommend annehmen werden.

Die Mittelwerthe sind

$$b_2 = \frac{1}{2}\left(\frac{b}{2} + \frac{2\,b}{3}\right) = 0{,}58\,b$$

$$b_1 = \frac{1}{2}\left(\frac{b}{2} + \frac{b}{3}\right) = 0{,}42\,b.$$

Dann wird für cylindrische Spulen

$$100\,\frac{e_{s_1}}{e_1} = \frac{X_1}{N}\,(0{,}42\,b + 0{,}33\,a_1)\,\frac{\pi}{l}\,10^{-1} \;\; . \;\; . \;\; . \;\; . \;\; 18)$$

$$100\,\frac{e_{s_2}}{e_2} = \frac{X_2}{N}\,(0{,}58\,b + 0{,}33\,a_2)\,\frac{\pi}{l}\,10^{-1} \;\; . \;\; . \;\; . \;\; . \;\; 19)$$

Bei dem im 5. Kapitel behandelten Transformator ist $\pi = 63$, $l = 41$, $a_2 = 1{,}4$, $b = 0{,}9$, $a_1 = 2{,}4$, $n_1 = 1365$, $n_2 = 70$. Auf jedem Schenkel ist die Windungszahl mithin die Hälfte; und bei 11 K.V.A. Belastung ist $i_1 = 5{,}66$ und $i_2 = 110$. Es wird also $X_1 = 3{,}85$ und $X_2 = 3{,}85$. Der Kraftfluss des Hauptfeldes ist $130 \times 5063 = N = 0{,}66$.

Wir haben also den gesammten procentualen Spannungsabfall nach Formel 17)

$$\% = 0{,}2\,\frac{3{,}85}{0{,}66}\,(0{,}45 + 0{,}63)\,\frac{63}{41} = 1{,}9\,\%.$$

Aus den Formeln 18) und 19) bestimmen sich die einzelnen Spannungsabfälle

Primär . . . . 1 %
Sekundär . . . . 0,9 %.

Wenn wir nun diesen Transformator mit 15 K.V.A. belasten, so steigen diese Werthe im Verhältnis 110 : 150. Sie werden also: primär 1,37 %, sekundär 1,23 % und zusammen 2,6 %. Das ist praktisch noch ganz gut zulässig. Wollen wir jedoch aus irgend einem besonderen Grunde den Spannungsabfall bei 15 K.V.A. Belastung noch kleiner machen, so können wir weiter untertheilen. Wir werden zweckmässig die Untertheilung nicht in der sekundären Spule vornehmen, sondern in der primären, damit wir den dünnen Draht nach aussen bekommen. Das hat den praktischen Vortheil, dass man durch Auf- oder Abwickeln äusserer Windungen das Umsetzungsverhältnis genau einstellen kann. Das bietet bei dünnem Draht keine Schwierigkeit, wohl aber bei dem dicken Draht der Sekundärspule. Wir werden also nächst dem Eisen die eine Hälfte der Primärspule legen, dann die ganze Sekundärspule darüberschieben und über diese die zweite Hälfte der Primärspule. Es wird jetzt X_1 in der Formel 18) den Werth haben

$$\frac{1}{1000} \cdot \frac{1}{2} \cdot \frac{1}{2} \cdot 1365 \cdot 7{,}44 = 2{,}7.$$

Obwohl die Sekundärspule nicht getheilt ist, müssen wir doch auch für sie die halbe Zahl der Amperèwindungen, also

$$X_2 = \frac{1}{1000} \cdot \frac{1}{2} \cdot \frac{1}{2} \cdot 70 \cdot 150 = 2{,}62$$

einführen, weil sie ja nach zwei Seiten hin Streufelder erzeugt. Wir finden so den procentualen Spannungsabfall für die

Innere Primärspule	0,58 %
Mittlere Sekundärspule	0,56 -
Aeussere Primärspule	0,54 -
Insgesammt	1,68 %

Die Verschiedenheit in den Perimetern der Zwischenräume ist bei der Rechnung berücksichtigt.

Wir haben also durch die Untertheilung den induktiven Spannungsabfall von 2,6 auf 1,68 % verringert.

Bei **Scheibenspulen** kann man den induktiven Spannungsabfall in ähnlicher Weise berechnen. Die Trennungsfläche geht für die Zwischenspulen jedenfalls durch die Mitte des Raumes b, so dass

$$b_1 = b_2 = \frac{b}{2}.$$

Wegen der symmetrischen Lage der Scheiben gegeneinander und wegen des Umstandes, dass die Feldkurve, wie Fig. 53 zeigt, in der Mittelebene jeder Scheibe durch Null geht, ist jetzt nur die

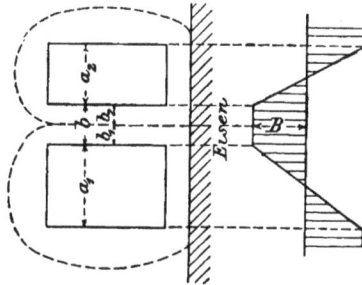

Fig. 53.

halbe Scheibendicke einzuführen und für die Erregung die halbe Zahl der Ampèrewindungen. Der früher gefundene Koefficient

$$k = 10^{-3}$$

bleibt dann auch für diesen Fall giltig. Wir haben also nach der Formel 15) für jede sekundäre Zwischenscheibe

$$\frac{e_{s_2}}{e_2} = k \frac{X_2}{2N} \left(b + \frac{a_2}{3} \right) \frac{\pi}{l}$$

oder

$$100 \frac{e_{s_2}}{e_2} = 0{,}05 \frac{X_2}{N} \left(b + \frac{a_2}{3} \right) \frac{\pi}{l},$$

wobei X_2 die effektiven Ampèrewindungen der ganzen Scheibe bedeutet. Ebenso haben wir für jede primäre Zwischenscheibe nach Formel 16)

$$100 \frac{e_{s_1}}{e_1} = 0{,}05 \frac{X_1}{N} \left(b + \frac{a_1}{3} \right) \frac{\pi}{l} \cdot$$

Für die Endscheiben ist, weil auf einer Seite Eisen liegt, die Streuung ungefähr doppelt so gross. Ist u_1 die Zahl der Primärscheiben und u_2 die Zahl der Sekundärscheiben auf einem Schenkel, so kann entweder $u_1 = u_2 = u$ sein oder $u_1 = u_2 \pm 1$. Im ersteren Falle liegt an einem Ende eine Primärscheibe und am anderen eine Sekundärscheibe gegen Eisen. Im zweiten Fall liegen Scheiben der gleichen Wickelung an beiden Enden gegen Eisen. Für den Fall, dass die Scheibenzahl in beiden Wickelungen gleich ist, haben wir für jede der $u-1$ Spulen den Koefficienten 0,05 und für eine Spule den Koefficienten 0,1 anzuwenden. Der Procentsatz der Streuung für die ganze Gruppe von u Scheiben ist also das Produkt des Procentsatzes für eine Scheibe und dem Faktor $\frac{u+1}{u}$. Wir haben also für den ganzen Transformator bei Scheibenwickelung

$$100 \frac{e_{s_1}}{e_1} = 0,05 \frac{u+1}{u} \frac{X_1}{N} \left(b + \frac{a_1}{3} \right) \frac{\pi}{l} \quad . \quad . \quad . \quad . \quad 20)$$

$$100 \frac{e_{s_2}}{e} = 0,05 \frac{u+1}{u} \frac{X_2}{N} \left(b + \frac{a_2}{3} \right) \frac{\pi}{l} \quad . \quad . \quad . \quad . \quad 21)$$

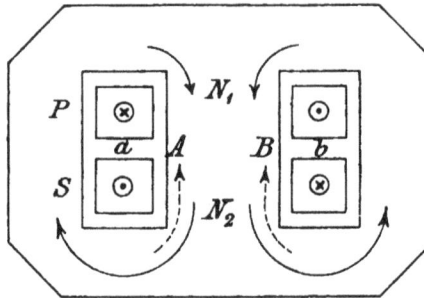

Fig. 54.

Da nun X und a im direkten Verhältnis mit der Untertheilung u abnehmen, so vermindert sich der induktive Spannungsabfall ungefähr im quadratischen Verhältnis mit der Untertheilung[1]). Der gesammte induktive Spannungsabfall $100 \left(\frac{e_{s_1}}{e_1} + \frac{e_{s_2}}{e_2} \right)$ in guten Transformatoren soll 3% nicht übersteigen. Diese Grenze kann durch entsprechende Untertheilung ohne Schwierigkeit erreicht werden.

Die Formeln für $\frac{e_s}{e}$ sind zunächst für Kerntransformatoren abgeleitet worden. Es ist jedoch ohne weiteres klar, dass auch bei Manteltransformatoren die Anordnung der Spulen einen im Grossen und Ganzen ähnlichen Einfluss auf die Streuung haben muss. Fig. 54

---

[1]) Vergl. Kapitel I, Magnetische Streuung.

ist ein parallel zu den Blechen geführter Schnitt eines Manteltransformators mit schlechter Spulenanordnung; schlecht deshalb, weil
alle primären Windungen in einer einzigen Spule P und alle sekundären Windungen in einer einzigen Spule S liegen und überdies die

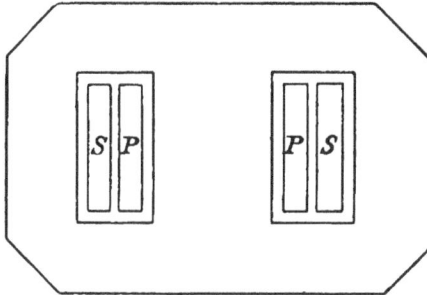

Fig. 55.

Länge des Streulinienpfades in der Luft bei a und b sehr kurz ist.
Etwas besser ist die Anordnung Fig. 55. Hier sind zwar auch nur
zwei Spulen verwendet, aber der Streuraum zwischen ihnen ist
schmäler und länger. Treibt die Spule P in einem gewissen Augenblick die Kraftlinien N_1 in der Pfeilrichtung, so treibt S die punk-

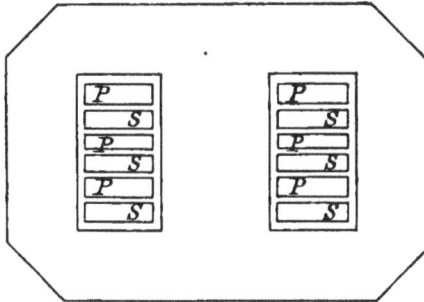

Fig. 56.

tirten Kraftlinien $A\,B$ in der entgegengesetzten Richtung und das
mit S thatsächlich verschlungene Feld N_2 ist kleiner als das mit P
verschlungene Feld N_1. Wir haben im Princip genau die gleiche
Wirkung wie bei Kerntransformatoren und dieselbe Rechnung für
die E.M.K. der Streufelder muss anwendbar sein. Fraglich ist nur
noch, ob dieselben Koefficienten auch hier gelten.

Um bei Manteltransformatoren die Streuung zu vermindern, wenden wir auch das gleiche Mittel, nämlich Untertheilung an. Die Anordnung Fig. 56 ist also besser als Fig. 55 und Fig. 57 ist noch besser. Um den Einfluss der Untertheilung zu bestimmen, hat Herr Möllinger[1]) einen 8 KW.-Manteltransformator mit verschiedenen Wickelungen versehen und den Spannungsabfall für jede durch Versuche bestimmt. Aus diesen Versuchen und nach den Formeln 15) und 16) habe ich den Koefficienten k bestimmt und gefunden, dass der procentuale Spannungsabfall mit dem Versuch ziemlich übereinstimmend erhalten wird, wenn man bei Scheibenwickelung für Zwischenspulen $k = 0,05$ und für Endspulen $k = 0,15$ setzt.

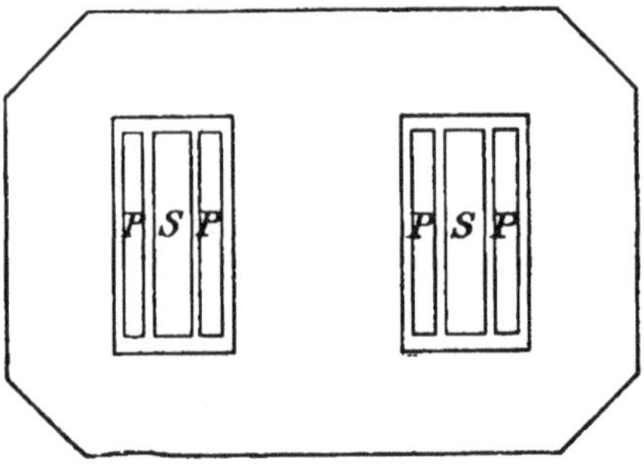

Fig. 57.

Möllinger hat drei Wickelungen untersucht, alle mit dem Umsetzungsverhältnis 1 : 1. Diese Wickelungen waren:

    I. Eine Primär- und eine Sekundärspule,

    II. Zwei Primärspulen und eine Sekundärspule,

    III. Drei Primärspulen und zwei Sekundärspulen.

Inwieweit die Berechnung des induktiven Spannungsabfalles mit der Wirklichkeit stimmt, kann aus folgender Tabelle ersehen werden:

	I.	II.	III.
Induktiver Spannungsabfall gemessen	430	196	32,7
- - berechnet	426	191	34

Die zur Berechnung verwendete Formel ist

$$100\,\frac{e_s}{e} = k\,\frac{X}{N}\left(b + \frac{a}{3}\right)\frac{\pi}{l} \quad\ldots\quad\ldots\quad 22)$$

[1]) E.T.Z. 1898, Heft 15.

Dabei ist k für

> Zwischenspulen 0,05
> Endspulen 0,15

X bedeutet die effektive Erregung in einer Spule, ausgedrückt in Einheiten von 1000 Ampèrewindungen.

N bedeutet das Nutzfeld, ausgedrückt in Einheiten von 10^6 Kraftlinien.

Einfluss der Frequenz auf den induktiven Spannungsabfall.

Im vorigen Abschnitt wurde gezeigt, dass der induktive Spannungsabfall dem Hauptfeld N umgekehrt proportional ist. Denken wir uns nun ein und denselben Transformator einmal mit einer hohen und das andere Mal mit einer niedrigen Frequenz betrieben. Soll die Klemmenspannung und Leistung gleich bleiben, so muss die Induktion, also auch N bei der niedrigen Frequenz gesteigert werden. Es wird also der induktive Spannungsabfall bei der niedrigen Frequenz kleiner sein als bei der hohen. Welchen Einfluss die Frequenz in dieser Beziehung hat, lässt sich aus folgender Ueberlegung sehen. Wir wollen annehmen, dass die Kühlmethode nicht geändert wird. Die Kupferwärme ist dieselbe, da die Stromstärke nicht geändert wurde. Es muss also auch die Eisenwärme dieselbe bleiben. Nun ist diese unter Vernachlässigung der Wirbelströme der Potenz 1,6 von B proportional. Wir haben also folgende zwei Bedingungen.

Wegen gleicher E.M.K. ist $\sim B =$ Konstante.

Wegen gleicher Erwärmung ist $\sim B^{1,6} =$ Konstante.

Bezeichnet A den Spannungsabfall und C, C_1, C_0 Konstanten, so ist

$$A = \frac{C}{B},$$

$$A = C_1 \sim^{\frac{1}{1,6}},$$

$$C_0 A^{1,6} = \sim .$$

In Fig. 9 bedeuten die Abscissen Induktion und die Ordinaten Leistungsverlust. Bei entsprechender Aenderung der Maassstäbe kann also dieselbe Kurve, wie Fig. 58 zeigt verwendet werden, um die Abhängigkeit zwischen Frequenz und Spannungsabfall darzustellen. Es sei z. B. bei $\sim = 50$ und $B = 5000$ der Abfall 3 %, dann erhalten wir aus Fig. 9 bei Anwendung der in Fig. 58 eingeschriebenen Ordinaten folgende Werthe:

$$\sim \; = \; 25 \quad 30 \quad 40 \quad 50 \quad 60 \quad 70$$
$$A\,\% = 1{,}95 \quad 2{,}22 \quad 2{,}58 \quad 3 \quad 3{,}3 \quad 3{,}6$$

Man sieht aus dieser Zahlenreihe, dass eine geringe Frequenz in Bezug auf Spannungsabfall günstig ist. In dieser Beziehung ist auch eine hohe Induktion günstig, da durch sie in der Formel für $\dfrac{e_n}{e}$ der Kraftfluss vergrössert und die Erregung verringert wird. Es empfiehlt sich also, nicht nur wegen der besseren Ausnutzung des Materials, sondern auch mit Rücksicht auf einen geringen Spannungsabfall, grosse Transformatoren magnetisch stark zu beanspruchen und mit künstlicher Kühlung zu versehen.

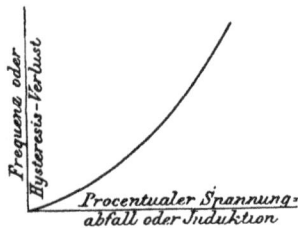

Fig. 58.

Graphische Bestimmung der Arbeitsgrössen. Wir haben jetzt alle Angaben gewonnen, die nöthig sind, um mittels eines Vektordiagramms den Arbeitszustand eines Transformators graphisch darzustellen. Wir wollen zunächst das Diagramm entwerfen, indem wir E. M.-Kräfte und nicht Felder zusammensetzen; die Darstellung des Arbeitsdiagramms unter Zusammenstellung von Feldern wird im nächsten Kapitel behandelt. Die erste Anschauungsweise, nach der wir ein für beide Spulen gemeinsames Feld annehmen und E. M.-Kräfte im Diagramm zusammensetzen, kann durch Fig. 59 dargestellt werden. Wir fassen dabei die Wirkung der Streuung derart auf, dass zu dem beiden Spulen gemeinsamen Felde N noch zwei andere Felder hinzukommen, von denen eines nur mit den primären und das andere nur mit den sekundären Windungen verschlungen ist. Wir denken uns den wirklichen, mit magnetischer Streuung behafteten Transformator durch einen idealen, d. h. streuungslosen Transformator ersetzt, in dessen Zuleitungen wir Drosselspulen I, II einschalten, deren selbstinducirte E. M. Käfte die durch die Gleichungen

20) und 21) gegebenen Werthe haben. Die Windungszahlen der Drosselspulen sind dann jenen der Untertheilungen als gleich anzusehen.

Die zwischen den Klemmen 2 2 der Sekundärspule auftretenden E.M.Kräfte sind nun folgende:

1. Durch das Hauptfeld N wird inducirt die E.M.K. e_2.
2. Durch das Streufeld N_{s_2} wird inducirt die E.M.K. e_{s_2}.
3. Durch ohmischen Widerstand geht verloren die E.M.K. e_{w_2}.

In ähnlicher Weise treten zwischen den Primärklemmen entsprechende E.M.Kräfte e_1, e_{s_1} und e_{w_1} auf. Die sekundäre Klemmenspannung e_{k_2} ist die resultirende oder vektorielle Summe von e_2, e_{s_2} und e_{w_2} und die den Primärklemmen aufgedrückte Spannung ist die resultirende oder vektorielle Summe von e_1, e_{s_1} und e_{w_1}. Um bei

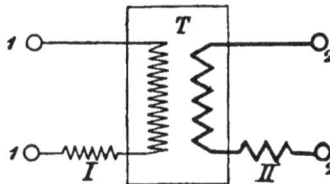

Fig. 59.

Aufzeichnung des Arbeitsdiagramms keine allzugrosse Verschiedenheit in den Längen der Vektoren zu erhalten, ist es angezeigt, wenn man für die sekundären und primären Spulen die gleiche Windungszahl annimmt, d. h. voraussetzt, dass das Umsetzungsverhältnis gleich Eins sei. Diese Annahme ist ohne weiteres gestattet, wenn man sich vergegenwärtigt, dass, ohne sonst etwas an der Konstruktion zu ändern, eine entsprechende Anzahl der Windungen in der Hochspannungsspule parallel geschaltet werden. Ist z. B. das Umsetzungsverhältnis in Wirklichkeit 2000 zu 100, und hat die Hochspannungsspule 800 Windungen, so kann man sich vorstellen, dass je 20 dieser Windungen parallel geschaltet werden, also der 20 fache Strom durch die Primärspule fliesst, und zwar unter ein Zwanzigstel der Spannung, welche mithin jetzt nicht mehr 2000, sondern nur 100 Volt beträgt. Es wird dadurch an der Erwärmung, dem procentualen Leerlaufstrom, Wirkungsgrad u. s. w. nichts geändert, wir erzielen aber den Vortheil, dass die elektromotorischen Kräfte in den beiden Spulen auf dieselbe Grössenordnung gebracht, also im

Vektordiagramm nach demselben Maassstab bequem eingezeichnet
werden können. Dabei ist zu beachten, dass die Stromstärke in
demselben Verhältnisse steigt, als die Windungszahl reducirt wird,
der Widerstand jedoch im quadratischen Verhältnisse abnimmt.

Wir wollen zunächst den einfachsten Fall betrachten, nämlich
einen Transformator unter Leerlauf. Es sei in Fig. 60 $O\,I_0$ der berechnete Leerlaufstrom, nach einem beliebigen Maassstabe eingetragen.
Dieser Strom setzt sich aus zwei Komponenten zusammen, I_μ und
I_h, welche, wie früher gezeigt wurde, berechnet werden können.
Wir tragen diese auch im gleichen Maassstabe ein. Der Kern wird

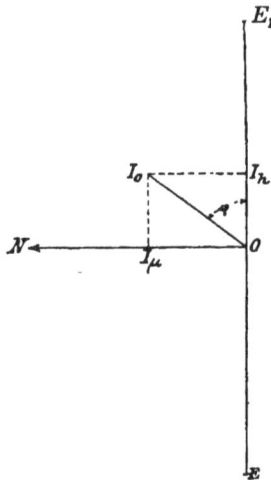

Fig. 60.

durch den Strom I_μ magnetisirt, und der magnetische Fluss wird in
jedem Augenblicke durch die Horizontalprojektion eines Vektors ON
dargestellt, welcher mit dem Stromvektor I_μ der Richtung nach zusammenfällt. In dem Augenblicke, auf den sich das Diagramm bezieht, ist die Projektion Null und die in der Primärspule erzeugte
E.M.K. ein Maximum, nämlich $2\,\pi\,\dfrac{\sim}{100}\,N\,n_1$ Volt. Da diese E.M.K.
das Anwachsen des Stromes zu verhindern sucht, muss sie im Dia-
gramm nach unten hin aufgetragen werden. Es sei das die nach
einem beliebigen Maassstabe bemessene Strecke OE. Die in diesem
Augenblicke herrschende Spannung des Betriebsstromes muss offenbar
gleich und entgegengesetzt gerichtet sein. Das giebt den Vektor OE_1,

welcher die primäre Klemmenspannung vorstellt. Dabei vernachlässigen wir den äusserst geringen, durch den Widerstand der Primärspule verursachten Spannungsabfall e_{w_1}. In der gleichen Weise stellt
OE die Klemmenspannung der Sekundärspule dar.

Der zugeführte Effekt ist offenbar $\dfrac{I_h E_1}{2} = \dfrac{I_0 \cos \varphi\, E_1}{2}$. Wenn
wir in das Diagramm nicht maximale, sondern effektive Werthe ein-
zeichnen und diese mit kleinen Buchstaben bezeichnen, so haben
wir den zugeführten Effekt beim Leerlauf

$$i_h e_1 = \cos \varphi\, i_0\, e_1.$$

Der scheinbar zugeführte Effekt ist $i_0 e_1$, und das Verhältnis
des wirklichen zum scheinbaren Effekt, also die durch $\cos \varphi$ dargestellte Zahl, nennt man den Leistungsfaktor.

Es ist wichtig, zu beachten, dass das durch den Magnetisirungsstrom i_0 erzeugte Feld ON weder der Lage, noch der Grösse nach
mit jenem Felde übereinstimmt, welches durch einen konstanten
Strom von der Stärke i_0 erzeugt würde. Das ist auf den ersten
Blick befremdend, denn der Strom i_0 geht thatsächlich durch die
Primärspule, und man sollte also glauben, dass er das Eisen seiner
Ampèrewindungszahl gemäss magnetisiren muss. Das ist jedoch
nicht der Fall. Die Magnetisirung ist geringer als dieser Erregung
entspricht, und bleibt auch hinter dem Strom der Zeit nach zurück

Die Nacheilung ist im Diagramm durch den Winkel $\dfrac{\pi}{2} - \varphi$ gegeben.

Dieser scheinbare Widerspruch lässt sich jedoch leicht auf folgende
Weise erklären. Der Verlust bei Leerlauf wird durch Hysteresis
und Wirbelströme erzeugt. Wenn wir ein Eisen hätten, welches in
magnetischer Beziehung vollkommen ist, und keine Wirbelströme
entständen, so wäre $i_h = 0$ und $i_\mu = i_0$. Der Leistungsfaktor wäre
dann auch gleich Null. Nun nehmen wir an, dass wir thatsächlich
einen solchen Transformator hätten, so können wir ihn durch die
Zugabe einer dritten kurzgeschlossenen Wickelung von entsprechen-
dem Widerstand soweit verschlechtern, dass sein Arbeitsdiagramm
genau mit dem des praktisch ausführbaren Transformators übereinstimmt. Wir brauchen bloss die dritte Wickelung so zu konstruiren,
dass der darin aufgebrauchte, d. h. in Wärme umgesetzte Effekt
genau gleich ist dem Effektverlust des unvollkommenen (also mit
Hysteresis und Wirbelströmen behafteten) Transformators. Nun
schwächen aber die Ströme in dieser dritten kurzgeschlossenen

Wickelung die. magnetisirende Wirkung des Betriebsstromes ab, weil sie im Allgemeinen entgegengerichtet sind, und daher kommt es, dass nicht der ganze Leerlaufstrom magnetisirend wirkt, sondern nur jene Komponente desselben, welche dem in der dritten Spule fliessenden Strome um eine Viertelperiode vorauseilt. Da wir im Stande sind, durch geeignete Wahl der Windungszahl und des Widerstandes der dritten Spule den Effektverlust in ihr dem Verlust in dem wirklichen Transformator genau gleich zu machen, so kann sie als ein magnetisches und elektrisches Aequivalent für die Unvollkommenheiten des wirklichen Transformators angesehen werden; mit anderen Worten, wir können uns alle Verluste durch elektrische Ströme im Eisenkern entstanden denken, welche Ströme entmagnetisirend wirken. Damit ist der oben erwähnte scheinbare Widerspruch aufgeklärt.

Arbeitet der Transformator mit Belastung, so muss die dadurch entstehende Erregung in der Sekundärspule durch eine entsprechende Erregung in der Primärspule aufgehoben werden. Es muss also der Primärstrom jetzt grösser sein. Wir wollen vorläufig die früher gemachte Annahme gleicher Windungszahlen in beiden Spulen auch jetzt beibehalten und auch voraussetzen, dass die Belastung aus Glühlampen besteht; so dass im sekundären Stromkreise keine Phasenverschiebung auftritt.

Es bedeute die Strecke $O\,i_2$ (Fig. 61) den Sekundärstrom, $O\,e_{k_2}$ die Sekundärklemmenspannung, $e_{k_2}\,e_2'$ den Spannungsverlust e_{w_2} durch ohmischen Widerstand; dann muss $O\,e_2'$ die Resultante sein aus der in der Spule durch das Feld N erzeugten E.M.K. $O\,e_2$ und der E.M.K. der Selbstinduktion e_{s_2}, welche durch das Streufeld N_{s_2} erzeugt wird. Der Vektor der letzteren muss eine solche Lage haben, dass e_{s_2} die Abnahme von i_2 zu verhindern trachtet, er muss also horizontal nach rechts gezeichnet werden. Der nach Gleichung 21) für e_{s_2} berechnete Wert sei im Voltmaassstab durch die Länge $O\,e_{s_2}$ gegeben. Dann bestimmt sich durch Zeichnung des Parallelogramms die in der Sekundärspule inducirte E.M.K. $O\,e_2$.

Der Magnetisirungsstrom i_μ muss auf $O\,e_2$ senkrecht stehen, während der zur Deckung der Verluste nöthige Strom i_h in der Verlängerung dieser Linie liegt. Wir finden somit $O\,i_0$, den Vektor des Leerlaufstromes, und durch Zusammensetzung mit $O\,i_2$ den Vektor des Primärstromes $O\,i_1$. Die E.M.K. der Selbstinduktion des Primärstromes muss auf $O\,i_1$ senkrecht stehen und nacheilen. Ihr Vektor

muss also von O aus nach links eingetragen werden. Es sei das
die Strecke $O\,e_{s_1}$. Die primäre Klemmenspannung muss nun drei
Komponenten enthalten. Die eine, welche der durch das Feld N
erzeugten E.M.K. $O\,e_2$ gleich und entgegengesetzt gerichtet ist, nämlich $O\,e_1$, die zweite, welche der E.M.K. der Selbstinduktion $O\,e_{s_1}$
gleich und entgegengesetzt gerichtet ist, und die dritte, welche den
ohmischen Spannungsabfall $O\,a$ in der Primärspule deckt. Wir

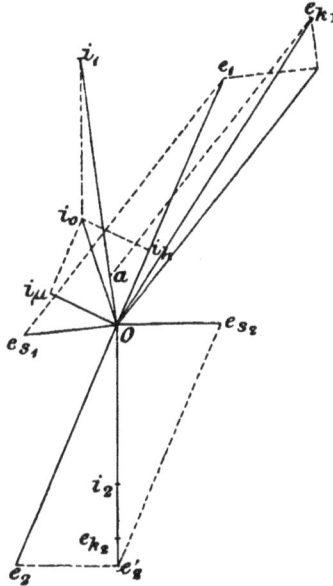

Fig. 61.

finden also nach den Regeln des Seilpolygones den Vektor der Primärklemmenspannung $O\,e_{k_1}$. Wie man leicht erkennt, muss e_{k_1} grösser
sein als e_{k_2}, d. h. es findet bei Belastung ein Spannungsabfall statt,
der um so grösser ist, je grösser die E.M.-Kräfte e_{s_1} und e_{s_2} und je
grösser die ohmischen Widerstände der Spulen sind. In beiden Beziehungen ist das Diagramm (Fig. 61) übertrieben gezeichnet worden,
um die Konstruktion leichter verständlich zu machen.

Es ist von Interesse, den Fall zu untersuchen, wo die sekundäre Klemmenspannung Null ist. Dieser Fall tritt ein, wenn man
den Transformator durch ein Ampèremeter einfach kurz schliesst.
Denken wir uns, dass wir die primäre Klemmenspannung so regu-

liren, dass dieses Ampèremeter genau den normalen Vollbelastungsstrom anzeigt, und konstruiren wir wieder das Vektordiagramm, so
erhalten wir Fig. 62. Die Bezeichnungen sind die gleichen wie in
Fig. 61. Das Diagramm zeigt, dass, trotzdem die sekundäre Klemmenspannung Null ist, die Primärklemmen eine Spannung von e_{k_1} aufgedrückt erhalten müssen, damit der Vollbelastungsstrom durch die
Sekundärspule getrieben wird.

Wenn der ohmische Widerstand der Spulen sehr klein ist, wie
das bei guten Transformatoren immer zutrifft, so kommt e_2 nahezu
in die Horizontale und i_1 nahezu in die Vertikale zu liegen. Die
Punkte e_1 und e_{k_1} rücken dann auch nahezu in die Horizontale, und

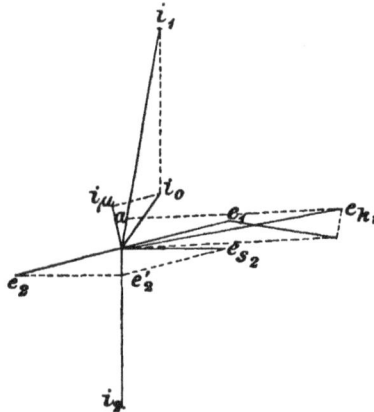

Fig. 62.

e_{k_1} wird nahezu gleich $e_{s_2} + e_{s_1}$. Ist nun, wie das auch meistens
der Fall ist, die Anordnung beider Spulen symmetrisch, so kann
man ohne grossen Fehler $e_{s_2} = e_{s_1}$ annehmen und erhält somit

$$e_{k_1} = 2\, e_{s_2}.$$

Man kann also die E.M.K. der Selbstinduktion in beiden Spulen
leicht durch einen einfachen Versuch ermitteln. Die sekundären
Klemmen werden durch ein Ampèremeter kurz geschlossen, und die
primäre Klemmenspannung wird derart geregelt, dass die Ampèrebelastung im sekundären Stromkreis den normalen Werth erreicht.
Unter der allerdings nicht immer zutreffenden Voraussetzung, dass
der Spannungsverlust durch ohmischen Widerstand gegen den induktiven Spannungsverlust vernachlässigt werden kann, ist der halbe,

zwischen den Primärklemmen beobachtete Werth der Spannung
gleich der E.M.K. der Selbstinduktion in der primären Spule. Die
E.M.K. der Selbstinduktion in der sekundären Spule ist gleich
diesem Werthe, dividirt durch das Umsetzungsverhältnis. Nehmen
wir z. B. an, dass bei einem für die Umsetzung von 2000 auf 100
gewickelten Transformator von 10 Kwt. der oben beschriebene Versuch ergiebt, dass 100 Volt Primärspannung nöthig ist, um den
vollen Betriebsstrom von 100 Ampère bei Kurzschluss zu erhalten,
so würde $e_{s_1} = 50$ und $e_{s_2} = 2{,}5$ Volt sein. In ein für diesen Transformator gezeichnetes Vektordiagramm (Fig. 61) würde also e_{s_2} nach
dem entsprechenden Maassstab mit 2,5 Volt einzutragen sein.

Darf der ohmische Spannungseffekt gegenüber dem induktiven
nicht vernachlässigt werden, so findet man $2\,e_{s_1}$ als die eine Kathete
eines rechtwinkeligen Dreieckes, dessen andere Kathete $2\,e_{w_1}$ und
dessen Hypothenuse die beobachtete Spannung ist.

Der Versuch kann auch benutzt werden, den Selbstinduktions-
koefficienten der Spulen zu bestimmen. Sei L_2 der Selbstinduktions-
koefficient der Sekundärspule, so ist

$$e_{s_2} = 2\,\pi \sim i_2\,L_2,$$

also wenn $\sim$ beispielsweise 50 ist, so wäre in unserem Falle

$$2{,}5 = 6{,}28 \times 50 \times 100 \times L_2$$

woraus

$$L_2 = 0{,}795 \times 10^{-4} \text{ Henry.}$$

Für die Primärspule ist $e_{s_1} = 50$ und $i_1 = 5$, somit

$$L_1 = 400\,L_2$$
$$L_1 = 0{,}0316 \text{ Henry.}$$

Es ist wohl zu beachten, dass diese Werthe für den Transformator nur unter der Voraussetzung gelten, dass die Sekundärspule kurzgeschlossen ist.

Wenn man auf die oben beschriebene Weise durch Rechnung
oder einen solchen Versuch die durch Streuung verursachte E.M.K.
der Selbstinduktion in beiden Spulen bestimmt hat, so kann man
mittels des Vektordiagrammes den Abfall der sekundären Klemmenspannung bei jeder Belastung leicht finden. Dabei kann man
ohne merklichen Fehler ein Annäherungsverfahren benutzen, welches darauf beruht, dass man annimmt, dass Primär- und Sekundärstrom genau entgegengesetzte Phase haben. Diese Annahme
ist deshalb zulässig, weil der Leerlaufstrom nur einige Procente

des Betriebsstromes beträgt, mithin die durch den Leerlaufstrom erzeugte Phasenverschiebung des Primärstromes ganz unbedeutend ist. Das Diagramm wird unter dieser Annahme sehr vereinfacht. In Fig. 63 bedeutet OA die sekundäre Klemmenspannung, AB den ohmischen Spannungsverlust e_{w_2} in der Sekundärspule, $BC = e_{s_2}$, die E.M.K. der Selbstinduktion in der Sekundärspule, mithin $OC = e_2$, die in der Sekundärspule inducirte E.M.K. Wenn wir uns das Umsetzungsverhältnis auf 1 reducirt denken, so ist OC auch die in der Primärspule erzeugte E.M.K., $CD = CB$ die E.M.K. der Selbstinduktion in der Primärspule, und $DE = AB$ stellt mit genügender Annäherung den ohmischen Spannungsabfall in der

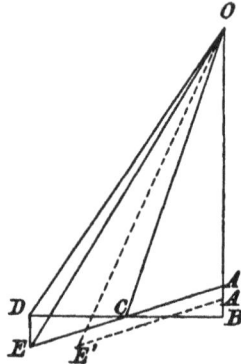

Fig. 63.

Primärspule dar unter der Voraussetzung, dass die Stromwärme in beiden Spulen gleich ist, wie das eine gute Konstruktion erfordert. Die Linie ACE ist also eine Gerade, und ihr Neigungswinkel ist für alle Belastungen derselbe. So würde z. B. bei einer kleineren Belastung, welcher der ohmische Spannungsabfall BA' entspricht, die sekundäre Klemmenspannung OA' und die primäre Klemmenspannung OE' betragen, wobei die Länge der Linie $A'E'$ zu AE in demselben Verhältniss steht als $A'B$ zu AB. Mit anderen Worten: die Länge der Linie $A'E'$ ist der Strombelastung direkt proportional. Wenn man nun bedenkt, dass die Strecke AB nur ungefähr ein Hundertstel von AO beträgt, so sieht man, dass man ohne merklichen Fehler die punktirte Linie $A'E'$ mit der vollen Linie AE zusammenfallen lassen und mithin die letztere Linie direkt zur Eintragung der Strombelastung verwenden kann.

Wir fertigen uns also einen Ampèremaassstab an, dessen Theilung so zu bemessen ist, dass die Strecke $A E$ der Vollbelastung von 100 Ampère entspricht (Fig. 64). Dann sind die Klemmenspannungen durch die im Voltmaassstabe gemessenen Strecken $O A$ und $O E$ gegeben. Bei halber Belastung ist $A E' = \frac{1}{2} A E$, und die primäre Klemmenspannung ist $O E'$; bei Viertelbelastung ist $A E'' = \frac{1}{4} A E$, und die primäre Klemmenspannung ist $O E''$. Die sekundäre Klemmenspannung bleibt in allen Fällen die gleiche, nämlich $O A$. Wir können also mittels dieser Konstruktion bestimmen,

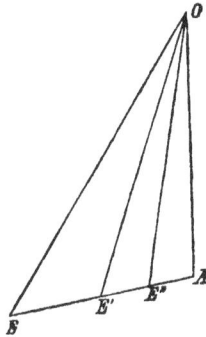

Fig. 64.

wie die primäre Klemmenspannung bei verschiedener Belastung geändert werden muss, damit die sekundäre Klemmenspannung konstant bleibt. Das ist jedoch nicht jener Fall, welcher bei der praktischen Verwendung von Transformatoren eintritt. In der Regel bleibt die primäre Klemmenspannung konstant, und es handelt sich darum, zu bestimmen, wie sich die sekundäre Klemmenspannung mit der Belastung ändert. Auch diese Aufgabe lässt sich graphisch durch eine kleine Abänderung in der obigen Konstruktion leicht lösen.

Es wurde schon oben erwähnt, dass den verschiedenen Belastungen Dreiecke $O A E$, $O A' E'$ etc. entsprechen, welche alle einen Winkel (nämlich den stumpfen Winkel bei A, A', Fig. 63) gleich haben. Die längste Seite stellt die primäre Klemmenspannung und die kürzeste Seite die Belastung dar. Nun können wir uns jedes der Dreiecke so vergrössert oder verkleinert denken, dass die

9*

längsten Seiten in allen gleich werden, wobei die Punkte E auf
einen um O beschriebenen Kreis zu liegen kommen, dessen Radius
nach dem gewählten Voltmaassstabe die konstante Spannung an den
Primärklemmen darstellt. Es sei OE (Fig. 65) der Vektor dieser
Spannung und OA jener der zugehörigen Sekundärspannung bei
Vollbelastung. EA stellt dann wie in Fig. 64 die Belastung dar.
Für eine geringere Belastung sei der Primärvektor OE', wobei E'
auf dem oben erwähnten Kreis liegen muss, wenn die Primärspannung konstant ist. Wenn wir von E' aus eine Gerade parallel
zu EA ziehen, bis sie die Vertikale schneidet, so erhalten wir den

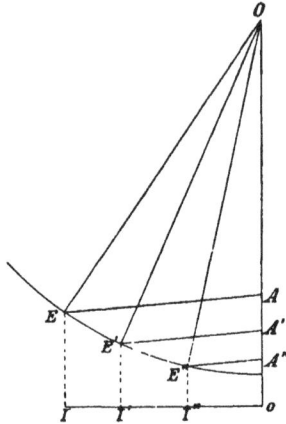

Fig. 65.

Punkt A', und OA' ist die sekundäre Klemmenspannung, welche
der Belastung $A'E'$ entspricht. Der Bequemlichkeit halber können
wir die Belastung auch auf einer Horizontalen von o aus auftragen.
Es entspricht dann der Belastung oI der Primärvektor OE, der
Belastung oI' der Primärvektor OE' u. s. w. Die entsprechenden
Werthe der sekundären Klemmenspannung sind dann OA, OA'
u. s. w. Wenn wir diese Konstruktion auf einen Transformator anwenden, bei dem in jeder der beiden Spulen bei Vollbelastung 1%
ohmischer Spannungsverlust stattfindet und die E.M.K. der Selbstinduktion 5% ausmacht, so haben wir für beide Spulen zusammen
die E.M.K. der Selbstinduktion 10 V. und den ohmischen Spannungsverlust 2 V. Die Neigung der Linie EA ist also $1:5$. Soll die
sekundäre Klemmenspannung bei Vollbelastung 100 V. sein, so muss

OA dem Voltmaassstabe nach $= 100$ eingetragen werden. Die Strecke AE entspricht Vollbelastung; ihre Projektion oI muss also den Vollbelastungsstrom von 100 Ampère darstellen. Wenn wir uns einen Ampèremaassstab darnach machen, können wir den zu jeder Belastung gehörigen Punkt I' auf oI eintragen, und vertikal darüber den zugehörigen Punkt E'. Von da ziehen wir eine Linie parallel zu EA und finden so den Punkt A', welcher uns die sekundäre Klemmenspannung giebt.

Diese Konstruktion ausgeführt giebt für unser Beispiel eines Transformators mit 5°/₀ Selbstinduktion und 1°/₀ ohmischem Spannungsverlust in jeder Spule folgende Werthe:

Belastung in Ampère	0	50	100	200
Sekundäre Klemmenspannung	102,2	101,1	100	96

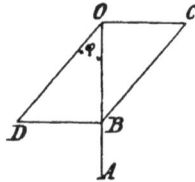

Fig. 66.

Wir haben also einen Spannungsabfall von 2,2 V von Leerlauf bis Vollbelastung. Bei Ueberlastung auf das Doppelte (welche der Transformator auf kurze Zeit immer noch aushalten kann) würde jedoch der Spannungsabfall noch 4 Volt mehr, also im ganzen 6,2 V betragen.

Es erübrigt noch, den Fall zu behandeln, dass die Belastung des Transformators nicht aus einem induktionslosen Widerstand besteht, sondern eine gewisse Selbstinduktion hat. Dieser Fall tritt ein, wenn der Transformator zur Speisung von Bogenlampen oder zum Betrieb eines Wechselstrom-Motors verwendet wird. Die Bogenlampen oder der Motor entwickeln infolge ihrer Selbstinduktion eine Gegen-E.M.K., deren Phase auf der Stromphase senkrecht steht und nacheilt. Die sekundäre Klemmenspannung muss also eine Komponente enthalten, welche dem Strom um 90° vorauseilt und genau so gross ist wie die E.M.K. der Selbstinduktion im Verbrauchsstromkreis. Es sei in Fig 66 OA der Betriebsstrom und OB diejenige Komponente der E.M.K., welche Arbeit leistet, OC die durch Selbstinduktion hervorgerufene Gegen-E.M.K. Die sekundäre Klemmen-

spannung des Transformators muss also OD sein und dem Strom
um den Winkel φ vórauseilen. Es ist cos φ der Leistungsfaktor des
Motors oder der Bogenlampen, welche durch den Transformator gespeist werden. Die Komponente der E.M.K. BD heisst die wattlose Komponente, weil sie keine Arbeit leistet; die Komponente OB
heisst die Wattkomponente, weil sie die gesammte Arbeit leistet.
Nun tritt oft der Fall ein, dass die stromverbrauchenden Apparate
theilweise ohmische Widerstände und theilweise mit Selbstinduktion
behaftete Widerstände sind. Es können z. B. in einer Beleuchtungs-
anlage Glühlampen und Bogenlampen gleichzeitig verwendet werden.
Bei einer Anlage von 100 Volt würde man die Bogenlampen in
parallelen Serien von 2 oder 3 Lampen anordnen, die 100voltigen

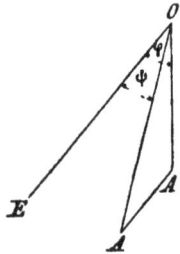

Fig. 67.

Glühlampen jedoch alle parallel. In Fig. 67 stelle OE den Vektor
der sekundären Klemmenspannung dar und cos φ den Leistungsfaktor der Bogenlampen. Dann ist OA' die für die Bogenlampen
nöthige Komponente des Stromes. Die für die Glühlampen nöthige
Komponente ist $A'A$ und muss natürlich mit OE parallel liegen.
Der gesammte Strom ist mithin OA und der Leistungsfaktor der
ganzen Anlage ist cos ψ. Es ist aus der Figur klar, dass OA
$< OA' + A'A$; wenn wir also in die beiden Abzweigungen (zu den
Bogenlampen und Glühlampen) je ein Ampèremeter und auch in
den unverzweigten Strom ein Ampèremeter einschalten, so wird
letzteres Instrument eine kleinere Stromstärke anzeigen, als die
Summe der Ablesungen der beiden anderen Instrumente. Nehmen
wir als Beispiel an, dass der Leistungsfaktor der Bogenlampen 71%
beträgt ($\varphi = 45^0$), und dass wir 5 Serien von Lampen parallel
schalten, deren jede 15 Ampère gebraucht, so ist $OA' = 75$ Ampère.
Nun schalten wir so viele Glühlampen ein, dass $A'A = 32$ Ampère

wird. Der Gesammtstrom ist dann nicht 107 Ampère, sondern nur 100 Ampère, wie man sich durch eine graphische Konstruktion leicht überzeugt. Der Leistungsfaktor der gesammten Anlage ist cos ψ = 0,85. Unser Transformator ist also scheinbar mit 10 Kwt. belastet, in Wirklichkeit jedoch nur mit 8,5 Kwt. Diese Verminderung der Belastung ist durch die Phasenverschiebung zwischen Strom und Spannung hervorgebracht worden, und es bleibt noch zu untersuchen, welchen Einfluss die Phasenverschiebung auf die sekundäre Klemmenspannung oder auf das Verhältnis zwischen primärer und sekundärer Klemmenspannung hat. Es sei in Fig. 68 OA der Gesammtstrom und OB die sekundäre Klemmenspannung. Die in

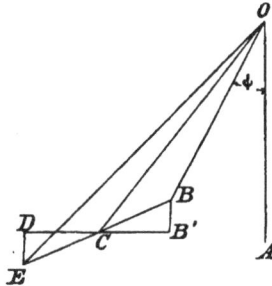

Fig. 68.

der Sekundärspule inducirte E.M.K. muss also enthalten eine Komponente OB, eine Komponente BB' zur Ueberwindung des ohmischen Widerstandes und eine Komponente $B'C$ zur Ueberwindung der Selbstinduktion. Wir erhalten somit den Vektor OC für die in der sekundären Spule inducirte E.M.K., welcher bei Reduktion auf gleiche Windungszahl natürlich auch für die primäre Spule gilt. Die primäre Klemmenspannung muss auch drei Komponenten enthalten, nämlich OC, CD für die Ueberwindung der Selbstinduktion und DE für Ueberwindung des ohmischen Widerstandes. Wir erhalten somit OE als den Vektor der primären Klemmenspannung. Die Neigung der Geraden BE ist wie früher durch das Verhältnis von Widerstand und Reaktanz der Transformatorwickelung gegeben.

Bei gemischter Belastung ändert sich ψ mit der Anzahl der eingeschalteten Glüh- und Bogenlampen. Besteht jedoch die Belastung nur aus Bogenlampen, welche in Gruppen von 2 oder 3 Lampen in

Serie zu- oder abgeschaltet werden, so bleibt der Phasenwinkel, den
wir in diesem Falle mit φ bezeichnen, für alle Stromstärken konstant.
Die Stromstärke kann dann auf einer zu BE parallelen Geraden oI
(Fig. 69) graphisch aufgetragen werden, wobei der Ampèremaassstab so zu wählen ist, dass oI die Maximalbelastung darstellt. Beschreibt man nun aus O einen durch E gehenden Kreis, so kann
man die sekundäre Klemmenspannung für jede andere Belastung I'
leicht finden. Man macht $I''E'$ parallel IE und $E'B'$ parallel EB.
Dadurch findet man OB' als die zur Belastung I' gehörige sekundäre Klemmenspannung. Ein Vergleich von Fig. 69 mit Fig. 65
lässt sofort erkennen, dass der Spannungsabfall bei induktiver Belastung unter sonst gleichen Umständen grösser ist als bei induktionsfreier Belastung.

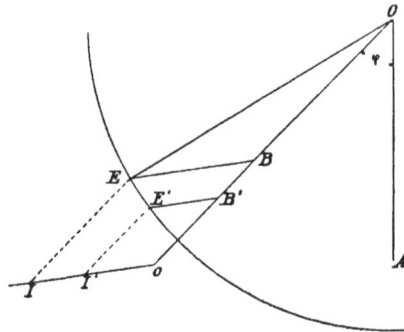

Fig. 69.

Es wurde oben ein Beispiel über den Spannungsabfall eines
10 Kwt.-Transformators bei induktionsloser Belastung gegeben. Dabei
wurde angenommen, dass die Selbstinduktion der Spulen 10%, und
der ohmische Widerstand 2% der sekundären Klemmenspannung bei
Vollbelastung ausmachen. Die Neigung der Linie EB war also
$1:5$. Wir wollen nun genau den gleichen Transformator auf eine
Gruppe von Bogenlampen arbeiten lassen, welche wie oben erwähnt angeordnet sein mögen. Dabei bleibt der Leistungsfaktor
konstant. Derselbe sei 71%, also $\varphi = 45^{\circ}$. Wenn man die graphische Konstruktion ausführt, so findet man für die sekundäre
Klemmenspannung die in folgender Tabelle enthaltenen Werthe.
Um den Vergleich zu erleichtern, sind die früheren Werthe mit an-
geführt.

Belastung in Ampère		0	50	100	200
Sekundäre Klemmenspannung	induktions frei	102,2	101,1	100	96
	induktiv cos $\varphi = 71\%$	102,2	98,3	93,6	85

Bei induktionsfreier Belastung hat dieser Transformator (2% Widerstand und 10% Selbstinduktion) einen Spannungsabfall von 2,2%; er liesse sich also für eine Glühlichtbeleuchtung allenfalls noch verwenden. Er würde sich jedoch für induktive Belastung sehr schlecht eignen, denn da beträgt der Spannungsabfall nicht weniger als 8,6%. Um den Transformator für Motorenbetrieb tauglich zu machen, darf die Selbstinduktion höchstens 4% der Klemmenspannung betragen, d. h. 4% der normalen Primärspannung müssen genügen, um in der kurz geschlossenen Sekundärspule den vollen Belastungsstrom zu erzeugen.

Es erübrigt nun noch eine Untersuchung zu machen über den Fall, dass der vom Transformator gespeiste Apparat nicht Selbstinduktion, sondern Kapacität hat. Kapacität bedingt auch eine Verminderung des Leistungsfaktors, und es liegt daher der Gedanke nahe, dass auch in diesem Falle der Spannungsabfall um so grösser ausfallen wird, je mehr der Leistungsfaktor durch die Kapacität verringert wird. Dieses ist jedoch, wie gleich gezeigt werden soll, nicht der Fall. Die Kapacität im gespeisten Apparate bewirkt nicht eine Vergrösserung, sondern eine Verminderung des Spannungsabfalles, und zwar kann die Verminderung so stark sein, dass die Sekundärklemmenspannung bei Belastung sogar höher ist, als bei Leerlauf. Um die Untersuchung so einfach als möglich zu machen, nehmen wir zunächst an, dass der von den Sekundärklemmen des Transformators gespeiste Apparat nur ohmischen Widerstand und Kapacität, nicht aber Selbstinduktion hat. Die Kapacität möge zu dem Widerstande im Nebenschluss liegen. Ist E der Maximalwerth der Klemmenspannung und K die Kapacität des Kondensators in Farad, so wird der Kondensator in jeder vollen Periode mit der Elektricitätsmenge $K E$ Coulomb zweimal geladen und entladen, und zwar erfolgt die Ladung abwechselnd im positiven und negativen Sinne. Greifen wir den Zeitpunkt heraus, zu welchem die E.M.K. ihren positiven Maximalwerth erreicht hat und anfängt abzunehmen. In diesem Augenblicke ist der Kondensator durch den vorher in positiver Richtung eingeflossenen Strom vollständig geladen. Der Kon-

densator fängt an, sich zu entladen, und der Strom hat jetzt die
umgekehrte, also negative Richtung. Der Strom geht also durch
Null in dem Augenblicke, in welchem die E.M.K. ihr Maximum erreicht hat, und einen Augenblick später ist der Strom schon negativ,
während die E.M.K. noch immer einen positiven, wenn auch kleineren
Werth hat. Es eilt also der Strom der E.M.K. voraus.

Es sei in Fig. 70 E der Vektor der E.M.K. zur Zeit t, welcher
die Winkelstellung α entspricht, und e die zwischen den Konden-
satorplatten herrschende Spannung. Nach Ablauf der unendlich
kleinen Zeit $d\,t$ ist diese Spannung um den Werth $d\,e = \dfrac{d}{d\,t}\,E\,\sin\alpha$

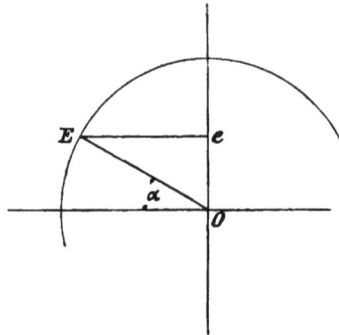

Fig. 70.

angewachsen und die Ladung des Kondensators ist um die Elektricitätsmenge $i\,d\,t$ vermehrt worden, wobei i der während der
Zeit $d\,t$ unter der Spannung $d\,e$ eingeflossene Ladestrom ist. Wir
haben also

$$i\,d\,t = K\,d\,e$$
$$i = K\frac{d\,e}{d\,t}.$$

Der Differentialquotient $\dfrac{d\,e}{d\,t}$ ist bei sinusförmigen Stromwellen
durch die Gleichung $e = E\sin\alpha$ bestimmbar. Wir haben zunächst

$$\frac{d\,e}{d\,t} = E\cos a\,\frac{d\,a}{d\,t},$$

und da $d\,a = 2\,\pi \sim d\,t$, so ist

$$\frac{d\,e}{d\,t} = E\,2\,\pi \sim \cos a$$
$$i = K\,E\,2\,\pi \sim \cos a.$$

Der Kondensatorstrom i erreicht seine Maxima für alle jene Werthe von a, für welche $\cos a = \pm 1$, also für $a = 0$, π, $2\,\pi$ u. s. f. Er wird Null für $a = \dfrac{\pi}{2}$, $\dfrac{3}{2}\,\pi$ u. s. f. Andererseits ist die Spannung $e = E \sin a$ ein Maximum für $a = \dfrac{\pi}{2}$, $\dfrac{3}{2}\,\pi$ u. s. f. und Null für $a = 0$, π, 2π u. s. f. Wir finden somit, dass im Vektordiagramm der Kondensatorstrom auf der Spannung senkrecht steht und, wie schon früher gezeigt wurde, ihr vorauseilt. Der Maximalwerth des Kondensatorstromes ist

$$I = K E \, 2\,\pi \sim,$$

und sein effektiver Werth ist

$$i = \frac{K E \, 2\,\pi \sim}{\sqrt 2}.$$

Nun ist $e = E : \sqrt 2$ der effektive Werth der Spannung, und wir haben somit zwischen den effektiven Werthen des Kondensatorstromes und der Spannung die Beziehung

$$i = K e \, 2\,\pi \sim;$$

dabei ist i in Ampère, e in Volt und K in Farad einzusetzen. Die gebräuchliche Einheit für Kapacität ist aber nicht das Farad, sondern das Mikrofarad (ein Millionstel Farad), und wenn wir die Kapacität des Kondensators in Mikrofarad einführen, so ist der effektive Werth des Kondensatorstromes

$$i_k = K e \, \pi \sim 10^{-6}, \qquad \ldots \ldots \ldots \quad 23)$$

wobei wir dem Symbol für den Strom den Index k geben, um damit auszudrücken, dass es sich nur um jene Komponente des Gesammtstromes handelt, welche in den Kondensator fliesst und keine Arbeit leistet. Die Wattkomponente des Stromes, welche der Phase nach mit der Spannung übereinstimmt, bezeichnen wir mit $i_w = \dfrac{e}{W}$. Der gesammte in den Apparat fliessende Strom ist also

$$i = \sqrt{i_k{}^2 + i_w{}^2}.$$

Das Vektordiagramm für einen solchen Apparat ist durch Fig. 71 dargestellt. $O\,e$ ist der Vektor der effektiven Spannung, $O\,i_w$ jener des Wattstromes und $O\,i_k$ jener des Kondensatorstromes. Dann giebt der Vektor $O\,i$ die Grösse und Phase des Gesammtstromes. Das Diagramm gilt natürlich nur für den Fall, dass Wider-

stand und Kapacität in Parallelschaltung liegen, wie das zum Beispiel der Fall ist, wenn das eine Ende eines koncentrischen Kabels
an eine Stromquelle und das andere Ende an eine Gruppe von
Glühlampen angeschlossen ist. Die beiden Leiter des Kabels bilden
die Platten eines Kondensators, welcher durch den Strom i_k ge-

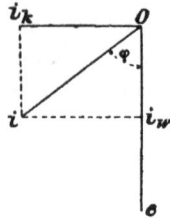

Fig. 71.

laden und entladen wird. Sind alle Lampen ausgeschaltet, so ist
$i_w = 0$ und i fällt mit i_k zusammen, wobei $\varphi = 90^0$ und der
Leistungsfaktor 0 wird. In dem Maasse, als Lampen eingeschaltet
werden, wächst i_w, der Winkel φ wird kleiner und der Leistungsfaktor grösser.

Sind nun am entfernten Ende des Kabels nicht Glühlampen,
sondern Bogenlampen oder Motoren angeschlossen, so ist neben dem
ohmischen Widerstand auch Selbstinduktion vorhanden. Die E.M.K.

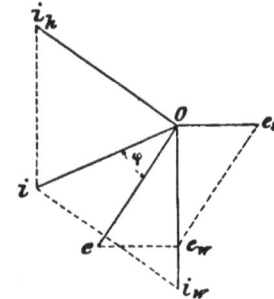

Fig. 72.

der Selbstinduktion ist $e_s = 2\,\pi \sim L\,i_w$, und ihre Phase eilt dem
Strom um 90^0 nach. Die betreffende Komponente der Klemmenspannung muss also um 90^0 voreilen. Die Wattkomponente e_w hat
die gleiche Phase wie der Strom. In Fig. 72 ist i_w der durch den
induktiven Widerstand fliessende Strom und e_w seine Wattkompo-

nente der E.M.K. Die E.M.K. der Selbstinduktion ist e_s und mithin
e die gesammte Klemmenspannung. Diese erzeugt nun einen Kondensatorstrom, welcher ihr um 90° vorauseilt; es sei das i_k. Der von
der Stromquelle (die im Transformator sein kann) gelieferte Strom
muss also die beiden Komponenten i_w und i_k enthalten. Wir finden
ihn durch Konstruktion des Parallelogrammes. Sein Vektor wird der
Lage und Grösse nach durch die Linie $O\,i$ dargestellt. Es ist sofort
klar, dass, je nachdem Selbstinduktion oder Kapacität überwiegt,
i hinter oder vor e zu liegen kommt. In der Figur sind die Verhältnisse so gewählt, dass der Strom voreilt.

Wir haben bisher angenommen, dass die Kapacität zu den
übrigen Theilen des Apparates im Nebenschluss liegt. Das ist auch
in der Regel der Fall; es kann jedoch auch vorkommen, dass der
Stromkreis durch den Kondensator unterbrochen wird, letzterer also

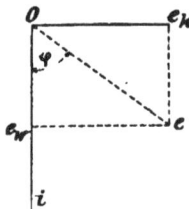

Fig. 73.

in Serienschaltung mit den übrigen Theilen des Apparates angeordnet ist. Eine solche Anordnung entsteht zum Beispiel bei der
Anwendung eines Flüssigkeitswiderstandes zur Prüfung von Transformatoren. Ein Fass mit salzigem oder schwefelsaurem Wasser
und Bleiplatten als Elektroden oder ein eiserner Trog mit alkalischer
Lösung und Eisenplatten als Elektroden sind sehr bequeme Mittel,
um elektrische Energie aufzubrauchen, und werden deshalb bei Be-
lastungsproben von Transformatoren vielfach anstatt fester Widerstände verwendet. Nun bildet bekanntlich eine in eine Flüssigkeit
getauchte Metallplatte einen Kondensator von ganz enormer Kapacität, und wir haben somit neben dem ohmischen Widerstand der
Flüssigkeit selbst, die an beiden Elektroden auftretende Kapacität
mit in Betracht zu ziehen. Es sei in Fig. 73 $O\,i$ der durch den
Flüssigkeitswiderstand fliessende Strom und $O\,e_w$ jene Komponente
der E.M.K., welche einzig und allein zur Ueberwindung des ohmischen
Widerstandes nöthig ist. Die zur Ladung des Kondensators nöthige

E.M.K. ist in absolutem Maasse $e_k = i : K\, 2\,\pi \sim$ und eilt dem Strom
um 90⁰ nach. Es ist somit $O\,e$ die gesammte E.M.K., welche der
Transformator den Elektroden zuführen muss. Es ist offenbar, dass
auch in diesem Falle der Strom der E.M.K. um den Winkel φ voreilt, und mithin der Leistungsfaktor des Flüssigkeitswiderstandes
kleiner als 1 ist.

Im Vorhergehenden wurde gezeigt, wie man unter Berücksichtigung der elektrischen Konstanten eines Stromkreises für jede Belastung die Phasenverschiebung zwischen Spannung und Strom bestimmen kann. Wenn also die Klemmenspannung des Transformators und die elektrischen Konstanten desjenigen Apparates gegeben
sind, welcher durch den Transformator mit Strom versehen wird, so

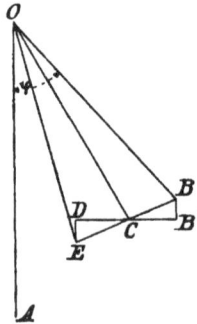

Fig. 74.

ist dadurch der Arbeitszustand des Transformators selbst vollkommen
bestimmt. Diejenigen Fälle, in welchen die Klemmenspannung dem
Strome voreilt, haben wir in Bezug auf Spannungsabfall schon untersucht; es erübrigt jetzt, die Untersuchung auf jene Fälle auszu-
dehnen, in welchen die Spannung dem Strome nacheilt, wo also der
Winkel φ (Fig. 69) negativ ist. Die dortige Konstruktion kann ohne
weiteres auch für diesen Fall angewendet werden. Wir haben in
Fig. 74 wie früher den Stromvektor $O\,A$ und die sekundäre Klemmenspannung $O\,B$. Der ohmische Spannungsverlust in der Sekundärspule sei $B\,B'$. Diese Grösse muss mit $O\,A$ gleichgerichtet sein.
Die E.M.K. der Selbstinduktion in der Sekundärspule ist $B'\,C$, jene
in der Primärspule ist $C\,D$, und der ohmische Spannungsverlust in
der Primärspule ist $D\,E$. Derselbe ist aus dem schon früher angegebenen Grunde sehr nahezu dem Strome $O\,A$ gleich gerichtet.

Wir erhalten somit OE als diejenige Spannung, welche den Primärklemmen zugeführt werden muss, damit der Strom OA unter der
Spannung OB den Sekundärklemmen entnommen werden kann. Da
die Strecke BB' sowohl als auch die Strecke $B'C$ dem Strom proportional ist, so bleibt die Neigung der Linie BE für alle Belastungen dieselbe, und wir können mittels eines geeigneten Am-
pèremaassstabes die sekundäre Stromstärke aus der Länge BE bestimmen, beziehungsweise bei Aufzeichnung des Diagrammes BE
der Stromstärke entsprechend eintragen. Nehmen wir zunächst an,
dass der Leistungsfaktor bei verschiedenen Stromstärken der gleiche
bleibt, dann lässt sich die sekundäre Klemmenspannung mittels einer
Konstruktion nach Fig. 69 für alle Stromstärken graphisch bestimmen.

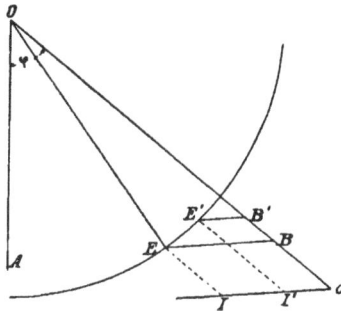

Fig. 75.

Es sei in Fig. 75 OA der Stromvektor Oo die Richtung des
Vektors der sekundären Klemmenspannung. Die Neigung der
Linie oI, auf welcher wir die Belastung in Ampère abmessen, ist,
wie früher erläutert, durch das Verhältnis von Widerstand und
Reaktanz gegeben. Wir beschreiben aus O als Mittelpunkt einen
Kreisbogen, dessen Radius gleich der Primärklemmenspannung ist.
Ziehen wir nun durch I eine Parallele zu oO, bis sie den Kreis
schneidet, und vom Schnittpunkt E eine Parallele zu Io, bis sie Oo
schneidet, so finden wir den Punkt B, dessen Entfernung von O.
die sekundäre Klemmenspannung giebt. Für einen kleineren Strom
I' finden wir in derselben Weise die Klemmenspannung OB'. Wie
aus dem Diagramm ersichtlich, steigt die Klemmenspannung mit der
Belastung. Es verhält sich also jetzt der Transformator ganz anders
als in dem Falle, wo die Belastung induktiv war. Wir fanden dort,

dass bei Belastung Spannungsabfall eintritt, während hier eine Steigerung der Spannung eintritt. Hätten wir im Diagramm den Winkel φ
kleiner gewählt, so wäre, wie man sofort sieht, auch diese Steigerung kleiner ausgefallen, und für einen bestimmten Werth von φ verschwindet sie sogar gänzlich. Immerhin jedoch ist der Spannungsabfall, den man beobachtet, wenn der Transformator einen Stromkreis
speist, welcher Kapacität enthält, erheblich geringer als in dem Falle,
wo der Stromkreis nur ohmischen Widerstand oder solchen und Reaktanz enthält. Aus diesem Grunde ist es unzulässig, bei der direkten
Bestimmung des Spannungsabfalls als Belastung einen Flüssigkeitswiderstand zu benutzen. Der so ermittelte Spannungsabfall ist immer
zu klein und kann unter Umständen sogar negativ werden, das
heisst, man beobachtet irrthümlicherweise nicht einen Abfall, sondern
eine Zunahme der Spannung bei Belastung.

Wir haben bisher angenommen, dass der Vor- oder Nacheilungswinkel des Stromes konstant sei, und die sekundäre Klemmenspannung als Funktion der Ampèrebelastung bestimmt. In den
meisten praktisch vorkommenden Fällen ist es jedoch nur von Interesse, die Spannung bei Vollbelastung zu kennen. Die genaue Er-
mittlung der Spannung für theilweise Belastung hat wenig Werth,
denn die Brauchbarkeit eines gegebenen Transformators muss sich
doch immer nach dem grössten noch möglichen Spannungsabfall
richten, der eben bei Vollbelastung eintritt. Dagegen ist es wichtig,
für jeden Transformator zu ermitteln, wie sich die Spannung bei
Vollbelastung ändert, wenn er zur Speisung von Apparaten von ver-
schiedenem Leistungsfaktor verwendet wird; denn darnach richtet
sich die Entscheidung, ob er überhaupt für den einen oder den anderen Zweck verwendbar ist.

Das Problem ist also folgendes: Gegeben ist ein Transformator,
dessen Widerstand und Reaktanz bekannt sind. Die Primärspannung
ist konstant. Zu bestimmen ist die Sekundärspannung bei voller
Ampèrebelastung und bei verschiedener Phasenverschiebung zwischen
Strom und Spannung im gespeisten Apparate. Die graphische
Lösung dieser Aufgabe ergiebt sich aus den Figuren 68 bis 75 auf
sehr einfache Weise. Es ist ohne weiteres klar, dass für konstante
Belastung die Länge der Linie EB immer dieselbe ist. Ihre Neigung (Verhältnis des Widerstandes zur Reaktanz) ist auch konstant.
Wenn sich der Winkel φ in Fig. 74 ändert, so wandert der Punkt E
auf dem Kreis, welcher die Primärspannung darstellt, und der Ort

des Punktes B ist somit auch ein Kreis vom gleichen Radius, dessen
Mittelpunkt relativ zu O die gleiche Lage hat, als B relativ zu E
hat. Es sei in Fig. 76 die Vertikale der Stromvektor, und OS die
E.M.K. der Selbstinduktion bei voller Stromstärke. Die Strecke So
sei die E.M.K., welche zur Ueberwindung des ohmischen Widerstandes nöthig ist, dann ist Oo der Strecke EB in Fig. 69 gleich
und parallel, und o ist der Mittelpunkt des zweiten oben erwähnten
Kreises, welcher der geometrische Ort aller Punkte B ist. Für eine
positive Phasenverschiebung φ (Nacheilen des Stromes) ist die
Klemmenspannung OB also kleiner als die Spannung OE bei Leerlauf. Ist jedoch die Phasenverschiebung negativ (Voreilen des
Stromes), z. B. φ_1, so ist die Klemmenspannung OB_1, also grösser

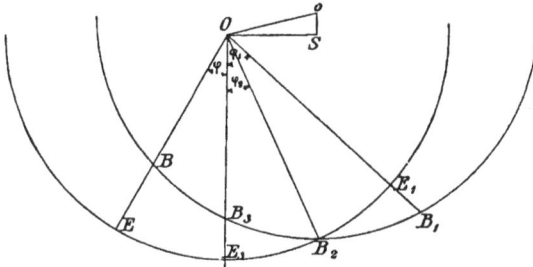

Fig. 76.

als bei Leerlauf. Bei einer bestimmten negativen Phasenverschiebung φ_2 geht der Vektor der Klemmenspannung durch den Schnittpunkt beider Kreise, und es ist mithin die Klemmenspannung bei
Belastung genau so gross als bei Leerlauf. Das zwischen beiden
Kreisen vom Vektor abgeschnittene Stück BE giebt unmittelbar
den Spannungsabfall beziehungsweise die Spannungserhöhung bei
Belastung. Bei induktions- und kapacitätsloser Belastung ist $\varphi = 0$
und die Spannung ist OB_3; der Spannungsabfall ist also $E_3 B_3$.
Das Diagramm zeigt deutlich, wie der Spannungsabfall grösser wird,
wenn die Phasenverschiebung infolge der Selbstinduktion im gespeisten Apparate wächst. Nach dem, was früher gesagt wurde,
ist sofort klar, dass die Länge der Linie Oo die Belastung darstellt.
Wenn die Belastung geändert wird, so verschiebt sich der Punkt o
dementsprechend, und man kann somit die Konstruktion für jede
Belastung durchführen. Das Diagramm Fig. 76 kann mithin benützt
werden, um die Sekundärspannung eines gegebenen Transformators

für alle möglichen Fälle vorauszubestimmen. Die so ausgeführte
Bestimmung ist einer direkten Messung aus mehreren Gründen vorzuziehen. Erstens kann eine direkte Messung nur dann ein genaues Resultat geben, wenn der zur Stromaufnahme dienende
Apparat genau jene Phasenverschiebung zwischen Strom und Spannung erzeugt, welche in Wirklichkeit zu erwarten ist. Die Anwendung eines Flüssigkeitswiderstandes ist also im allgemeinen nicht
zulässig. Feste Drahtwiderstände oder Lampen sind nicht so bequem, und es ist namentlich ihre Anwendung auf eine ganz bestimmte Phasenverschiebung in dem Laboratorium einer Fabrik
kaum ausführbar. Zu dem kommt noch der Uebelstand, dass bei
Untersuchung grosser Transformatoren eine sehr bedeutende Betriebskraft nothwendig ist. Man thut also besser, von einer direkten
Messung des Spannungsabfalles ganz Abstand zu nehmen und die
Bestimmung auf indirektem Wege mit Hilfe des Diagrammes Fig. 76
vorzunehmen[1]).

Der Uebersichtlichkeit halber wollen wir die Untersuchungs-
methode noch einmal kurz wiederholen und an einem Beispiele erläutern. Es sei ein 60 Kwt.-Transformator mit einem Umsetzungsverhältnis von 3000 zu 200 Volt zu untersuchen. Widerstand der
Primärspule 0,9 Ohm; ohmischer Spannungsverlust 18 V. Widerstand der Sekundärspule 0,0036 Ohm; ohmischer Spannungsverlust
1,08 V. Wenn wir uns die Windungszahl der Primärspule auf jene
der Sekundärspule reducirt denken, so ist der ohmische Spannungsverlust $18 \cdot \dfrac{200}{3000} = 1,20$ V. Wir haben also zur Bestimmung der
Strecke $S\,o$ in Fig. 76

Ohmischer Spannungsverlust primär 1,20
      „   „   sekundär . . . 1,08
      „   „   gesammter . . . 2,28

Jetzt schliessen wir die sekundären Klemmschrauben durch ein
Ampèremeter kurz und führen den Primärklemmen Strom von der
richtigen Periodenzahl und solcher Spannung zu, dass das Ampèremeter genau 300 Ampère anzeigt. Die dazu aufgewendete Spannung
sei 255 V, was für die reducirte Windungszahl einer Spannung von
17 V entspricht. Wir haben also in Fig. 76 $O\,o = 17$, $S\,o = 2{,}28$ und
$O\,E = 200$. Wir haben jetzt alle Daten zur Konstruktion des Vektor-

---

[1]) E.T.Z. 1895 Heft 17 S. 260.

diagrammes Fig. 77. *O A* ist der Stromvektor, und auf diesem tragen wir den Leistungsfaktor cos φ auf. Die entsprechende Lage des Spannungsvektors ist *O E*. Die an diesem abgelesene Spannung ist 187 Volt und so mit allen anderen Werthen von cos φ. Diese sind bei der folgenden Tabelle auf ein Volt abgerundet angegeben.

60 Kwt.-Transformator 3000 : 200 Volt bei Leerlauf.

Sekundäre Klemmenspannung bei einem Strom von 300 A und verschiedenen Werthen des Leistungsfaktors im gespeisten Apparat.

Leistungsfaktor in Procenten	100	99	90	80	70	60	50
Spannung bei voreilendem Strom	197	200	205	207	210	212	213
Spannung bei nacheilendem Strom	197	195	190	188	187	186	185

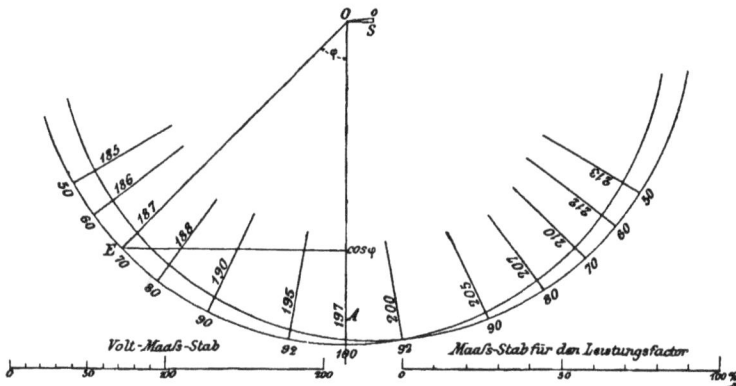

Fig. 77.

Dieser Transformator würde also bei Speisung von Glühlampen nur $1\frac{1}{2}\%$ Spannungsabfall haben, bei Speisung von Motoren oder Bogenlampen, wobei der Leistungsfaktor 70 bis 80% beträgt, ungefähr 6% Spannungsabfall aufweisen. Er würde also für Glühlampen ganz gut verwendbar sein, für Motoren jedoch würde er schon etwas zuviel Spannungsabfall haben.

Aus dem Diagramm Fig. 77 lassen sich noch einige interessante Schlüsse ziehen, welche auch praktischen Werth haben. Wir beschränken uns dabei auf den Fall, dass der gespeiste Apparat Selbstinduktion hat, also ein Nacheilen des Stromes herbeiführt. In diesem Falle brauchen wir nur die linke Hälfte des Diagrammes zu beachten.

Wenn es möglich wäre, einen Transformator zu bauen, der gar keine Streuung hat, so würde $OS = 0$ sein und der Punkt o genau oberhalb O zu liegen kommen. Dann nähert sich der innere Kreis dem äusseren um so mehr, je weiter wir nach links gehen. Wir haben also den grössten Spannungsabfall bei induktionsloser Belastung. Dieser Fall ist jedoch praktisch nicht möglich, denn man kann die Selbstinduktion im Transformator nie ganz vermeiden. Allerdings ist es, besonders bei kleiner Periodenzahl, möglich, sie beträchtlich zu vermindern. Wenn sie so weit vermindert wird, dass Reaktanz und Widerstand einander ungefähr gleich sind, so schliesst Oo mit OA einen Winkel von ungefähr 45° ein, und die Entfernung zwischen den beiden Kreisen ändert sich nur wenig. Es ist also der Spannungsabfall für alle Leistungsfaktoren so ziemlich derselbe.

Meistens ist jedoch die Induktanz erheblich grösser als der Widerstand, und die zwei Kreise gehen nach links hin auseinander. Der Spannungsabfall wird grösser, wenn der Leistungsfaktor kleiner wird. Wird derselbe Transformator für den gleichen Zweck einmal bei niedriger und das andere Mal bei hoher Periodenzahl angewendet, so ist der Spannungsabfall im letzten Falle grösser als im ersten. Die Summe der E.M.K. der Selbstinduktion beider Stromkreise ist, wie schon gezeigt wurde,

$$ OS = 2 \times 2\,\pi \sim L_2\, i_2, $$

also der Periodenzahl direkt proportional. Wird letztere erhöht, so wird OS entsprechend grösser, und die beiden Kreise gehen nach links hin weiter auseinander. Dazu kommt noch der Umstand, dass der Leistungsfaktor von Motoren gleicher Tourenzahl mit steigender Periodenzahl sinkt, der Spannungsvektor sich also weiter vom Stromvektor einstellt. Beide Ursachen bewirken eine erhebliche Vergrösserung des Spannungsabfalles. Wenn es sich also darum handelt, nicht nur Glühlampen, sondern auch Bogenlampen und Motoren von Transformatoren aus zu speisen, so empfiehlt es sich, die Periodenzahl so klein zu wählen, als mit Rücksicht auf die Bogenlampen noch zulässig ist (etwa 45 bis 50 per Sekunde). Diese Periodenzahl ist im übrigen auch durch konstruktive Rücksichten in Bezug auf die Motoren geboten.

Siebentes Kapitel.

Begriff der übertragenen Erregung. — Anwendung dieses Begriffes auf Transformatoren. — Gleichheit der Uebertragungskoefficienten. — Das Kreisdiagramm. — Transformatoren für konstanten Strom.

Begriff der übertragenen Erregung. Bei Ableitung des Arbeitsdiagrammes Fig. 61 haben wir angenommen, dass das Nutzfeld N erzeugt wird durch die Resultirende X der primären und sekundären Ampèrewindungen X_1 und X_2, wobei wir für jeden dieser Werthe den vollen Betrag des Maximalwerthes eingeführt haben. Wir haben dabei angenommen, dass das Nutzfeld N thatsächlich besteht und die E.M. Kräfte e_1 und e_2 inducirt, und dass die E.M.Kräfte der Selbstinduktion, hervorgebracht durch die Streufelder N_{s_1} und N_{s_2} auch thatsächlich bestehen. Das Nutzfeld war gegeben durch die Beziehung

$$N = \frac{X}{\varrho} \, ,$$

wobei ϱ den magnetischen Widerstand des Nutzfeldes ohne Berücksichtigung jenes der Streufelder bezeichnet. Unter dieser Anschauungsweise werden im Arbeitsdiagramm nicht Felder, sondern E.M.-Kräfte zusammengesetzt und die Streufelder werden gewissermaassen ausserhalb des Transformators gedacht, wie das Fig. 59 veranschaulicht. Die Anschauungsweise führt zu richtigen Ergebnissen, sie ist aber selbst streng genommen nicht richtig, denn die Streufelder liegen thatsächlich nicht ausserhalb des Transformators, sondern sind mit dem Nutzfelde sozusagen vermischt. Wir müssen also, um die Verhältnisse der Wirklichkeit entsprechend darzustellen, nicht E.M.-Kräfte, sondern Felder im Arbeitsdiagramm zusammensetzen, und zwar derart, dass wir einerseits das imaginäre Nutzfeld N mit dem Streufeld N_{s_2} zu dem wirklich auftretenden Sekundärfeld N_2 und andererseits das imaginäre Nutzfeld N mit dem Streufeld N_{s_1} zu

dem wirklich auftretenden Primärfeld N_1 zusammensetzen. Da nun
sowohl N_2 als N_1 neben den beiden gemeinsamen Kraftlinien auch
je ihre eigenen Streulinien enthalten, so ist der magnetische Widerstand der primären und sekundären Felder etwas kleiner als ρ. Es
sei S der magnetische Widerstand des gesammten Streufeldes. In
diesen Pfad müssen sich die primären und sekundären Streulinien
theilen, so dass auf jede Gruppe nur die halbe Durchgangsfläche
kommt. Wenn wir die beiden Streulinienpfade getrennt auffassen,
so ist also der magnetische Widerstand eines jeden einzeln genommen
$2\,S$ und der magnetische Widerstand ρ' der wirklich auftretenden
Felder N_2 und N_1 ist für jedes einzeln genommen durch die Parallelschaltung von ρ und $2\,S$ gegeben. Wir haben also

$$\varrho' = \frac{\varrho\,2\,S}{\varrho + 2\,S}$$

$$\varrho' = \varrho\,\frac{1}{\dfrac{\varrho}{2\,S} + 1}$$

oder, wenn wir

$$\eta = \frac{1}{\dfrac{\varrho}{2\,S} + 1}$$

setzen,

$$\varrho' = \eta\,\varrho.$$

Es lässt sich nun leicht zeigen, dass η nichts anderes ist als
eine Verhältniszahl kleiner als 1, die angiebt, wieviel von der in
einer Wickelung auftretenden Erregung in die andere Wickelung
übertragen wird. Diese Anschauungsweise kann man die Theorie
der übertragenen Erregung nennen. Sie lässt sich, wie später
gezeigt wird, ohne weiteres aus dem Arbeitsdiagramm selbst her-
leiten. Zur besseren Feststellung des Begriffes will ich jedoch vorerst die physikalische Bedeutung an einem praktischen Beispiel
zeigen. Es sei der in Fig. 78 skizzirte Eisenkörper mit einer primären Spule I und einer sekundären Spule II bewickelt. Wir wollen
uns das Eisen ohne Widerstand denken, und dafür Stossfugen, deren
Widerstand R_1 und R_2 beträgt, einführen, so dass der magnetische
Widerstand des Hauptlinienpfades ohne Rücksicht auf die Streuung
ausgedrückt ist durch

$$\varrho = R_1 + R_2.$$

Wir wollen ferner annehmen, dass Streuung lediglich in der
mittleren Fuge stattfindet, deren magnetischer Widerstand S sein

möge. Alle diese Annahmen sind in Wirklichkeit nicht erreichbar, sind aber ohne weiteres zulässig, da es sich ja jetzt nicht um die Darstellung eines Vorganges, sondern um die Erklärung eines Begriffes handelt. Haben wir einmal den Begriff für den einfachen und hypothetischen Fall festgelegt, so ist seine Ausdehnung auf die komplicirteren und wirklich vorkommenden Fälle ohne Schwierigkeit möglich.

Wir wollen nun in I mittels Gleichstrom X_1 Ampèrewindungen und in II auch mittels Gleichstrom X_2 Ampèrewindungen wirken lassen. Es sei $X_1 > X_2$ und die Stromrichtung sei derart, dass Spule I den Kraftfluss im Sinne des Uhrenzeigers treibt und

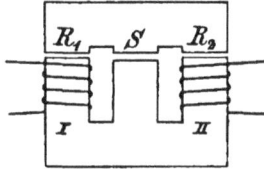

Fig. 78.

Spule II ihren Kraftfluss im entgegengesetzten Sinne zu treiben sucht. Wir messen die Erregungen und das bei R_2 übertretende Feld. Jetzt entfernen wir die Spulen und geben dem Schenkel II eine primäre und sekundäre Wickelung so innig gemischt, dass Streuung ausgeschlossen ist. Im sekundären Draht lassen wir wieder X_2 Ampèrewindungen wirken, und im primären Draht lassen wir so viele Ampèrewindungen X_1' wirken, dass das bei R_2 übertretende Feld genau den früheren Werth annimmt. X_1' ist natürlich kleiner als X_1, und das Verhältnis zwischen beiden

$$\eta_1 = \frac{X_1'}{X_1}$$

zeigt an, wieviel bei der zuerst gebrauchten Anordnung der getrennten Spulen von der in der primären Spule wirkenden Erregung in die sekundäre Spule übertragen worden ist. Wir können uns den Versuch auch in der umgekehrten Weise angestellt denken. Dann würden wir den Koefficienten

$$\eta_2 = \frac{X_2'}{X_2}$$

finden, der angiebt, wieviel von der in der sekundären Spule wirkenden Erregung in die primäre Spule übertragen wird.

Bei getrennter Anordnung der Spulen fliesst durch

Spule I und Widerstand R_1 das Feld N_1,

„ II „ „ R_2 „ „ N_2,

den Widerstand der Stossfuge S das Feld N_s

$$N_1 = N_2 + N_s.$$

Ist X der magnetische Druck zwischen dem oberen und unteren Eisenkörper, ausgedrückt in Ampèrewindungen, so haben wir

$$N_1 R_1 = X_1 - X$$
$$N_2 R_2 = X - X_2$$
$$N_s S = X$$
$$(N_1 - N_2) S = X$$
$$\frac{X_1 - X}{R_1} - \frac{X - X_2}{R_2} = \frac{X}{S}.$$
$$(X_1 - X) R_2 S - (X - X_2) R_1 S = X R_1 R_2.$$

Daraus ist

$$X = \frac{X_1 R_2 S + X_2 R_1 S}{R_1 R_2 + S (R_1 + R_2)}.$$

Diesen Werth in die obige Gleichung für $N_2 R_2$ eingesetzt giebt

$$N_2 = \frac{X_1 S - X_2 R_1 - X_2 S}{R_1 R_2 + S (R_1 + R_2)}. \quad \ldots \ldots 24)$$

Denken wir uns nun die gemischte Wickelung auf dem Schenkel II angebracht und diesen Schenkel so erregt, dass N_2 den durch Gleichung 24) dargestellten Werth beibehält. Die Erregung ist $\eta_1 X_1 - X_2$. Da X_2 den früheren Werth haben soll, so ist $\eta_1 X_1$ und mithin auch der Uebertragungskoefficient η_1 bestimmbar. Der Widerstand des magnetischen Pfades besteht aus R_2 und den parallel geschalteten Widerständen R_1 und S. Wir haben also als Bedingung, aus der wir η_1 finden können,

$$N_2 = \frac{\eta_1 X_1 - X_2}{R_2 + \dfrac{R_1 S}{R_1 + S}}$$

$$N_2 = \frac{(\eta_1 X_1 - X_2) (R_1 + S)}{R_1 R_2 + S (R_1 + R_2)}.$$

Diese Gleichung mit 24) verbunden giebt

$$(\eta_1 X_1 - X_2) (R_1 + S) = X_1 S - X_2 R_1 - X_2 S$$

$$\eta_1 = \frac{S}{R_1 + S}.$$

Eine ähnliche Rechnung zeigt, dass

$$\eta_2 = \frac{S}{R_2 + S}.$$

In einem gewöhnlichen Transformator sind die Spulen immer symmetrisch angeordnet. Es ist also $R_1 = R_2$ und $R_1 + R_2 = \varrho$. Wir haben also $\eta_1 = \eta_2 = \eta$ und

$$\eta = \frac{S}{\dfrac{\varrho}{2} + S}$$

$$\eta = \frac{1}{\dfrac{\varrho}{2\,S} + 1} \quad \ldots \ldots \ldots \quad 25)$$

Das ist derselbe Ausdruck, den wir oben für den Koefficienten gefunden haben, der angiebt, in welchem Verhältnis der magnetische Widerstand des Nutzfeldes durch die Beimischung des Streufeldes für jede Spule einzeln genommen, vermindert worden ist.

Der Ausdruck 25) kann in anderer Form geschrieben werden. Wenn X_μ den effektiven Werth jener Erregung bezeichnet, die zur Ueberwindung des magnetischen Widerstandes ρ nöthig ist, so haben wir

$$N = \frac{X_\mu \sqrt{2}}{\varrho}.$$

In gleicher Weise ist

$$N_{s_1} = \frac{X_1 \sqrt{2}}{2\,S}.$$

Sei $\varepsilon_1 = \dfrac{e_{s_1}}{e_1}$, der Streuungsfaktor für den primären Stromkreis (bei Transformatoren ist ε_1 von der Grössenordnung 0,01 bis 0,03, bei asynchronen Motoren jedoch erheblich grösser), so haben wir

$$\varepsilon_1 = \frac{N_{s_1}}{N}$$

$$\varepsilon_1 = \frac{\varrho}{2\,S}\,\frac{X_1}{X_\mu}$$

$$\frac{\varrho}{2\,S} = \varepsilon_1 \frac{X_\mu}{X_1}$$

$$\eta = \frac{1}{\varepsilon_1 \dfrac{X_\mu}{X_1} + 1} \quad \ldots \ldots \ldots \quad 26)$$

In diesem Ausdruck ist ε_1 der primäre Streuungsfaktor, der aus Gleichung 20) berechnet werden kann; X_μ die wattlose effektive Komponente der Erregung, die das Feld N erzeugt, und X_1 die effektive primäre Erregung. In guten Transformatoren ist X_μ / X_1 von der Grössenordnung 0,02 bis 0,04. Nehmen wir als Mittelwerth 0,03 und als Mittelwerth für ε_1 etwa 0,015, so wird

$$\eta = \frac{1}{0,03 \times 0,015 + 1}$$
$$\eta = 0,99955.$$

Es werden also von der Erregung, die in der einen Wickelung wirkt, 99,955% in die andere übertragen. Nicht übertragen wird 0,045%[1]).

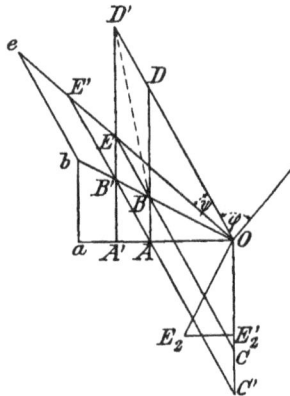

Fig. 79.

Anwendung des Begriffes der übertragenen Erregung auf Transformatoren. Nachdem wir nun den Begriff der übertragenen Erregung durch die in Fig. 78 gegebene physikalische Darstellung

---

[1]) Ein asynchroner Motor kann aufgefasst werden als ein Transformator, in dessen sekundärem Stromkreis die Leistung theils elektrisch und theils mechanisch abgegeben wird. Es habe ein solcher Motor 30% Leerlaufstrom und eine primäre Streuung von 10%. Dann ist

$$\eta = \frac{1}{0,1 \times 0,3 + 1} = 0,97087.$$

In diesem Motor werden also von der Erregung des primären Stromkreises in den sekundären oder umgekehrt übertragen 97,087%. Nicht übertragen werden 2,913%.

festgelegt haben, wollen wir ihn auf das Arbeitsdiagramm eines
Transformators anwenden. Um diese Anwendung nicht durch neben-
sächliche Einflüsse zu verschleiern, wollen wir zunächst annehmen,
der Transformator habe weder Eisen- noch Kupferverluste, und es
bestehe keine Phasenverschiebung im äusseren sekundären Stromkreise. Der Eisenkörper habe jedoch magnetischen Widerstand und
Streuung sei auch vorhanden. Es sei in Fig 79 $O\,E_2'$ die sekundäre
Klemmenspannung und $e_{s_2} = E_2'\,E_2$ die E.M.K. der Selbstinduktion
in der Primärspule. Dann muss der Vektor des beiden Spulen
gemeinsamen Feldes N auf $O\,E_2$ senkrecht stehen. Der Vektor
dieses Feldes sei $O\,b$. Die sekundäre Erregung, gegeben durch den
Ausdruck $i_2\,n_2\,\sqrt{2}$, sei $O\,C'$. Um das Feld $O\,b$ zu erzeugen, sei die
Erregung $O\,B'$ nöthig. Es ist dann

$$\frac{O\,B'}{\varrho} = O\,b\,.$$

Damit nun die Resultirende $O\,B'$ zustande kommt, muss neben der
sekundären Komponente $O\,C'$ noch die primäre Komponente $O\,D'$
wirken. Wir finden auf diese Weise und wie schon im vorigen
Kapitel ausgeführt, den Vektor der Primärerregung $O\,D'$. Wegen
Aehnlichkeit der Dreiecke $O\,E_2'\,E_2$ und $O\,a\,b$ ist $a\,b = N_{s_2}$ und
$O\,a = N_2$ das wirklich mit der Sekundärspule verschlungene Feld,
welches die Klemmenspannung $O\,E_2'$ erzeugt. Es ist auch wegen
Aehnlichkeit der Dreiecke $O\,a\,b$ und $O\,A'\,B'$

$$\frac{O\,A'}{\varrho} = O\,a\cdot$$

Nun ist thatsächlich der magnetische Widerstand des Feldes N_2
nicht ρ, sondern

$$\varrho' = \varrho\left(\frac{1}{\dfrac{\varrho}{2\,S}+1}\right)$$

$$\varrho' = \eta\,\varrho$$

und es muss deshalb eine kleinere Erregung als $O\,A'$, nämlich $\eta\,O\,A'$
auf das Feld wirken, damit N_2 Kraftlinien entstehen. Diese Erregung sei

$$O\,A = \eta\,O\,A'.$$

Die Lage des Punktes A bestimmen wir, indem wir die Gerade
$B'\,C'$ ziehen. Ihr Schnittpunkt mit $O\,a$ ist A. Denn

$$\frac{O\,A'}{O\,A} = \frac{O\,B'}{O\,B}.$$

Es ist also auch

$$O\,B = \eta\,O\,B'$$

und

$$O\,C = \eta\,O\,C'.$$

Wenn wir also auf dem Erregungsvektor $O\,C'$ den Punkt C so bestimmen, dass $O\,C = \eta\,O\,C'$, so ist $O\,C$ derjenige Theil der sekundären Erregung, der in den primären Stromkreis übertragen wird. Er setzt sich mit einem entsprechenden Theil der primären Erregung zur Resultirenden $O\,B$ zusammen, und wir haben die Beziehungen

$$\frac{O\,B}{\varrho'} = N$$

$$\frac{O\,B'}{\varrho} = N,$$

also $\dfrac{O\,B}{O\,B'} = \dfrac{\varrho'}{\varrho} = \eta$, wie aus der Aehnlichkeit der Dreiecke ohne weiteres ersichtlich ist.

Dieselbe Betrachtung auf den Primärkreis ausgedehnt zeigt, dass $b\,e = N_{s_1}$ und $O\,e = N_1$, das thatsächlich mit der Primärspule verschlungene Feld ist. Wir haben analog wie früher

$$\frac{O\,E'}{\varrho} = O\,e$$

$$\frac{O\,E}{\varrho'} = O\,e$$

$$\frac{O\,E}{O\,E'} = \eta$$

$$\frac{O\,D}{O\,D'} = \frac{O\,B}{O\,B'} = \eta.$$

Ist also der Werth von η bekannt, so können wir das Arbeitsdiagramm des Transformators zeichnen, ohne die Linie $O\,E_2$ zu Hilfe zu nehmen. Wir machen in Fig. 80 $O\,C' = X_2\,\sqrt{2}$ und $O\,C = \eta\,O\,C'$. Die der sekundären Klemmenspannung entsprechende Feldstärke N_2 können wir aus Gleichung 7 berechnen. Die entsprechende Erregung berechnen wir aus

$$X_\mu\,\sqrt{2} = \eta\,\varrho\,N_2$$

und tragen sie im Erregermaassstabe von O nach links auf. Es sei das die Strecke $O\,A$. Dann ist $O\,A$ die Resultirende aus zwei Erregungen, nämlich der ganzen sekundären Erregung und jenem Theil der primären Erregung, die in die sekundäre Spule übertragen wird.

Wir errichten also in A eine Senkrechte und machen $A D = O C'$, so ist

$$O D = \eta\, X_1 \sqrt{2}\,.$$

Da

$$\frac{O C}{O C'} = \eta$$

so finden wir $O D' = X_1 \sqrt{2}$ aus

$$\frac{O D'}{O D} = \frac{O C'}{O C}\,.$$

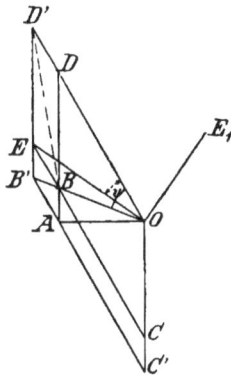

Fig. 80.

Es ist somit Lage und Grösse des Vektors der primären Erregung $O D'$ vollkommen bestimmt. Den Vektor der Primärklemmenspannung finden wir folgendermaassen. Wir ziehen durch C eine Parallele zu $C' A$ und bestimmen ihren Schnittpunkt E mit der Vertikalen durch D'. Dann ist $O E$ die Erregung, welche das Feld N_1 erzeugt, also

$$N_1 = \frac{O E}{\eta\, \varrho}\,.$$

Der entsprechende Werth der primären Klemmenspannung bestimmt sich aus der Gleichung 7. Der Vektor dieser Spannung muss dem Feldvektor um 90⁰ voreilen. Er ist also nach Lage und Grösse bestimmt. Es sei das die Gerade $O E_1{}'$.

Wir haben bei Aufzeichnung der Fig. 79 angenommen, dass im äusseren sekundären Stromkreise keine Phasenverschiebung vorhanden ist. Jetzt wollen wir jedoch Phasenverschiebung voraussetzen

und zusehen, welche Form das Arbeitsdiagramm nunmehr annimmt.
Es sei in Fig. 81 φ der Phasenwinkel des Verbrauchstromkreises
und $O\,E_2'$ die sekundäre Klemmenspannung. Unter Beibehaltung
der in Fig. 79 gebrauchten Bezeichnungen ist

$$e_{s_2} = E_2'\,E_2$$
$$N = O\,b$$
$$N_2 = O\,a$$
$$N_1 = O\,e.$$

$O\,a$ steht auf $O\,E_2'$ und $O\,b$ steht auf $O\,E_2$ senkrecht. Da der
magnetische Widerstand aller drei Felder der gleiche ist, nämlich $\eta\,\varrho$,
so können wir statt der Felder selbst, die entsprechenden Erregungen
zusammensetzen. Es ist also

$O\,A$ die Resultante der ganzen sekundären Erregung und jenes
   Theiles der primären Erregung, der in die sekundäre Spule
   übertragen wird,

$O\,E$ die Resultante der ganzen primären Erregung und jenes
   Theiles der sekundären Erregung, der in die primäre Spule
   übertragen wird.

$O\,B$ die Resultante jener Theile der primären und sekundären
   Erregungen, die gegenseitig übertragen werden.

Der Vektor der primären Klemmenspannung muss auf N_1 senkrecht stehen. Da die Grösse dieser Spannung aus Gleichung (7)
berechnet werden kann, so ist ihr Vektor $O\,E_1'$ der Grösse und
Lage nach gegeben. Wir haben der Einfachheit halber angenommen, dass das Umsetzungsverhältnis des Transformators 1:1
sei. Dann besteht aber in beiden Stromkreisen dasselbe Verhältnis
zwischen Feldstärke und E.M.K. Da für beide Stromkreise auch
das Verhältnis von Stromstärke und Erregung dasselbe ist, so haben
wir die Beziehung

$$\frac{O\,E_2'}{O\,A} = \frac{O\,E_1'}{O\,E}.$$

Wir können dann mittels eines entsprechenden Maassstabes
die Klemmenspannungen an den Erregervektoren $O\,A$ und $O\,E$ ablesen.

Gleichheit der Uebertragungskoefficienten. Wir haben bisher angenommen, dass $\eta_1 = \eta_2 = \eta$ und diese Annahme zunächst
durch die vollständig symmetrische Anordnung der beiden Wickelungen begründet. Bei einem Umsetzungsverhältnis von 1:1 und

gleichen Dimensionen aller Spulen ist in der That kein Grund für eine Ungleichheit der Koefficienten η_1 und η_2 vorhanden. Ob das jedoch auch bei einem anderen Umsetzungsverhältnis und der damit bedingten Ungleichheit der primären und sekundären Spulen der Fall ist, kann nicht ohne weiteres entschieden werden. Es scheint allerdings wahrscheinlich, dass, wenn die primäre Wickelung viel von ihrer Wirkung in die sekundäre überträgt, auch das Umgekehrte der Fall sein müsste, aber aus dieser Wahrscheinlichkeit

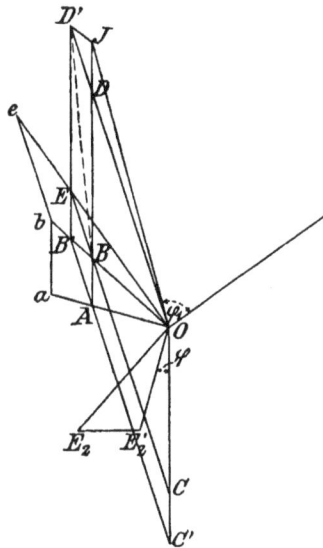

Fig. 81.

eine absolute Gleichheit beider Koefficienten zu folgern, sind wir noch nicht berechtigt. Um über diesen Punkt Gewissheit zu erlangen, stellen wir folgende Ueberlegung an.

In den Fig. 79 und 81 haben wir Gleichheit der Koefficienten angenommen. Für ungleiche Koefficienten würden die Diagramme anders aussehen; namentlich lägen die Punkte $C B E$ nicht in einer Geraden, sondern in einer bei B gebrochenen Linie. Wenn wir nun beweisen können, dass aus einem physikalischen Grunde die Linie $C B E$ eine Gerade sein muss, so folgt daraus, dass aus eben diesem Grunde eine gebrochene Linie und dementsprechende Ungleichheit der Koefficienten ausgeschlossen ist. Der Grund, warum

$C B E$ eine Gerade sein muss, ist nun einfach der, dass bei einem
Transformator ohne Leistungsverluste (und um einen solchen handelt
es sich in den zwei Diagrammen) die aufgedrückte Leistung genau
gleich sein muss der abgegebenen Leistung. In Fig. 79 ist wegen
Proportionalität von $O E$ und aufgedrückter Klemmenspannung die
zugeführte Leistung proportional dem Produkte von $O E$, $O D'$ und
cos φ. Da cos $\varphi = $ sin ψ, so können wir für die zugeführte
Leistung P_1 den Ausdruck schreiben

$$P_1 = K \times O E \times O D' \sin \psi,$$

wobei K ein Koefficient ist, der von den Maassstäben und Konstruk-
tionsdaten abhängt, aber für beide Wickelungen natürlich denselben
Werth hat. Nun ist $O E$ sin ψ nichts anderes als die Höhe des
Dreieckes $O D' E$, und die primäre Leistung wird mithin bei Ver-
wendung eines geeigneten Flächenmaasses durch die Fläche des
Dreieckes $O E D'$ gegeben.

In ähnlicher Weise wird die sekundäre Leistung durch die
Fläche des Dreiecks $O A C'$ gegeben. Es frägt sich nun, ob diese
beiden Dreiecke die gleiche Fläche haben. Das ist in der That der
Fall. Denken wir uns E nach B verschoben, so ist

$$\varDelta\, O D' E = \varDelta\, O D' B$$

$$\varDelta\, O D' B = \frac{1}{\eta}\, \varDelta\, O D B$$

$$\varDelta\, O D B = \varDelta\, B C O$$

$$\varDelta\, B C O = \eta\, \varDelta\, A C' O$$

$$\varDelta\, A C' O = \frac{1}{\eta}\, \varDelta\, B C O$$

$$\varDelta\, A C' O = \frac{1}{\eta}\, \varDelta\, O D B$$

$$\varDelta\, A C' O = \varDelta\, O D' B$$

$$\varDelta\, A C' O = \varDelta\, O D' E,$$

was die Gleichheit der Leistungen beweist. Der Beweis gelingt
nicht, wenn das Diagramm gezeichnet wird unter der Annahme, dass
die Koefficienten η_1 und η_2 ungleich sind. Eine ähnliche Ueberlegung lässt sich auf Fig. 81 anwenden. Wir haben hier wie früher

$$P_1 = K \cdot O D' \times O E \cos \varphi_1$$

und die primäre Leistung ist bei geeigneter Wahl des Maassstabes
durch die Fläche des Dreieckes $O D' E$ gegeben. Denken wir uns

die Spitze E dieses Dreieckes parallel zur Basis $O D'$ verschoben, so wird die Fläche nicht geändert. Wir erhalten so

$$\varDelta O D' E = \varDelta O D' B.$$

Nun ziehen wir $D' J$ parallel zu $B' B$. Betrachten wir $O B$ als Basis und verschieben die Spitze D' parallel dazu, so wird die Fläche ebenfalls nicht geändert. Die primäre Leistung ist also auch gegeben durch die Fläche des Dreieckes $O J B$, und diese ist gleich der Fläche des Dreieckes $O D A$. Nun ist $A D = O C'$ und $O D = A C'$. Die primäre Leistung ist also auch gegeben durch die Fläche des Dreieckes $O C' A$. Die sekundäre Leistung ist

$$P_2 = K \times O C' \times O A \sin (90 + \varphi).$$

Nun ist aber $O A \sin (90 + \varphi)$ nichts anderes als die Höhe der Spitze A des Dreieckes $O A C'$ über der Basis $O C'$. Es ist also unter Anwendung des früheren Maassstabes die Fläche des Dreieckes $O C' A$ auch gleich der sekundären Leistung. Wir haben somit die Gleichheit der primären und sekundären Leistung bewiesen. Der Beweis ist gelungen, weil wir von der Annahme ausgingen, dass die Punkte $E B C$ in einer Geraden und die Punkte $B' A C'$ in einer dazu Parallelen liegen. Diese Annahme ist aber nur richtig, wenn $\eta_1 = \eta_2$. Wird diese Annahme nicht gemacht, so gelingt der Beweis nicht. Da aber die zugeführte Leistung gleich sein muss der abgegebenen, so sehen wir, dass zwischen den Uebertragungskoefficienten keine andere Beziehung als Gleichheit bestehen kann.

Das Kreisdiagramm. Sind Phasenverschiebung und Belastung im sekundären Stromkreise sowie der Uebertragungskoefficient η bekannt, so kann mittels des Arbeitsdiagramms nach Fig. 81 die Primärspannung, der Primärstrom und seine Phasenverschiebung φ_1 zeichnerisch bestimmt werden. Man kann natürlich auch für eine Reihe von sekundären Belastungen unter Voraussetzung konstanter Phasenverschiebung und Klemmenspannung diese Bestimmung machen und erhält so eine Reihe von zusammengehörigen Werthen von i_2, i_1, φ_1 und e_1'. Nun ist bei der praktischen Anwendung der Transformatoren der letztere Werth, nämlich die primäre Klemmenspannung, gewöhnlich konstant und die Annahme, dass die sekundäre Klemmenspannung bei allen Belastungen konstant bleibt, ist deshalb nicht zulässig. Sie nimmt thatsächlich je nach der Phasenverschiebung und Belastung verschiedene Werthe an. Eine Methode, die sekundäre Klemmenspannung zeichnerisch zu finden, ist im vorigen

Kapitel gegeben worden. Diese Methode gab aber nicht den Primärstrom. Um diesen und nebenbei auch die sekundäre Klemmenspannung zu bestimmen, können wir das sogenannte Kreisdiagramm
benutzen, das zuerst von Heyland[1]) angegeben worden ist. Wir
nehmen dabei an, dass der Transformator keine Eigenverluste hat
und dass im äusseren sekundären Stromkreis keine Phasenverschiebung besteht. Das Arbeitsdiagramm hat also die in Fig. 80 angegebene Gestaltung. Es ist mit einem kleinen Zusatz in Fig. 82
wiederholt. Es bedeutet wie früher OC' je nach dem verwendeten

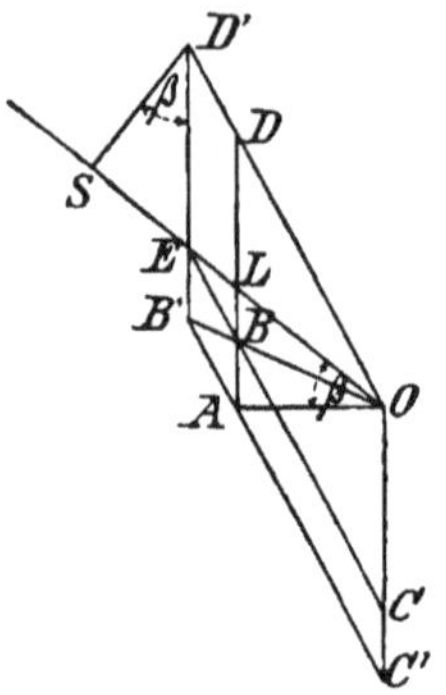

Fig. 82.

Maassstabe sekundären Strom oder sekundäre Erregung, und OC
jenen Theil der sekundären Erregung, der in die Primärspule übertragen wird. Es ist also

$$\eta = \frac{OC}{OC'}.$$

Ebenso ist OD' die ganze Primärerregung und OD jener Theil, der
in die Sekundärspule übertragen wird.

$$\eta = \frac{OD}{OD'}.$$

Verlängert man OE und macht $D'S$ senkrecht darauf, so ist, wie
leicht einzusehen,

$$\angle ED'S = \angle LOA = \beta$$

$$\sin \beta = \frac{AL}{OL}$$

---

[1]) E.T.Z. 1894, Heft 41.

$$\sin \beta = \frac{A\,D - D\,L}{O\,L}$$

$$A\,D = O\,C', \quad D\,L = \eta\,D'\,E, \quad D'\,E = \eta\,O\,C', \quad O\,L = \eta\,OE.$$

$$\sin \beta = \frac{O\,C' - \eta^2\,O\,C'}{\eta\,O\,E}$$

$$\sin \beta = \frac{O\,C'\,(1 - \eta^2)}{\eta\,O\,E}$$

$$\sin \beta = \frac{i_2\,(1 - \eta^2)}{\eta\,O\,E}$$

$$\eta\,i_2 = \frac{\eta^2}{1 - \eta^2}\,O\,E \sin \beta.$$

Nun ist $\frac{\eta^2}{1 - \eta^2}$ eine unbenannte Zahl grösser als Eins; mithin $\left(\frac{\eta^2}{1 - \eta^2}\right)\,O\,E$ eine Länge, die wir mit d bezeichnen wollen. Wir können mithin auch schreiben

$$\eta\,i_2 = d \sin \beta \quad \ldots \ldots \ldots \quad 27)$$

Da $\eta\,i_2$ eine Stromstärke ist (nämlich $O\,C = D'\,E$), die mit dem Ampèremaassstab zu messen ist, so muss die Länge d auch als eine Stromstärke aufgefasst werden, und zwar ist es der grösste Werth, den $\eta\,i_2$ erreichen kann. Der grösste Werth der sekundären Stromstärke wird aber erreicht, wenn man die sekundären Klemmen kurz schliesst, während die den Primärklemmen aufgedrückte Spannung konstant gehalten wird. Wir haben angenommen, dass $O\,D$ je nach der Wahl des Maassstabes primäre Erregung oder primäre Stromstärke darstellt. Ist das Umsetzungsverhältnis 1 : 1, so können wir denselben Maassstab auf die sekundäre Seite des Transformators anwenden. Es bedeutet dann

$$D'\,E = \eta\,i_2$$

den übertragenen Theil des Sekundärstromes. Wenn wir jedoch einen sekundären Maassstab herstellen, dessen Theilstriche im Verhältnis $\eta : 1$ näher aneinander stehen als die Theilstriche des Primärmaassstabes, so kann der Sekundärstrom unmittelbar an $D'\,E$ abgegriffen werden, und d giebt mit diesem neuen Maassstab gemessen den sekundären Kurzschlussstrom.

Der Ausdruck 27) ist die Gleichung eines Kreises. Machen wir in Fig. 83

$$E\,F = d = O\,E\left(\frac{\eta^2}{1 - \eta^2}\right),$$

11*

so ist $ED' = d \sin \beta$ und die Punkte D' liegen auf dem über dem Durchmesser EF beschriebenen Halbkreise. Es ist dann (alle Stromvektoren mit dem Primärmaassstab gemessen)

$$OD' = i_1 \text{ und } ED' = \eta\, i_2.$$

Der Vektor der primären Klemmenspannung steht nach Fig. 80 auf OE senkrecht; es sei das die Senkrechte durch O. Die primäre Phasenverschiebung ist also durch den Winkel φ gegeben. Wird die Belastung verkleinert, so rückt D' näher an E und die Phasenverschiebung wird grösser. Bei Leerlauf ist der Sekundärstrom Null und mithin ED' unendlich klein, d. h. der Punkt D' fällt mit E zusammen. Für diesen Fall ist also $\varphi = 90^0$. Wird

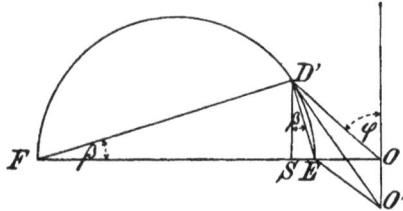

Fig. 83.

nun die Belastung schrittweise vergrössert, so rückt D' auf dem Halbkreise vor und φ nimmt zuerst ab, bis es den kleinsten Werth in jener Lage von D' erreicht, für die OD' die Tangente an den Kreis bildet. Von da an nimmt φ wieder zu, bis es bei Kurzschluss, wenn D' mit F zusammenfällt, wieder 90^0 wird. Es ist offenbar, mit dem Primärmaassstab gemessen,

$$EF = \eta \times \text{Kurzschlussstrom.}$$

Dies gilt jedoch nur unter der oben gemachten Voraussetzung, dass der Transformator keine Eigenverluste hat. In Wirklichkeit ist der Kurzschlussstrom etwas kleiner.

Das Kreisdiagramm giebt also für jede Belastung $i_2 = \dfrac{1}{\eta} ED'$ den zugehörigen Primärstrom $i_1 = OD'$ und die primäre Phasenverschiebung φ an. Bei Leerlauf ist die primäre Stromstärke

$$i_\mu = OE.$$

Um die sekundäre Klemmenspannung zu finden (die primäre ist als konstant vorausgesetzt), machen wir folgende Ueberlegung.

Die zugeführten und abgegebenen Leistungen müssen gleich

sein, weil wir einen Transformator ohne Eigenverluste angenommen haben. Es ist also

$$i_1\, e_1 \cos \varphi = i_2\, e_2.$$

Unserer Voraussetzung gemäss ist die Phasenverschiebung im äusseren sekundären Stromkreis Null. Da $i_1 = O D'$ und $i_2 = \dfrac{1}{\eta} E D'$, so ist auch

$$e_1\, O D' \cos \varphi = e_2 \frac{E D'}{\eta}$$

$$e_1\, S D' = e_2 \frac{E D'}{\eta} \qquad e_2 = e_1\, \eta\, \frac{S D'}{E D'}.$$

Da $\dfrac{S D'}{E D'} = \cos \beta$, so haben wir auch

$$e_2 = e_1\, \eta \cos \beta.$$

Bei Leerlauf ist $\beta = 0$ und die sekundäre Klemmenspannung hat den Werth $e_1\, \eta$, wobei wir das Umsetzungsverhältnis als $1:1$ annehmen. Ist das Umsetzungsverhältniss jedoch $n_1 : n_2$, so ist die sekundäre Klemmenspannung bei Leerlauf

$$e_2' = \frac{n_2}{n_1}\, e_1\, \eta$$

und bei Belastung

$$e_2 = e_2' \cos \beta.$$

Je grösser die Belastung, desto grösser wird $E D'$, desto grösser wird β und desto kleiner wird die sekundäre Klemmenspannung. Wenn wir uns nun einen Voltmaassstab anfertigen, der so getheilt ist, dass

$$F E = e_2',$$

so können wir die sekundäre Klemmenspannung unmittelbar an $F D'$ ablesen. Es ist

$$e_2 = F D'.$$

Da ein Spannungsabfall durch ohmischen Widerstand nicht stattfindet (der Transformator hat keine Eigenverluste), so muss $E D'$ mit dem Volt-Maassstab gemessen, den inductiven Spannungsabfall, bezogen auf die sekundäre Seite, darstellen, also

$$e_s = E D'.$$

Fig. 83 ist in Uebereinstimmung mit Fig. 76, wenn wir dort $\varphi = 0$ und $S o = 0$ machen. Es entspricht dann $F D'$ in Fig. 83 der Strecke $O B_3$ in Fig. 76.

Bisher haben wir angenommen, dass der Transformator keine Eigenverluste hat. Es war deshalb der Leerlaufstrom gleich dem

Magnetisirungsstrom. Nun sind in Wirklichkeit Eisenverluste vorhanden, und der Leerlaufstrom hat deshalb eine Wattkomponente,
die auf dem Magnetisirungsstrom $O\,E$ senkrecht steht. Ihr Vektor
sei $O\,O'$. Fig. 83. Es ist dann $O'\,E$ der Vektor des Leerlaufstromes
und $O'\,D'$ jener des Primärstromes bei der sekundären Strombelastung

$$i_2 = \frac{1}{\eta}\,E\,D'.$$

Um also die Eisenverluste zu berücksichtigen, brauchen wir bloss den
Primärstrom von O' aus (statt von O aus) zu messen.

    Das Diagramm ist in Bezug auf Streuung übertrieben gezeichnet,
um die Konstruktion anschaulich zu machen. Gute Transformatoren
haben sehr wenig Streuung und das Verhältnis von $E\,F$ zu $O\,E$
ist sehr gross, weil $\dfrac{\eta^2}{1-\eta^2}$ sehr gross ist. Wir haben gesehen
dass η sehr nahe der Einheit ist. Schreiben wir

$$\eta = 1 - \lambda,$$

so ist

$$\frac{E\,F}{O\,E} = \frac{(1-\lambda)^2}{1-(1-\lambda)^2}$$
$$= \frac{1 - 2\,\lambda + \lambda^2}{2\,\lambda - \lambda^2}.$$

Da λ eine sehr kleine Zahl ist (von der Grössenordnung 0,0005), so
ist λ^2 verschwindend klein gegen $2\,\lambda$, und dieses verschwindend
klein gegen 1. Wir können also schreiben

$$E\,F = \frac{1}{2\,\lambda}\,O\,E.$$

    Um das Kreisdiagramm für einen Transformator zu zeichnen,
verfahren wir folgendermaassen. Wir bestimmen den Magnetisirungsstrom i_μ, das ist die wattlose Komponente des Leerlaufstromes.
Wir bestimmen ferner die Wattkomponente i_λ des Leerlaufstromes
und tragen diese beiden Grössen in einem nach Fig. 83 gestalteten
Diagramm ein. Es sind das die Strecken $O\,E$ und $O\,O'$.

    Aus Gleichung 25) oder 26) bestimmen wir η und berechnen

$$\lambda = 1 - \eta.$$

Dann finden wir den Durchmesser des Kreises aus $\dfrac{O\,E}{2\,\lambda}$. Für die
Konstruktion ist es jedoch bequemer, den Radius R zu bestimmen.
In Einheiten von der Länge $O\,E$ ist derselbe $\dfrac{1}{4\,\lambda}$, also für

$$\eta = \quad 0{,}9995 \quad 0{,}9990 \quad 0{,}998 \quad 0{,}997 \quad 0{,}996 \quad 0{,}995$$
$$\lambda = \quad 0{,}0005 \quad 0{,}001 \quad 0{,}002 \quad 0{,}003 \quad 0{,}004 \quad 0{,}005$$
$$R = \quad 500 \quad\quad 250 \quad\;\; 125 \quad\; 83 \quad\;\; 62 \quad\;\; 50.$$

Hätte der Transformator gar keine Streuung, so wäre $R = \infty$, und der Kreis würde in eine durch E senkrecht gezogene Gerade übergehen.

Transformator für konstanten Strom. Vergrössert man die Streuung absichtlich, so kann man einen Transformator herstellen, der mit konstanter Primärspannung sekundär nahezu konstanten Strom bei veränderlicher Spannung abgiebt. Ein solcher Transformator kann benutzt werden zur Speisung von in Serie geschalteten Glühlampen, die durch Kurzschluss gelöscht werden. Der Punkt D' in Fig. 83

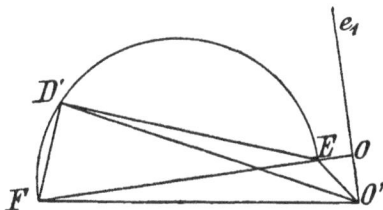

Fig. 84.

liegt dann links auf dem Halbkreise, wie Fig. 84 zeigt. Damit ein solcher Transformator bei sekundärem Kurzschluss nicht verbrennt, muss die Streuung sehr gross gemacht werden, was durch besondere Ansätze an den Jochstücken, wie Fig. 78 zeigt, geschehen kann. Es ist dann ε_1 in Formel 26) nahezu $1/2$, und η ist von der Grössenordnung 0,97 und R von der Grössenordnung 8. Bei sekundärem Kurzschluss ist $O'F$ der Primärstrom. Bei offenen Sekundärklemmen ist der Primärstrom $O'E$ und die sekundäre Spannung FE. Wird nun der sekundäre Stromkreis durch einen induktionslosen Widerstand von solcher Grösse geschlossen, dass der Sekundärstrom $\dfrac{ED'}{\eta}$ ist, so ist die Klemmenspannung FD'. Verringert man den Widerstand durch Kurzschliessen eines Theiles der in Serie geschalteten Glühlampen, so rückt der Punkt D' näher an F heran und die Stromstärke wird etwas grösser. Bei richtiger Konstruktion des Transformators kann die Variation der sekundären Stromstärke innerhalb der für Glühlampen noch zulässigen Grenzen gehalten werden.

Achtes Kapitel.

Das Dynamometer. — Das Wattmeter. — Messung von unregelmässigen Strömen. — Andere Methoden der Effektmessung. —
Prüfung von Transformatoren. — Untersuchung von Blechen.

Das Dynamometer. Die bisherige Annahme, dass alle Strom-
und Spannungskurven sinusoidal verlaufen, ist zwar für die graphische
und analytische Behandlung von Wechselstromproblemen sehr bequem, entspricht aber nicht den in Wirklichkeit auftretenden Erscheinungen. Es fragt sich nun, inwieweit die Annahme einer besonderen, mit der Wirklichkeit nicht übereinstimmenden Stromkurve
beim Entwurf und bei der Prüfung von Wechselstromapparaten zu
Fehlern Veranlassung giebt; und um diese Frage beantworten zu
können, müssen wir vorerst untersuchen, ob die mit einem Ampèremeter gemessene Stärke eines Stromes von unregelmässigem Verlauf
wirklich die effektive Stromstärke ist und ob die mit einem Wattmeter bestimmte Leistung die wirkliche oder effektive Leistung ist.
Was nun die erste Frage betrifft, so müssen wir uns zunächst über
den Begriff der effektiven Stromstärke einigen. Nehmen wir an,
wir hätten zwei genau gleiche Glühlampen, die eine sei von einem
Gleichstrom und die andere von dem zu untersuchenden Wechselstrom gespeist. Wenn beide Lampen genau die gleiche Helligkeit
haben, wenn also die Temperaturen der beiden Kohlenfäden und mithin die in Wärme umgesetzten Arbeitsleistungen genau gleich sind,
so ist offenbar die effektive Stärke des Wechselstromes gleich jener
des Gleichstromes. Da nun beide Lampen die gleiche Temperatur
haben, so haben sie auch den gleichen Widerstand W und die Arbeit
des Gleichstromes J_0 in der Zeit T ist $J_0{}^2 W T$, während die des
Wechselstromes ist $\int_0^T J^2\, W dt$, wobei J eine ganz beliebige Funktion
der Zeit t ist, welche durch die unregelmässige Kurvenform des

Wechselstromes graphisch dargestellt wird. Wir können also die effektive Stärke des Wechselstromes durch Gleichsetzung dieser zwei Ausdrücke erhalten. Das giebt

$$J_0 = \sqrt{\frac{1}{T} \int_0^T J^2 \, dt}.$$

Es fragt sich nun, ob das Amperemeter diesen oder einen andern Werth anzeigt. Alle zur Messung von Wechselströmen verwendeten Instrumente beruhen entweder auf der elektrodynamischen Wirkung oder der Hitzewirkung des Stromes. In beiden Fällen ist die in jedem Augenblicke ausgeübte Wirkung dem Quadrate der in diesem Augenblicke herrschenden Stromstärke proportional. Alle auf diesem Principe beruhenden Apparate werden also in Bezug auf ihre Angaben bezw. die etwa vorhandenen Messungsfehler gleichwerthig sein, und wir brauchen die Untersuchung nur für eine Art dieser Instrumente zu machen. Das Resultat gilt dann für alle.

Zu diesem Zwecke wählen wir das gewöhnliche Weber'sche Dynamometer. Die bewegliche Spule befindet sich, wie bekannt, im Felde der feststehenden Spule und ist einer ablenkenden Kraft ausgesetzt, welcher durch die Spannung einer Feder das Gleichgewicht gehalten wird. Diese ablenkende Kraft ist proportional dem Produkte der Feldstärke und der Stromstärke, und da erstere durch den Strom selbst erzeugt und diesem proportional ist, so ist die in jedem Augenblicke wirksame ablenkende Kraft dem Quadrate der in diesem Augenblicke fliessenden Stromstärke proportional. Wenn wir es mit einem Gleichstrom, J_0, zu thun haben, so ist also die ablenkende Kraft dauernd gleich $J_0^2 \frac{1}{K^2}$, wobei K eine durch die Konstruktion des Instrumentes bestimmte Konstante bedeutet. Die Gegenkraft der Feder ist ihrem Drehungswinkel D proportional, so dass die Gleichung besteht

$$D K^2 = J_0^2,$$

woraus

$$J_0 = K \sqrt{D},$$

die bekannte Formel zur Bestimmung der Stromstärke aus der Ablesung D.

Die Frage ist nun, ob die gleiche Formel zur Bestimmung der effektiven Stromstärke bei einem Wechselstrom von ganz beliebiger

Kurvenform ohne Fehler verwendet werden kann. Denken wir uns den Strom durch die Ordinaten einer Kurve als Funktion der Zeit dargestellt. Wenn wir eine zweite Kurve zeichnen, deren Ordinaten die Quadrate der ersten darstellen, so bedeutet die von der zweiten Kurve mit der Abscissenachse eingeschlossene Fläche den Werth $\int_0^T J^2 \, dt$ und die Höhe eines Rechteckes von gleicher Basis und Fläche stellt das Quadrat der effektiven Stromstärke dar. Auf die bewegliche Spule des Dynamometers wirkt dauernd die durch Spannung der Feder erzeugte Kraft und ausserdem noch die dynamische Kraft des Stromes, welche zwischen 0 und einem Maximum schwankt, und dabei immer eine der Federkraft entgegengesetzte Richtung hat. Nennen wir J_t den zur Zeit t fliessenden Strom, so ist $DK^2 - J_t^2$ die zur Zeit t auf die Drähte der Spule ausgeübte Kraft. Die der Spule in diesem Augenblicke mitgetheilte Beschleunigung ist $\dfrac{DK^2 - J_t^2}{m}$, wenn wir mit m die auf den Angriffspunkt der Kraft reducirte Masse der Spule bezeichnen. Wäre diese Masse klein genug, so würde diese Beschleunigung, welche bald positiv, bald negativ ist, der Spule auch in der That eine sichtliche hin- und hergehende Bewegung ertheilen und es würde also die Spule zu jedem Zeitpunkt eine bestimmte Bewegungsgeschwindigkeit haben, welche sich aus der Formel

$$v = \int_0^t \frac{(DK^2 - J_t^2)}{m} \, dt$$

berechnen lässt, vorausgesetzt, dass die Geschwindigkeit zur Zeit $t = 0$ auch 0 ist.

Nun ist aber die Masse der beweglichen Spule im Vergleich mit den auftretenden Kräften so gross und die Zeit einer Periode so klein, dass die Spule überhaupt nicht in sichtliche Bewegung geräth, sondern sich durch entsprechende Anspannung der Feder genau auf ihre Mittellage einstellen lässt. Das ist übrigens auch die nothwendige Bedingung einer genauen Messung. Es muss also, um mit dem Instrumente überhaupt messen zu können, v unendlich klein, d. h. gleich Null sein. Das giebt aber

$$\int_0^T \frac{(DK^2 - J_t^2)}{m} \, dt = 0$$

und somit

$$D K^2 \int_0^T dt = \int_0^T J_t^2 \, dt$$

$$D K^2 = \frac{1}{T} \int_0^T J_t^2 \, dt.$$

Der Ausdruck auf der rechten Seite dieser Gleichung ist nichts anderes als die Höhe des früher erwähnten Rechteckes, das heisst das Quadrat der effektiven Stromstärke J_0, und es ist mithin der Beweis geliefert, dass das Dynamometer die effektive Stromstärke ohne Fehler anzeigt, welches auch die Form der Stromkurve sein möge. Die bei der Aichung des Instrumentes mit Gleichstrom bestimmte Konstante gilt mithin auch für Wechselstrom jeder Perioden-zahl und Kurvenform.

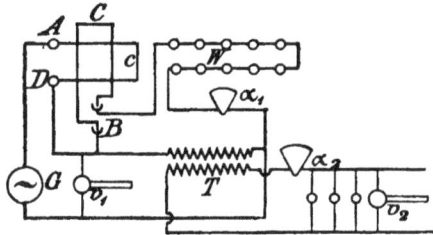

Fig. 85.

Es ist hier zu bemerken, dass die allgemeine Anwendung dieses Satzes auf andere Messinstrumente nur zulässig ist, wenn in diesen Instrumenten die dynamische Wirkung des Stromes in jedem Augen-blicke dem Quadrate der Stromstärke genau proportional ist. Ent-hält ein Messinstrument jedoch Eisen, so ist diese Proportionalität nicht von vornherein gesichert; es kann vielmehr der Fall eintreten, dass durch Hysteresis und Wirbelströme im Eisen diese Proportio-nalität gestört wird, und dann muss das Instrument für jede Perioden-zahl und Kurvenform besonders geaicht werden.

Das Wattmeter. Es erübrigt noch, zu ermitteln, ob das Dy-namometer, als Wattmeter benutzt, auch bei unregelmässig verlaufen-den Wechselströmen die effektive Leistung genau angiebt.

Die Anordnung eines Dynamometers zur Effektmessung ist in Fig. 85 dargestellt. C ist die bewegliche und c die feste Spule des

Dynamometers. G ist die Stromquelle und T der Apparat, welcher den Strom empfängt; in diesem Falle ein Transformator.

Dynamometer gewöhnlicher Bauart haben bloss zwei Klemmen, A und B (oder drei, wenn die feststehende Spule in zwei Theilen angeordnet ist, behufs Vergrösserung des Messbereiches). Soll das Instrument jedoch zu Wattmessungen benutzt werden, so muss die Verbindung zwischen fester und beweglicher Spule noch eine weitere Klemme, D, erhalten. Der Strom, dessen Effekt man bestimmen will, wird dann durch die feste Spule geleitet, und zwischen die Klemme B der beweglichen Spule und die Rückleitung wird ein möglichst induktionsloser Widerstand, W, geschaltet, welcher am besten aus hin und her (nicht spiralförmig) gewickeltem Platinoiddraht oder -Streifen, oder auch aus einer Serie von Glühlampen besteht. In diesem Stromkreis möge auch ein Ampèremeter, a_1, eingeschaltet sein, jedoch ist dasselbe nicht absolut nothwendig.

Wenn der Widerstand W sehr gross ist, so kann man ohne erheblichen Fehler annehmen, dass der durch a_1 fliessende Strom der Phase nach mit der zwischen den Klemmen des Generators herrschenden E.M.K., die im Voltmeter v_1 angezeigt wird, übereinstimmt. Mit andern Worten: der durch die bewegliche Spule des Wattmeters fliessende Strom hat keine Phasenverschiebung. Der Strom, welcher durch die feste Spule fliesst, hat jedoch im Allgemeinen Phasenverschiebung, und zwar um so mehr, je grösser die Selbstinduktion des Apparates T ist. Es sei I der Primärstrom des Transformators (mit Maximalwerth I_m) und i der Nebenschlussstrom (mit Maximalwerth i_m), so ist bei sinusoidalem Verlauf das auf die bewegliche Spule wirkende Drehmoment dem Ausdrucke

$$I_m \sin(\alpha - \varphi)\, i_m \sin \alpha$$

proportional, wobei α die zur Zeit herrschende Phase der E.M.K. und φ die Phasenverschiebung in c ist. Da $i_m = \dfrac{e_m}{W}$ (wobei wir in W den Widerstand der festen Spule, des Ampèremeters a_1 und der Drahtverbindungen mit einschliessen), so kann obiger Ausdruck auch in der Form geschrieben werden

$$I_m \sin(\alpha - \varphi)\, \frac{e_m}{W} \sin \alpha.$$

Wird nun durch Drehung des Knopfes die Feder des Dynamometers gespannt, so wird der beweglichen Spule ein Drehmoment

$D\,K^2$ ertheilt, wobei wie früher D die Winkelablesung und K die durch Aichung mit Gleichstrom ermittelte Konstante des Instrumentes ist. Ist m die auf den Angriffspunkt der Kräfte reducirte Masse der Spule, so ist die ihr ertheilte Beschleunigung

$$\frac{D\,K^2 - I_m\,\dfrac{e_m}{W}\,\sin\,(\alpha - \varphi)\,\sin\,\alpha}{m}$$

und die nach der Zeit i erlangte Geschwindigkeit ist

$$v = \frac{1}{m}\int_0^t \left(D\,K^2 - I_m\,\frac{e_m}{W}\,\sin\,(\alpha - \varphi)\,\sin\,\alpha\right)dt,$$

wobei wir voraussetzen, dass zur Zeit $t = 0$ die Geschwindigkeit auch 0 ist. Nun ist aber die Masse der Spule im Vergleich zu den auf sie wirkenden Kräften sehr gross und ferner finden die Aenderungen in der Grösse und Richtung dieser Kräfte so rasch statt, dass die Spule ihnen überhaupt nicht folgen kann, sondern sich ruhig einstellt. Es ist also $v = 0$, was nur der Fall sein kann, wenn

$$t\,D\,K^2 = \int_0^t I_m\,\frac{e_m}{W}\,\sin\,(\alpha - \varphi)\,\sin\,\alpha\,dt$$

oder, wenn wir die Integration über die Zeit einer ganzen Periode ausdehnen,

$$D\,K^2 = \frac{I_m\,e_m}{W\,T}\int_0^T \sin\,(\alpha - \varphi)\,\sin\,\alpha\,dt,$$

oder mit einer kleinen Umformung

$$D\,K^2 = \frac{I_m\,e_m}{W}\int_0^{2\pi} \sin\,(\alpha - \varphi)\,\sin\,\alpha\,\frac{d\alpha}{2\,\pi}.$$

Die Auflösung des Integrales ergiebt aber $\dfrac{\cos\varphi}{2}$ und wir erhalten somit

$$D\,K^2 = \frac{1}{W}\,\frac{I_m\,e_m}{2}\,\cos\varphi$$

oder mit Einführung der effektiven anstatt der Maximalwerthe

$$D\,K^2 = \frac{1}{W}\,I\,e\cos\varphi.$$

Nun ist aber $I\,e\cos\varphi$ nach den früheren Ausführungen nichts anderes als die Leistung, welche dem Apparate zugeführt wird, und wir sehen damit, dass dieselbe durch das Produkt $W\,D\,K^2$ dargestellt wird, wobei bedeutet

D die Ablesung am Dynamometer (oder in diesem Falle am Wattmeter) in Graden,

K die bei Aichung mit Gleichstrom bestimmte Konstante, sodass $K\sqrt{D} = i$,

W den gesammten Widerstand im Nebenschluss in Ohm.

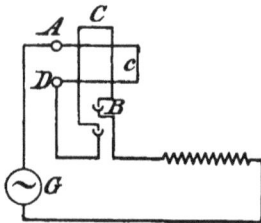 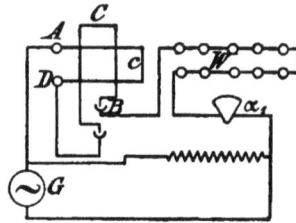

Fig. 86.　　　　　　　　　　Fig. 87.

Man kann nun das Instrument in der in Fig. 85 gezeichneten Weise als Wattmeter benutzen und nebenbei noch zwei andere Beobachtungen machen, indem man es zur Strommessung als Dynamometer schaltet, d. h. die Klemmen A und B, nicht aber D gebraucht. Man ändert die Schaltung so, dass man zuerst den Hauptstrom I misst (Fig. 86) und dann den Nebenstrom $\frac{e}{W}$ (Fig. 87). Dabei setzen wir voraus, dass die in Schaltung Fig. 86 durch die bewegliche Spule hinzugekommene Selbstinduktion gegenüber der Selbstinduktion des Apparates verschwindend klein ist und dass der Widerstandszuwachs bei Schaltung Fig. 87 gegen den Vorschaltwiderstand W auch verschwindend klein ist; mit andern Worten, dass im Messinstrumente selbst weder Effektverlust durch ohmischen Widerstand, noch Phasenverschiebung durch Selbstinduktion hervorgerufen wird. Man misst dann in der Schaltung Fig. 86 den Hauptstrom I, wobei die Ablesung D_1 sein möge,

$$K\sqrt{D_1} = I,$$

und in der Schaltung Fig. 87 den Nebenstrom $\frac{e}{W}$, wobei die Ablesung D_2 sein möge,

$$K \sqrt{D_2} = \frac{e}{W}.$$

Aus diesen beiden Gleichungen erhält man durch Multiplikation

$$K^2 \sqrt{D_1 D_2} = I \frac{e}{W}.$$

Die frühere Gleichung

$$K^2 D = I \frac{e}{W} \cos \varphi$$

damit verbunden, giebt

$$\cos \varphi = \frac{D}{\sqrt{D_1 D_2}}.$$

Man kann also durch drei Messungen mit demselben Instrumente (einmal als Wattmeter und zweimal als Dynamometer benutzt) die Phasenverschiebung bestimmen, wobei bloss die drei Winkelablesungen maassgebend sind. Die Konstante des Instrumentes und den Vorschaltwiderstand braucht man nicht zu kennen.

Messung von unregelmässigen Strömen. Wir haben bisher angenommen, dass Strom und Spannung nach dem Sinusgesetz verlaufen. Es ist jedoch leicht einzusehen, dass die Effektmessung mittels des Wattmeters (Schaltung Fig. 85) auch dann vollkommen genaue Resultate giebt, wenn Strom und Spannung nach ganz beliebigen Gesetzen verlaufen. Die in der Zeit T vom Strome geleistete Arbeit ist

$$\int_0^T I e \, dt = W \int_0^T I i \, dt,$$

wobei sowohl der Hauptstrom I als auch der Strom i im Nebenschluss irgend welche beliebige Funktion der Zeit sein kann. Das der Spule bei der Torsion D ertheilte Drehmoment ist $D K^2 - I i$. Dieses ändert sich von Augenblick zu Augenblick und würde bei genügend kleiner Periodenzahl (T gross) und kleiner Masse der Spule ein Hin- und Herschwingen derselben hervorrufen. Die Masse der Spule ist jedoch genügend gross und T genügend klein, dass keine sichtbare Bewegung der Spule eintritt. Das Integral der Beschleunigung über die Zeit einer Periode genommen, muss daher 0 sein, d. h.

$$\int_0^T \left(\frac{D K^2 - I i}{m} \right) dt = 0$$

$$T D K^2 = \int_0^T I i \, dt$$

$$W D K^2 = \frac{W}{T} \int_0^T I i \, dt.$$

Nun ist $W \int_0^T I i \, dt$, wie oben ausgeführt, die in der Zeit T geleistete Arbeit, mithin ist $\frac{W}{T} \int_0^T I i \, dt$ die Leistung und wir finden somit, dass die mittels des Wattmeters gemessene Leistung

$$W D K^2 = P$$

wirklich die durch den Wechselstrom übertragene Leistung ist, was immer die Form der Strom- und Spannungskurven sein möge.

Aus dieser Formel sieht man, dass zur Bestimmung der Leistung der Widerstand W genau bekannt sein muss. Besteht derselbe aus Platinoid oder einem ähnlichen Metall mit sehr kleinem Temperaturkoefficienten, so verursacht diese Bedingung keine Schwierigkeit. Wird jedoch eine Serie von Glühlampen als Widerstand verwendet, so ist letzterer nicht konstant, sondern hängt von e ab. Man kann nun zur Bestimmung von W auf zwei Arten verfahren. Nach der einen Methode beobachtet man gleichzeitig die Ablenkung D am Wattmeter, den Strom i am Ampèremeter a_1, und die Spannung am Voltmeter v_1. Die zwei letzten Beobachtungen geben $W = e : i$, so dass die Leistung durch die Formel

$$P = \frac{e}{i} D K^2$$

ausgedrückt wird. Nun ist die gleichzeitige Beobachtung von drei Grössen etwas umständlich, und um sich die Arbeit zu erleichtern, kann man die zweite Methode verwenden, nach welcher man den Lampenwiderstand vorher sicht, indem man die Werthe von W als Funktion von e bestimmt, und in einer Kurve aufträgt. Dann braucht man bei der Effektmessung nur D und e abzulesen, und entnimmt den zu e gehörigen Werth von W aus der Kurve. Die Aichung kann mit Gleichstrom geschehen und das Ampèremeter a_1 kann dann entfernt oder kurz geschlossen werden, wodurch auch die Bedingung der Induktionslosigkeit des Nebenschlusses leichter erfüllbar wird.

Bei der Schaltung Fig. 85 fliesst durch das Wattmeter nicht nur die Leistung, welche dem Transformator T zugeführt wird, sondern auch die im Nebenschluss aufgewendete Leistung. Diese Schaltung ist also anzuwenden, wenn es sich darum handelt, die gesammte von dem Generator gelieferte Leistung zu messen. Will man jedoch bloss die Leistung messen, welche dem Transformator zugeführt wird, so muss man die Schaltung dahin abändern, dass der Nebenschluss nicht von B, sondern von A abgezweigt wird. Fig. 88.

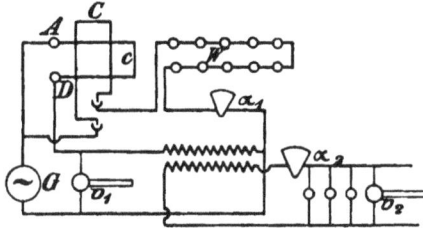

Fig. 88.

Dann fliesst durch c bloss der Primärstrom des Transformators, und die im Widerstand W aufgezehrte Leistung wird nicht mitgemessen.

Die Messung $W D K^2 = P$ giebt genau die den Primärklemmen des Transformators zugeführte Leistung. Besteht die Belastung aus Glühlampen, so stellt das Produkt von Strom und Spannung im sekundären Stromkreise die abgegebene Leistung dar. Man misst also am Ampèremeter a_2 den Strom i_2 und am Voltmeter v_2 die Spannung e_2, und findet den Wirkungsgrad

$$\eta = \frac{i_2\, e_2}{W D K^2}.$$

Bei Effektmessungen, die an hochgespannten Strömen gemacht werden, ist es nothwendig, die Schaltung so auszuführen, dass keine grossen Potentialdifferenzen im Wattmeter selbst auftreten können. Die in Fig. 89 dargestellte Schaltung ist mit jener der Fig. 88 theoretisch gleichwerthig; praktisch ist jedoch letztere vorzuziehen, da zwischen den beiden Spulen C und c nur eine ganz unbedeutende Potentialdifferenz herrscht, während in Fig. 89 zwischen diesen

Spulen die volle Potentialdifferenz des Generators auftritt. In diesem
Falle ist also ein Durchschlagen der Isolation zu befürchten. Die
Schaltung Fig. 88 ist auch deshalb vorzuziehen, weil man, ohne die
Isolation des Wattmeters anzustrengen, irgend eine seiner Klemmen
an Erde legen und sich so gegen Unfälle bei Berührung des Instru-
mentes schützen kann.

Bei Ableitung der Theorie des Wattmeters wurde betont, dass
der Nebenschlusswiderstand im Vergleich zur Selbstinduktion des
Instrumentes so gross ist, dass man die Phasenverschiebung des
Nebenschluss-Stromes als gleich 0 annehmen kann. Diese Bedingung
kann natürlich nie mit mathematischer Strenge erfüllt sein, denn die
im Dynamometer gemessene mechanische Kraft beruht ja auf der
Wechselwirkung zwischen Strom und Magnetfeld und bedingt somit
das Vorhandensein einer gewissen Selbstinduktion; aber bei sorg-

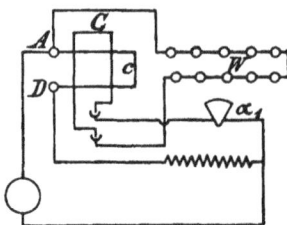

Fig. 89.

fältiger Ausführung des Instrumentes ist dieselbe so klein, dass sie
vernachlässigt werden kann. Es ist übrigens ganz leicht, für die
Selbstinduktion des Instrumentes eine Korrektion einzuführen.

Es sei Fig. 90 Oe die Klemmenspannung und Oi der Hauptstrom. Die Phasenverschiebung sei φ, so dass

$$\operatorname{tg} \varphi = \frac{2\,\pi \sim L}{W},$$

wobei $2\,\pi \sim L$ die Reaktanz und W der Widerstand des Hauptstrom-
kreises ist. Die Leistung ist $Oi \times Oa$.

Wenn das Wattmeter absolut keine Induktanz hätte, so würde
der Nebenstrom mit Oe zusammenfallen; infolge der Induktanz jedoch
bleibt der Nebenstrom um den Winkel ψ zurück und nimmt die
Lage Oi_0 ein. Sei w der Widerstand des Nebenschlusses und l sein
Selbstinduktions-Koefficient, so ist

$$\operatorname{tg} \psi = \frac{2\,\pi \sim l}{w}.$$

Infolge der Phasenverschiebung ψ zeigt das Wattmeter nicht die wirkliche Leistung $Oi \times Oa$, sondern die scheinbare Leistung $Oi \times Oc$ an, und um aus der Ablesung die wirkliche Leistung zu finden, müssen wir die Ablesung mit dem Verhältnis $\dfrac{Oa}{Oc}$ multipliciren. Ist also P' die scheinbare Leistung, die wir am Wattmeter ablesen, so ist die wahre Leistung

$$P = P' \times \frac{Oa}{Oc}.$$

Nun ist $Oa = Oe \times \cos\varphi$ und $Oc = Ob \times \cos(\varphi - \psi) = Oe \times \cos\psi \cos(\varphi - \psi)$ und mithin

$$P = P' \frac{\cos\varphi}{\cos\psi \cos(\varphi - \psi)}.$$

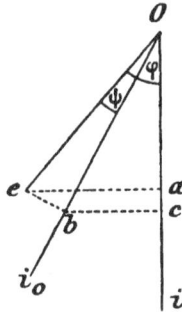

Fig. 90.

Da der Winkel ψ eine Konstante des Instrumentes ist, so kann man ihn ein für alle Mal vorausbestimmen. Die Phasenverschiebung $(\varphi - \psi)$ zwischen Haupt- und Nebenstrom kann man aus

$$\cos(\varphi - \psi) = \frac{D}{\sqrt{D_1 D_2}}$$

bestimmen und mithin auch die Phasenverschiebung φ zwischen der E.M.K. und dem Hauptstrom. Das Korrektionsglied in der Gleichung für P ist also ganz leicht bestimmbar. Wir können dasselbe auch in die Form bringen

$$\frac{1 + \operatorname{tg}^2\psi}{1 + \operatorname{tg}\varphi \operatorname{tg}\psi}.$$

Ist $\psi < \varphi$, so wird dieser Ausdruck kleiner als 1 und die am Wattmeter abgelesene Leistung ist grösser als die wirkliche Leistung.

12*

Ist jedoch φ sehr klein (z. B. bei Belastung des Transformators mit Glühlampen) und ψ verhältnismässig gross, so kann es kommen, dass $\psi > \varphi$ ist, und dann giebt das Wattmeter einen geringeren als den wirklichen Werth der Leistung an. Das Gleiche ist der Fall, wenn der Nebenstromkreis erhebliche Kapacität hat und so ψ negativ wird.

Für zwei besondere Werthe von ψ wird das Korrektionsglied gleich 1 und das Wattmeter giebt die wahre Leistung an; erstens wenn $\psi = 0$, d. h. wenn das Instrument so genau gearbeitet ist, dass bei einem sehr grossen Widerstand im Nebenschluss noch genaue Ablesung möglich ist; zweitens wenn $\psi = \varphi$, d. h. wenn die Phasenverschiebung im Nebenschluss genau gleich ist jener im Hauptstromkreise. Der in der Praxis am häufigsten vorkommende Fall ist, dass ψ einen positiven und sehr kleinen Werth hat, und dass $\varphi > \psi$ ist. Dann ist das Korrektionsglied kleiner als 1 und erreicht sein Minimum für $\psi = \dfrac{\varphi}{2}$. Die grösste mögliche Korrektion ist dann $\dfrac{\cos \varphi}{\cos \frac{\varphi}{2}}$ und dieser Ausdruck giebt uns auch die Fehlergrenze, wenn man die Korrektion vernachlässigt. Die folgende Tabelle zeigt diese Grenzwerthe für verschiedene Werthe der Phasenverschiebung φ.

φ	Abgelesene Leistung	Die wirkliche Leistung ist gleich oder grösser als	Der Fehler ist gleich oder kleiner als
5°	1000 Watt	998,5 Watt	0,15 %
10°	1000 -	994,6 -	0,54 %
15°	1000 -	982,7 -	1,73 %
20°	1000 -	968,8 -	3,12 %
25°	1000 -	950,8 -	4,92 %
30°	1000 -	928,2 -	7,18 %

Andere Methoden der Effektmessung. Ein sorgfältig konstruirtes Wattmeter ist entschieden das bequemste und genaueste Instrument zur Effektmessung. Wenn man jedoch ein solches nicht zur Hand hat, kann man sich auch anderer, allerdings nicht ebenso bequemer Methoden bedienen. Dabei sind zwei Fälle zu unterscheiden: a) die Energie wird im Messapparate selbst in Wärme umgesetzt; b) sie muss gemessen werden, während sie den Messapparat durchfliesst und an einer anderen Stelle in Wärme umgesetzt oder sonstwie verwerthet wird. Man kann diese zwei Arten

der Messungen als Absorptions- und Transmissionsmethoden bezeichnen.

Als Beispiel der Absorptionsmethode möge die Messung der von
einem Wechselstromgenerator abgegebenen Energie dienen. Die
Maschine arbeitet auf einen metallischen Widerstand, der nicht in-
duktionsfrei zu sein braucht, jedoch aus einem Material bestehen
soll, welches einen möglichst kleinen Temperatur-Koefficienten hat
(Platinoid, Manganin, Nickelin etc.). Zur Messung gebraucht man
ein genaues Ampèremeter und eine Wheatstonesche Brücke. Man
beobachtet den Strom bei Dauerbetrieb, d. h. nachdem der Widerstand seine höchste Temperatur erreicht hat, und stellt dann den
Betrieb ein. So schnell als möglich darauf misst man den Widerstand auf der Brücke und wiederholt die Messung in Intervallen von
etwa 10 Sekunden, um das Gesetz der Abnahme des Widerstandes
in gleichen Zeitintervallen zu ermitteln. Der Widerstand wird dann
als Funktion der Zeit in einer Kurve aufgetragen, und diese nach
rückwärts verlängert, bis zu dem Zeitpunkte, wo der Strom unterbrochen wurde. Die zugehörige Ordinate giebt den wirklichen
Widerstand W, den der Strom i zu überwinden hatte, und die
Leistung kann dann nach der Formel $P = i^2 W$ berechnet werden.
Bei zweckmässiger Einstellung der Brücke und Anordnung der
Schalter kann man rasch arbeiten und so einen sehr hohen Grad
von Genauigkeit in der Messung erzielen.

Ein anderes Beispiel der Absorptionsmethode ist die Messung
der in einem Transformator verlorenen Leistung mittels Temperatur-
beobachtungen. Man misst bei Dauerbetrieb die Temperaturerhöhung
des Transformators, schaltet dann den Wechselstrom ab und sendet
durch die Hochspannungsspule einen Gleichstrom, dessen Stärke so
regulirt wird, dass die Temperaturerhöhung die gleiche bleibt. Die
durch den Gleichstrom zugeführte Leistung ist dann gleich jener,
welche früher bei Betrieb mit Wechselstrom im Transformator verloren ging. Die Leistung des Gleichstromes kann durch Spannung
und Strommessung leicht bestimmt werden. Zur Temperaturmessung
empfiehlt es sich, ein Weingeistthermometer zu verwenden, da im
Quecksilber durch das Wechselstromfeld Wirbelströme entstehen und
so die Angabe des Quecksilberthermometers ungenau wird. Diese
Methode der Messung ist zeitraubend und erfordert viel Uebung
und persönliche Geschicklichkeit, um einigermaassen genaue Resultate
zu geben.

Unter den Transmissionsmethoden sind zu erwähnen die Messung mittels Wattmeter, die oben schon behandelt wurde, und die sogenannte „Drei-Voltmeter-Methode" von Ayrton, und „Drei-Ampèremeter-Methode" von Fleming.

Drei-Voltmeter-Methode. In Fig. 91 ist G der Generator, a ein Ampèremeter, W ein induktionsloser Widerstand, und T der Transformator. Ein Voltmeter wird zwischen die Hauptleitungen gelegt, um die gesammte Spannung e anzugeben, ein anderes Volt-

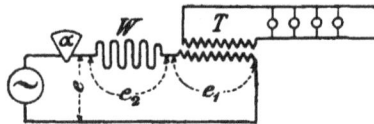

Fig. 91.

meter wird mit den Klemmen der Primärspule von T verbunden, und zeigt die Spannung e_1 an, und ein drittes Voltmeter zeigt die Spannung e_2 zwischen den Klemmen des Widerstandes an. Statt drei besondere Voltmeter zu benützen, kann man auch ein einziges verwenden, welches durch eine entsprechende Wippe in rascher Reihenfolge mit den betreffenden Punkten des Stromkreises verbunden wird, so dass die Werthe e, e_1, e_2 mit dem gleichen Instrument beobachtet werden. Diese Einrichtung ist nicht nur einfacher, sondern auch genauer, weil Aichungsfehler weniger schwer ins Gewicht fallen. Das Vektordiagramm ist in Fig. 92 dargestellt. $O\,I$ ist der Strom, $O\,E_1 = e_1$ ist die Spannung zwischen den Klemmen des Transformators und $E_1\,E = e_2$ jene zwischen den Klemmen des Widerstandes. Da letzterer induktionslos ist, muss $E_1\,E$ der Linie $O\,I$ parallel sein. $O\,E = e$ ist die Gesammtspannung. Die Wattkomponente der Klemmenspannung e_1 ist $e_w = O\,A$ und die Leistung ist $O\,I \times O\,A$. Da nun der Transformator Induktanz hat, so ist $E_1\,A = E\,B = e_s$, d. h. gleich der E.M.K. der Selbstinduktion, und es bestehen die Gleichungen

$$e_s{}^2 = e_1{}^2 - e_w{}^2$$
$$e_s{}^2 = e^2 - (e_w + e_2)^2,$$

woraus durch einfache Umrechnung folgt

$$e_w = \frac{e^2 - e_1{}^2 - e_2{}^2}{2\,e_2}.$$

Die Leistung ist also gegeben durch den Ausdruck

$$P = i\, \frac{e^2 - e_1{}^2 - e_3{}^2}{2\,e_2}\,.$$

Zur Bestimmung derselben sind also vier Ablesungen nöthig, nämlich drei für Spannung und eine für Strom. Wenn man den Widerstand von W genau kennt, so kann man die Strommessung weglassen und die Leistung nach der Formel berechnen

$$P = \frac{e^2 - e_1{}^2 - e_2{}^2}{2\,W}\,.$$

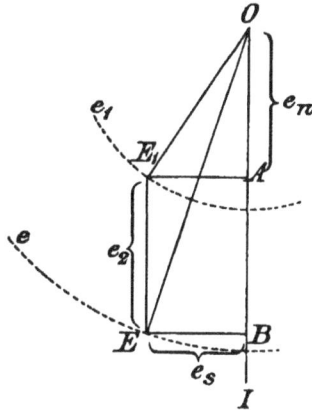

Fig. 92.

Das ist die Leistung, welche dem Transformator zugeführt wird. Will man die vom Generator abgegebene Leistung bestimmen, so muss man zu P noch $\frac{e_2{}^2}{W}$ addiren und erhält

$$P' = \frac{e^2 + e_2{}^2 - e_1{}^2}{2\,W}\,.$$

Anstatt P nach obiger Formel zu berechnen, kann man die Wattkomponente von e_1 auch graphisch finden, indem man mit e_1 und e Kreisbogen zeichnet und eine senkrechte Linie parallel zu sich selbst so lange verschiebt, bis das zwischen den beiden Kreisbogen abgeschnittene Stück genau gleich e_2 ist. Das giebt die Lage des Punktes E_1 und mithin die Länge $OA = e_w$. Die Leistung ist dann $P = e_w\,i$. Aus dem Diagramm ist ohne Weiteres ersichtlich, dass ein kleiner Fehler in der Bestimmung der Spannungen einen um so grösseren Fehler im Resultat erzeugen muss, je näher der Kreis e_1 an O oder an e liegt. Die Konstruktion wird offenbar am genauesten, wenn e_1 ungefähr den halben Radius von e hat. Es empfiehlt sich also, den Widerstand W so zu wählen, dass e_2 von e_1 nicht sehr verschieden ist. Es muss dann e erheblich grösser als e_1 sein, d. h. man muss eine Stromquelle zur Verfügung haben, welche eine erheblich höhere Spannung giebt, als der zu untersuchende Apparat braucht. Wo man eine entsprechende Maschine zur Verfügung hat oder durch Herauftransformiren die Spannung entsprechend erhöhen kann, ist die eben beschriebene Methode sehr bequem und genau; hat man aber weder eine Maschine noch einen Transformator zur Erzeugung der höheren Spannung, so ist diese Methode nicht anwendbar, und man muss die

Drei-Ampèremeter-Methode verwenden. Das ist eine von Dr. Fleming angegebene Abänderung der Ayrton'schen Methode und wird besonders dann mit Vortheil angewendet, wenn man den Strom von einem Elektricitätswerk unter der Spannung

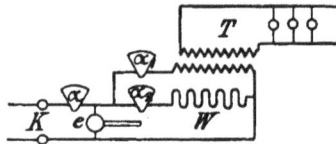

Fig. 93.

bezieht, für welche der Transformator gebaut ist. Die Anordnung ist in Fig. 93 dargestellt. K sind die Klemmen der Stromzuleitung, α ist ein Ampèremeter, welches den Gesammtstrom anzeigt, und α_1 und α_2 sind Ampèremeter, welche seine beiden Komponenten anzeigen. W ist ein induktionsloser Widerstand, und T ist der zu untersuchende Transformator. In Fig. 94 ist OE der Spannungsvektor, i_1 der Primärstrom von T und i_w seine Wattkomponente; i_2 ist der Strom in W, dessen Vektor zu OE natürlich parallel ist. Dann muss offenbar

$$i_1{}^2 - i_w{}^2 = i^2 - (i_w + i_2)^2$$

sein, woraus die Leistung

$$e\, i_w = P = \frac{e}{2} \, \frac{(i^2 - i_1{}^2 - i_2{}^2)}{i_2} \, .$$

Kennt man den Widerstand W genau, so braucht man e nicht
zu messen und kann die Leistung nach der Formel berechnen

$$P = \frac{W}{2} \, (i^2 - i_1^2 - i_2^2).$$

Auch hier empfiehlt es sich, zur Erzielung grösstmöglicher
Genauigkeit dem Widerstand W einen solchen Werth zu geben, dass
i_2 von i_1 nicht zu sehr verschieden ausfällt.

Bei der Ableitung beider Methoden haben wir das Vektordiagramm benützt und stillschweigend die Voraussetzung gemacht, dass
die Spannung sowohl als auch der Strom Sinusfunktionen sind. Es
fragt sich nun, ob diese Methoden auch dann anwendbar bleiben,
wenn Strom und Spannung nicht nach dem Sinusgesetz, sondern
nach irgend einer Funktion der Zeit variiren. Dass das Wattmeter

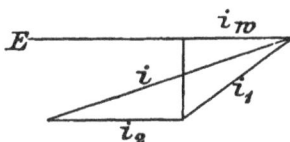

Fig. 94.

für alle Ströme genaue Resultate giebt, wurde schon bewiesen, und
da man bei gleichzeitiger Messung mit dem Wattmeter und nach
einer der anderen hier besprochenen Methoden immer zu denselben
Resultaten kommt, so zeigt dieses, dass diese Methoden auch für
Ströme aller Formen anwendbar sind. Es lässt sich das übrigens
auch noch ganz allgemein beweisen. Für unseren Zweck genügt es,
diesen Beweis für die Drei-Voltmeter-Methode zu führen; seine Anwendung auf die Drei-Ampèremeter-Methode kann dem Leser über-
lassen bleiben. Bezeichnen wir mit kleinen Buchstaben die tempo-
rären Werthe von Strom und Spannung, so ist zu irgend einer Zeit t

$$e = e_1 + e_2$$

$$i = \frac{e_2}{W}.$$

Die in diesem Augenblicke durch den Apparat fliessende
Leistung ist

$$p = i \, e_1 = \frac{e_1 \, e_2}{W}.$$

Da $e^2 = e_1^2 + 2 \, e_1 \, e_2 + e_2^2$, so ist

$$e^2 = e_1{}^2 + 2pW + e_2{}^2$$

und mithin

$$p = \frac{1}{2W}(e^2 - e_1{}^2 - e_2{}^2).$$

Die in der Zeit einer Periode geleistete Arbeit ist $\int\limits_0^T p\,dt$ und mithin die effektive Leistung

$$P = \frac{1}{T}\int\limits_0^T p\,dt$$

$$P = \frac{1}{2W}\,\frac{1}{T}\,(\int\limits_0^T e^2\,dt - \int\limits_0^T e_1{}^2\,dt - \int\limits_0^T e_2{}^2\,dt).$$

Nun sind aber die Ausdrücke von der Form $\frac{1}{T}\int\limits_0^T e^2\,dt$ nichts anderes als die quadratischen Mittelwerthe der Spannungen, d. h. die Quadrate der an den Voltmetern abgelesenen sog. effektiven Spannungen. Bezeichnen wir jetzt diese mit den Buchstaben e, e_1 und e_2, so finden wir den gleichen Ausdruck für die Leistung, der unter Benützung des Vektordiagrammes abgeleitet wurde, nämlich

$$P = \frac{1}{2W}(e^2 - e_1{}^2 - e_2{}^2).$$

Da dieses Resultat unter der Annahme erhalten worden ist, dass die Strom- und Spannungskurven von ganz beliebiger Form sind, so ist damit der Beweis geliefert, dass die Drei-Voltmeter-Methode in allen Fällen anwendbar ist.

Die Prüfung von Transformatoren. Mittels der verschiedenen hier angegebenen Messmethoden kann man Leistung und Wirkungsgrad eines Transformators bestimmen, vorausgesetzt, dass eine geeignete Stromquelle und ein Apparat zur Aufnahme des sekundären Stromes zur Verfügung steht. Da jedoch der Wirkungsgrad der Transformatoren meist sehr hoch ist, so macht seine unmittelbare Bestimmung aus der zugeführten und wiedergewonnenen Leistung insofern Schwierigkeiten, als kleine Fehler bei der Messung dieser Leistungen ziemlich grosse Fehler im berechneten Verhältnis beider hervorbringen können. Denken wir uns z. B., dass die wirklich zugeführte Leistung 100 und die wirklich abgegebene Leistung 97 sei,

dass man aber bei beiden Messungen einen Fehler von 1 % macht,
und zwar negativ im ersten und positiv im zweiten Fall. Man würde
also messen: Zugeführte Leistung 99; wiedergewonnene Leistung 98.
Nach dieser Messung würde der Wirkungsgrad scheinbar 99 % sein,
anstatt 97 %, wie es wirklich der Fall ist. Um den Einfluss von
Messfehlern möglichst zu vermindern, empfiehlt es sich daher, den
Wirkungsgrad nicht direkt durch Messung der zu- und abgeführten
Leistung zu bestimmen, sondern auf folgende Weise zu verfahren:
Man misst zwei gleiche Transformatoren zusammen, und zwar in der
Weise, dass die aus dem ersten Transformator entnommene Leistung
zur Speisung des zweiten verwendet wird und die aus dem zweiten
Transformator entnommene Leistung unter Zusatz von Leistung,
welche von einer äusseren Stromquelle geliefert wird, die Speisung

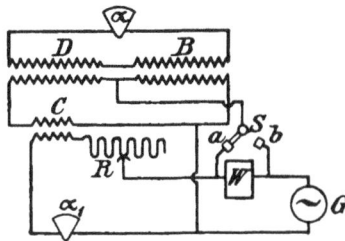

Fig. 95.

des ersten Transformators besorgt. Es handelt sich hier also gewissermaassen um eine Cirkulation von Leistung zwischen den beiden
Transformatoren, wobei bloss der Leistungverlust von aussen her ge-
deckt wird. Man misst dann die gesammte cirkulirende Leistung
und den Leistungsverlust. Da letzterer verhältnismässig klein ist,
so haben Fehler bei der Messung auf das Endresultat weniger Einfluss als bei der direkten Methode. Die Anordnung ist in Fig. 95
dargestellt. D und B sind die beiden zu prüfenden Transformatoren,
und C ist ein kleiner Zusatztransformator, welcher die Circulation
des Stromes durch die Primärspulen bewerkstelligt. In den primären
Stromkreis von C wird ein induktionsloser Rheostat R geschaltet,
damit man durch Verschieben des Kontaktes im Stande ist, die Zu-
satz-E.M.K im primären Stromkreis der Haupttransformatoren so zu
regeln, dass der normale Sekundärstrom durch das Ampèremeter a
fliesst. Die Schaltung der Transformatoren D und B muss natürlich derart gemacht werden, dass die E.M.-Kräfte sich entgegenwirken.

Würde man nun bloss den Transformator C anschliessen und durch den Generator G betreiben, so könnte man allerdings die vollen Stromstärken in den Transformatoren D und B erzielen, aber nicht die richtige Klemmenspannung. Um diese zu erhalten, muss der Generator in der gezeichneten Weise mit den Primärspulen von D und B verbunden werden. Würde man nun den Transformator C durch Ausschalten des Rheostaten unwirksam machen und seine Sekundärspule kurz schliessen, so würde die Maschine G nur den Leerlaufstrom für beide Transformatoren zu liefern haben und, da beide genau gleich sind, würde kein Strom in a angezeigt werden. Schaltet man nun C ein, so bleibt die Klemmenspannung an D und B bestehen; es fliesst aber Effekt von einem Transformator zum andern, und a zeigt einen Strom an. Nun stellt man den Rheostaten so ein, dass dieser Strom den normalen Werth hat. Dann sind beide Transformatoren mit der normalen Spannung und der normalen Stromstärke belastet. Man schaltet nun ein Wattmeter W in die Zuleitung vom Generator ein und misst die Leistung, welche gebraucht wird, um alle Verluste zu decken. Diese sind: Stromwärme in R und Verluste in D, B und C. Da man den Wirkungsgrad des kleinen Zusatztransformators kennt, so lässt sich der Verlust in demselben berechnen, wenn man die zugeführte Leistung kennt. Mit dem Wattmeter ist ein Schalter S verbunden. Steht der Schalthebel auf dem Kontakt a, so misst das Wattmeter die gesammte von der Maschine abgegebene Leistung; dieselbe sei P_1. Steht der Hebel auf b, so misst das Wattmeter die Leistung, welche dem Transformator C und Rheostaten R zugeführt wird; dieselbe sei P_c. Der Primärstrom i von C wird an a_1 abgelesen. Bedeutet w den Widerstand des Rheostaten bei der entsprechenden Stellung seines Schleifkontaktes, so ist die Leistung, welche C erhält, $P_c - i^2w$. Ist η' der Wirkungsgrad des kleinen Transformators, so giebt er $\eta'\,(P_c - i^2w)$ sekundär ab. Die Maschine giebt primär an die beiden Transformatoren $P_1 - P_c$, und somit ist der Verlust in den beiden Transformatoren D und B

$$P_v = P_1 - P_c + \eta'\,(P_c - i^2w).$$

Es sei P die Leistung und η der Wirkungsrad des Transformators D. Es erhält also D primär P Watt und giebt $\eta\,P$ Watt ab. B erhält $\eta\,P$ Watt und giebt an den Hochspannungsklemmen η^2P Watt ab. Wir haben also

$$P_v = P - \eta^2 P$$

$$\eta = \sqrt{\frac{P - P_v}{P}}.$$

Aus dieser Gleichung sieht man, dass ein mässiger Fehler in der Messung von P_v nur einen sehr kleinen Fehler in der Bestimmung des Wirkungsgrades hervorrufen kann. Nach unserem früheren Beispiel würde für $P = 100$ $P_v = 6$ sein. Wenn wir genau messen, so bekommen wir $\eta = \frac{1}{10} \sqrt{94} = 0{,}9695$. Nehmen wir nun an, dass wir wie früher in der Bestimmung der Gesammtleistung einen Fehler von $1\,\%$ und in der Bestimmung der Verluste P_v sogar einen Fehler von $5\,\%$ machen, so kann der Fehler in der Berechnung des Wirkungsgrades höchstens $\frac{1}{4}\,\%$ betragen. Diese Methode, den Wirkungsgrad zu bestimmen, ist also viel genauer als die Methode der direkten Messung. Sie hat übrigens noch zwei Vortheile; erstens braucht man keinen Widerstand oder anderen Apparat, welcher die ganze von der Sekundärspule abgegebene Leistung aufzunehmen im Stande ist, und zweitens braucht die Stromquelle nur stark genug zu sein, um die Verluste zu decken. Beides sind wesentliche Vortheile, wenn es sich um die Untersuchung von grossen Transformatoren handelt.

Die Erwärmung wird am besten auf folgende Art bestimmt. Man bringt die Transformatoren durch Erhitzen in einem heissen Raume oder mittels Gleichstroms auf die voraussichtliche Endtemperatur und betreibt sie dann mit Wechselstrom unter Anwendung der Schaltung Fig. 95. Die Temperatur wird dann mittels Weingeistthermometer von Zeit zu Zeit gemessen, und die Werthe werden als Funktion der Zeit graphisch aufgetragen, wobei die Messungen so lange fortgesetzt werden, bis die Temperaturkurve horizontal verläuft.

Wenn Wechselstrom aus einem Elektricitätswerk zur Verfügung steht, kann die vorhergehende Erwärmung unterbleiben. Die Transformatoren werden dann gleich von Anfang an nach Fig. 95 eingeschaltet und bleiben so lange im Betrieb, bis die Endtemperatur erreicht ist. Der Spannungsabfall wird entweder direkt bei Belastung und unter den normalen Betriebsverhältnissen bestimmt, oder man kann nach der im 6. Kapitel angegebenen Methode verfahren. Letzteres ist einfacher und genauer.

Die Isolationsmessungen macht man am besten, nachdem die Endtemperatur erreicht ist; auch empfiehlt es sich, die Widerstandsfähigkeit der Isolirung dadurch zu prüfen, dass man bei sonst vollkommen von Erde isolirten Stromkreisen vorübergehend folgende Verbindungen ausführt: a) eine Primärklemme mit einer Sekundärklemme, b) eine Primärklemme mit Erde, c) eine Sekundärklemme mit Erde.

Untersuchung von Blechen. Die für solide Eisenstäbe üblichen Methoden zur Bestimmung der Permeabilität und der Hysteresisschleife sind bei Blechen nicht gut anwendbar, weil es nicht leicht möglich ist, einen zuverlässigen magnetischen Kontakt zwischen dem Muster und den übrigen Theilen des Apparates herzustellen. Man kann allerdings mittels der ballistischen Methode die Hysteresisschleife von ringförmig ausgestanzten Blechen bestimmen, aber das erfordert die Herstellung einer Wickelung für jedes Muster und giebt das Resultat nur indirekt. Was man bestimmen muss, ist die Hysteresisarbeit bei der normalen Periodenzahl. Die ballistische Methode giebt die Hysteresisschleife bei schrittweiser Aenderung der Induktion. Aus dieser Schleife kann die Hysteresisarbeit berechnet werden, nicht jedoch die Verluste durch Wirbelströme. Es ist deshalb besser, die Eisenverluste unmittelbar mittels Wattmeters zu messen, indem man ein bekanntes Gewicht von Blechen der Induktion, und zwar bei normaler Periodenzahl aussetzt. Dabei wird natürlich die Leistung, welche in Wirbelströmen verloren geht, mit gemessen. Die Permeabilität kann auf diese Weise nicht gemessen werden, sie lässt sich jedoch rechnerisch mit ziemlich guter Annäherung aus dem Leistungsfaktor fertiger Transformatoren unter Berücksichtigung des Leerlaufstromes bestimmen. Transformatoren, welche zu dieser Messung dienen sollen, dürfen aber natürlich keine Stossfugen haben.

Eine sehr einfache Methode, Bleche zu prüfen, besteht darin, dass man die Musterbleche in der für den Transformator nöthigen Form ausstanzt und in eine Spule einbaut. In den Stromkreis wird ein Wattmeter eingeschaltet und die Leerlaufleistung bestimmt. Die Induktion findet man aus der Klemmenspannung, Periodenzahl, der Windungszahl und dem Eisenquerschnitt nach der Formel

$$E = 4,44 \sim n\,A\,\mathfrak{B}\,10^{-8},$$

wobei der Widerstand der Spule, der ausserordentlich klein gemacht werden kann, vernachlässigt wird. Der Gesammtverlust setzt sich zusammen aus dem Hysteresisverlust und dem Wirbelstromverlust. Bleibt die Induktion bei wechselnder Periodenzahl konstant, so variirt der Wirbelstromverlust mit dem Quadrate der Periodenzahl. Man kann ihn also vom Hysteresisverlust getrennt bestimmen, wenn man E verhältnismässig mit $\sim$ variirt und jedesmal den Gesammtverlust bestimmt. Nehmen wir an, dass wir zwei Messungen machen bei den Periodenzahlen $\sim_1$ und $\sim_2$ und dabei die Verluste P_1 und P_2 finden, so ist

$$P_1 = h\sim_1 + f\sim_1{}^2$$
$$P_2 = h\sim_2 + f\sim_2{}^2.$$

wobei h und f Koefficienten sind, die von der Hysteresis und den Wirbelströmen abhängen. Diese Koefficienten können aus den zwei Gleichungen bestimmt werden; man findet dann die Werthe der Hysteresis- und Wirbelstromverluste getrennt

$$P_h = h\sim_1$$
$$P_f = f\sim_1{}^2$$

für die Periodenzahl $\sim_1$ und in gleicher Weise für jede andere Periodenzahl.

Bei der eben beschriebenen Methode der Untersuchung ist vorausgesetzt, dass die Musterbleche in der Form ausgestanzt werden, die für die Zusammenstellung des Eisenkörpers nöthig ist. Nun ist es nicht immer bequem, die Stücke gerade in dieser Form herstellen zu lassen, da man dabei besondere Vorrichtungen zum Ausstanzen braucht. Es ist deshalb besser, die Untersuchung an Mustern von einfacherer Gestalt, etwa in der Form von Streifen, vorzunehmen, weil diese mit den Scheeren, die in jedem Werke vorhanden sind, zugeschnitten werden können.

Fig. 96 stellt einen Apparat zur Untersuchung von Transformatorblechen dar, welchen Herr v. Dolivo-Dobrowolsky für diesen Zweck ersonnen hat[1]). Der Apparat besteht im wesentlichen aus zwei mit Spulen versehenen ⌴ förmigen Magnetkernen ns, die aus isolirten Blechen zusammengesetzt sind und entweder unmittelbar oder unter Einfügung des zu untersuchenden und aus isolirten Blechstreifen bestehenden Musterstückes A aneinander gelegt werden können. Im ersten Falle werden die Spulen derart geschaltet, dass

---

[1]) E.T.Z. 1892, Heft 30, S. 406.

beide den magnetischen Fluss in demselben Sinne treiben; im zweiten
Falle werden sie entgegengesetzt geschaltet, so dass bei n und s
konsequente Pole entstehen und der magnetische Fluss durch das
Muster getrieben wird. Das Umschalten geschieht mittels des Doppel-
schalters B. Es sind ferner in den Stromkreis eingeschaltet ein
Wattmeter, ein Dynamometer und ein Voltmeter, das in der Figur
mit Card. bezeichnet ist. Man bestimmt nun zunächst bei magnetischer
Serienschaltung der Spulen den Effektverlust bei verschiedenen
Werthen der Induktion, welche aus den konstruktiven Daten des
Apparates und der am Voltmeter abgelesenen Spannung berechnet

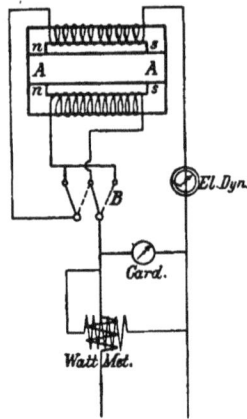

Fig. 96.

werden. Dann legt man das Muster ein, schaltet die Magnete parallel nnd wiederholt die Messungen. Der Querschnitt des Musters
soll ungefähr doppelt so gross sein wie jener der Magnete, so dass
die Induktion im ganzen System die gleiche ist. Dann stellt die
Differenz der Verluste den im Muster stattfindenden Verlust dar.
Diese Methode leidet jedoch an dem Uebelstande, dass die magnetische Streuung sich sehr wesentlich ändert, wenn das Muster eingesetzt wird. Bei magnetischer Serienschaltung ist die Streuung
verschwindend klein. Die am Voltmeter abgelesene Spannung ist
also wirklich ein Maass für die Induktion. Wird jedoch das Muster
eingeschoben, so muss zwischen den Flächen n und s eine erhebliche magnetische Potentialdifferenz herrschen, welche durch den
magnetischen Widerstand der Fugen und des Musters selbst bedingt

ist. In Folge dessen findet Streuung statt, und die Induktion ist
in der Mitte der Magnetkerne grösser als an deren Enden und an
den Enden grösser als in der Mitte des Musters. Die beobachtete
Spannung ist also jetzt nicht mehr ein genaues Maass für die Induktion, und die Bestimmung des Verlustes als Funktion der Induktion
kann nicht ganz genau sein.

Dieser Uebelstand ist in dem vom Verfasser konstruirten
Apparat zur Untersuchung von Blechmustern behoben. Die Muster
werden dabei auch aus Streifen zu einem Kern zusammengesetzt,
welcher die eine längere Seite eines rechteckigen Rahmens bildet.
Die anderen drei Seiten werden von ⌊⌋ förmig ausgestanzten Blechen

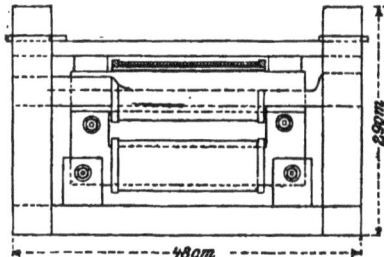

Fig. 97.

gebildet. Fig. 97 zeigt diese Anordnung[1]). Beide längeren Seiten
sind von Spulen umgeben, wobei die obere Spule weit genug ist,
um das Einschieben des Musters bequem zu gestatten. Die Spulen
sind so geschaltet, dass beide den magnetischen Fluss in der gleichen
Richtung treiben, also keine Streuung stattfindet. Die Spannung
wird an den Klemmen der oberen Spule abgenommen, ist also ein
direktes Maass für die Induktion im Muster. Es wird nun zunächst ein Muster aus demselben Material hergestellt wie der feste
Kern und der Verlust als Funktion der Induktion mittels Wattmeter
und Voltmeter bestimmt. Dieser Verlust wird dann dem Gewicht
der beiden Eisenkörper entsprechend zwischen dieselben vertheilt.
Man findet auf diese Weise den Verlust für den festen Eisenkörper
als Funktion der Induktion. Bringt man nun ein Muster ein und
bestimmt den Gesammtverlust, so ergiebt sich der Verlust im Muster
aus der Differenz zwischen dem Gesammtverlust und dem ent-

---

[1]) E.T.Z. 1894, Heft 19, S. 265.

sprechenden Werthe des Verlustes im festen Eisenkörper. Auch bei
diesem Apparate muss der Querschnitt des Musters gleich sein dem
des festen Eisenkörpers.   Ein Fehler dieses Apparates liegt darin,
dass das Gewicht des Musters weniger als halb so gross ist, als
jenes des ganzen Eisenkörpers.   In Folge dessen hat ein bei der
Messung gemachter Fehler auf das Muster übertragen etwa den dreifachen wirklichen Werth.   Um diesen Uebelstand zu vermeiden, hat
die Maschinenfabrik Oerlikon den Apparat dadurch verbessert, dass
das gesammte im Rahmen enthaltene Eisen aus Musterblechen hergestellt wird.   Die Bleche werden in L Form ausgestanzt und so
zusammengelegt, dass ein rechteckiger Rahmen gebildet wird. Die
Vorbereitung des Musters ist allerdings dabei etwas umständlicher,
man hat aber den Vortheil grösserer Genauigkeit, als sich mit dem
Apparat des Verfassers erzielen lässt.

Ein anderer Apparat zur raschen und bequemen Bestimmung
des Hysteresisverlustes in Blechmustern ist von Prof. Ewing angegeben worden[1]).   Der Grundgedanke seines Apparates ist die rein
mechanische Bestimmung der Arbeit, welche durch die Umkehrung
des Magnetismus in den zu untersuchenden Mustern von Blechen
verbraucht wird.   Die Musterbleche werden in Streifen von 76 mm
Länge und 16 mm Breite geschnitten, und ein Bündel solcher Streifen
wird in den Apparat eingesetzt.

Die Umkehrung der Magnetisation geschieht durch Drehung
einer Kurbel, und das Resultat wird an Zeiger und Skala abgelesen.
Bei den dünnen für Transformatoren gebrauchten Blechen genügen
6 bis 8 Streifen, welche in den Träger a, Fig. 98, eingesetzt und
durch Schraubenklemmen b festgehalten werden.   Der Träger wird
mittels Friktionsrolle c und Antriebsrad d von Hand in Rotation
gesetzt.   Die Enden der Blechstreifen werden so abwechselnd vor
den Polen eines permanenten Magneten vorbeigeführt und die mechanische Arbeit, welche durch Hysteresis verbraucht wird, erzeugt ein
Drehmoment, welches den Magneten aus seiner Ruhelage ablenkt.
Der Magnet ist auf Messerschneiden montirt und entsprechend be-
schwert, so dass der oben durch den Zeiger an der Skala angegebene
Ablenkungswinkel ein Maass für das Drehmoment bildet.   Da bei
jeder Umdrehung ein bestimmter Arbeitswerth verbraucht wird, so
ist die Ablenkung von der Geschwindigkeit der Drehung unabhängig,

---

[1]) E.T.Z. 1895, Heft 19, S. 292.

so lange nur die Geschwindigkeit nicht so bedeutend ist, dass Wirbelströme entstehen. Der Ausschlag des Magneten ist durch einen unten
aufgestellten Katarakt gedämpft und kann durch das Gewicht g,
welches auf einem Schraubstift verstellbar ist, innerhalb der gewünschten Grenzen gehalten werden.

Für den Transport kann der Magnet durch die Stellschraube h
von den Messerschneiden abgehoben werden. Die Einstellung auf

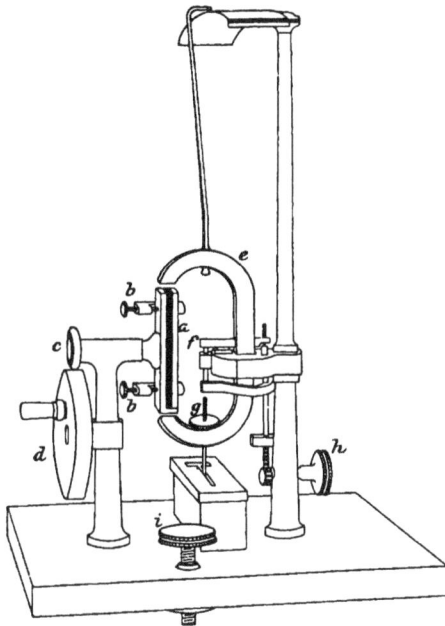

Fig. 98.

Null geschieht mittels einer seitlichen Schraube und nebenbei noch
mittels der Nivellirschraube i. Beim Gebrauch wird das Muster in
einer Lehre genau auf die vorgeschriebene Länge abgefeilt und dann
eingesetzt. Man dreht zuerst in der einen und dann in der anderen
Richtung und nimmt die Summe der beiden Ablesungen als die
totale Ablenkung. Die Ablenkung ist sehr nahezu dem Hysteresisverlust in dem Muster proportional, selbst wenn die Permeabilität
der verschiedenen Muster in weiten Grenzen differirt, was durch
den grossen Luftzwischenraum zwischen den Polen des Magneten

13*

und den Endflächen des Musters erklärt wird. Die Grösse und
Stärke des Magneten sind so gewählt, dass die Induktion bei der
normalen Dicke der Muster 4000 C.G.S.-Einheiten beträgt; sie kann
jedoch durch Verminderung der Zahl der eingeklemmten Musterbleche vergrössert und durch Vermehrung dieser Zahl entsprechend
vermindert werden.

Ewing fand, dass es nicht nothwendig ist, die Muster gegenseitig genau abzuwägen, indem der Ausschlag sich bei Veränderung
der Zahl der Bleche, welche eingeklemmt sind, nur wenig ändert.
Er empfiehlt, das Gewicht des Musters annähernd dem von etwa
7 Blechen von 0,34 mm Dicke gleich zu machen. Man würde also
bei Untersuchung von Blechen für Dynamoanker, welche dicker sind
als die Bleche für Transformatoren, eine entsprechend kleinere Zahl
von Musterstreifen in den Apparat einzufügen haben.

Der Apparat wird geaicht durch Versuche an Blechen, deren
Hysteresis vorher durch die ballistische Methode genau bestimmt
wird. Für den praktischen Gebrauch werden dem Instrumente zwei
Bündel von Musterblechen beigegeben, nebst einer Tabelle, welche
die für diese Muster auf ballistischem Wege bestimmte Hysteresis
enthält. Sind andere Bleche zu untersuchen, so beobachtet man
zuerst die Ablenkung mit den Normalmustern und dann jene mit
den zu untersuchenden Blechen. Das Verhältnis der beiden Ab-
lenkungen giebt sofort das Verhältnis in den Hysteresisverlusten an.
Auf diese Weise wird das Ergebnis der Prüfung von etwaigen
Aenderungen in der Stärke des permanenten Magneten unabhängig
gemacht.

Neuntes Kapitel.

Sicherheitsmaassregeln für Transformatoren. — Unterstationen und
Einzeltransformatoren. — Spannungserhöher. — Serienschaltung. —
Drosselspulen. — Ausgleichsspulen. — Dreileitersystem. — Aus-
gleichstransformator. — Scott's System der Stromvertheilung.

Sicherheitsmaassregeln für Transformatoren. Es wurde
schon erwähnt, dass der grosse Vortheil bei Verwendung von Transformatoren darin besteht, dass dadurch die Fernleitung des Stromes
unter hoher und seine Vertheilung unter mässiger Spannung möglich
ist. Es ist dabei unerlässliche Bedingung, dass eine genügende Isolation zwischen den primären und sekundären Stromkreisen unter
allen Umständen erhalten bleibt. Wird diese Bedingung nicht erfüllt,
so wird der oben erwähnte Vortheil illusorisch und zu einem Nachtheil, indem dadurch ein ungerechtfertigtes Gefühl der Sicherheit
erweckt wird. Nun liegen in einem Transformator die beiden Wickelungen nothwendiger Weise nahe aneinander, und es ist immerhin
die Möglichkeit gegeben, dass die sie trennende Schicht von Iso-
lationsmaterial beschädigt wird und so ein Stromübergang von der
Hoch- auf die Niederspannungsspule eintritt. Da nun bei einem
verzweigten Vertheilungsnetz die Isolation der primären Stromkreise
gegen Erde keine absolute sein kann, so muss im Falle einer der-
artigen Beschädigung die Sekundärspule ein Potential annehmen,
welches von jenem der Erde um einen Betrag abweicht, der je nach
der Lage und Grösse des Fehlers von einigen Hundert Volt bis zur
Primärspannung variiren kann. Wenn also ein Mensch einen Punkt
des sekundären Stromkreises berührt, kann er einen lebensgefähr-
lichen Schlag erhalten. Um diese Gefahr zu vermeiden, ist es nothwendig, gewisse Sicherheitsvorkehrungen zu treffen. Eine derselben
besteht darin, dass man zwischen die beiden Spulen eine metallische,
gut mit Erde verbundene Scheidewand einlegt. Bei Verletzung der
Isolation wird dann nicht Kontakt zwischen Primär- und Sekundär-

spule entstehen, sondern zwischen Primärspule und Erde, so dass
eine Steigerung des Potentiales im sekundären Stromkreise unmöglich wird. Solange es sich um Isolationsfehler in den Wickelungen
selbst handelt, ist diese Einrichtung vollkommen zuverlässig; wenn
jedoch die Isolationsfehler in den Zuleitungen (also ausserhalb der
Wickelungen) auftreten, so kann die metallische Scheidewand zwischen
den Spulen diese Fehler offenbar nicht unschädlich machen. Allerdings kann bei einigermaassen geschickter Anordnung Berührung
der Zuleitungen absolut unmöglich gemacht werden; da man aber
doch auch mit Fällen rechnen muss, in welchen die Konstruktion
des Transformators oder die Anordnung der Verbindungen un-
zweckmässig ist, so muss man für solche Fälle besondere Schutz-
maassregeln treffen. Die einfachste derselben besteht darin, dass
man einen Punkt der Sekundärwickelung permanent an Erde legt.
Am besten wählt man zu diesem Zwecke den Mittelpunkt der
Wickelung, weil dann die Potentialdifferenz der Lampenleitungen
von Erde ein Minimum wird, und zwar gleich der halben Sekundärspannung. Findet nun in Folge eines Isolationsfehlers an irgend
einer Stelle Berührung zwischen beiden Stromkreisen statt, so wird
der primäre Stromkreis sofort an Erde gelegt, womit jede Gefahr
für Personen bei Berührung beseitigt ist. Dagegen ist die Gefahr in
Bezug auf Feuer etwas vergrössert. Ist die ganze sekundäre Wickelung von Erde isolirt, so muss, bevor Feuersgefahr entstehen kann,
die Isolation an beiden Lampenleitungen schadhaft werden, während,
wenn ein Punkt des sekundären Stromkreises permanent an Erde
liegt, schon ein einziger Isolationsfehler genügt, um diese Gefahr
herbeizuführen. Der Sicherheitsgrad ist also dadurch auf die
Hälfte vermindert worden.

Dieser Uebelstand wird vermieden bei Anwendung der von der
Thomson-Houston-Gesellschaft vor einigen Jahren eingeführten
Sicherung. Dieselbe besteht in einer mit Erde verbundenen Metallplatte und zwei Metallknöpfen a, b (Fig. 99), welche durch eine
ganz dünne Isolirschicht (paraffinirtes Papier oder Glimmer) von
ihr getrennt sind. Die Metallknöpfe sind mit den sekundären Leitungen verbunden. So lange die Isolation gut bleibt, besteht zwischen
a, b und Erde bloss die der sekundären Spannung entsprechende
Potentialdifferenz, welche nicht genügt, die Isolirschichte zu durch-
brechen. Kommt jedoch durch einen Fehler in der Isolation zwischen
irgend welchen Punkten der beiden Stromkreise die primäre Span-

nung in die sekundäre Leitung, so wird die Isolirschichte bei *a*
und *b* durchgeschlagen und dadurch in der Sekundärspule Kurzschluss hergestellt. Der Primärstrom steigt dann auf einen solchen
Werth, dass die Sicherungen *s s* abschmelzen und so der schadhafte
Transformator automatisch vom Hochspannungsnetz abgeschaltet wird.

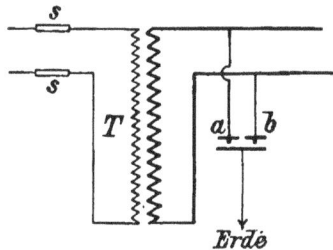

Fig. 99.

In der von Major Cardew erfundenen und vielfach verwendeten
Sicherung Fig. 100 wird elektrostatische Anziehung benutzt, um
Erdschluss herbeizuführen. Ein Aluminiumstreifen, bestehend aus
zwei kreisförmigen, durch einen schmalen Steg verbundenen Scheiben,
ist in eine Büchse derart eingelegt, dass eine der Scheiben auf einer
mit Erde verbundenen Platte zu liegen kommt, während die andere

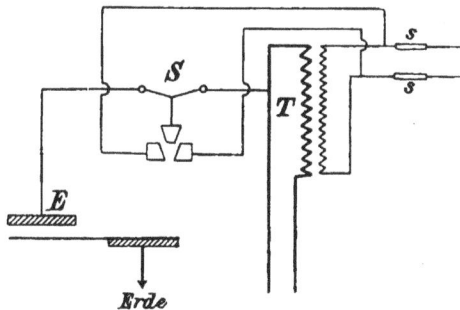

Fig. 100.

in einem geringen Abstand unter einer isolirten Metallscheibe liegt,
die mit der Sekundärwickelung in leitender Verbindung steht. Durch
ein in den Deckel der Büchse eingedrehtes Schraubengewinde lässt
sich der Abstand zwischen dem Aluminiumstreifen und dieser Scheibe
genau einstellen. Der Streifen hat also das Potential der Erde,
während die Elektrode *E* das Potential desjenigen Punktes des

sekundären Stromkreises hat, an den sie angeschlossen ist. Solange
nun die Isolation überall gut ist, kann dieses Potential höchstens
den der sekundären Spannung entsprechenden Werth erreichen, und
dieser ist zu gering, um Anziehung des Streifens an E zu bewirken.
Tritt jedoch ein Isolationsfehler auf, so nimmt E ein höheres Potential an, und es wird durch elektrostatische Anziehung der Aluminiumstreifen mit E in Berührung gebracht.   In der ersten, von Cardew
angegebenen Anordnung[1]) war in der Verbindung von E mit dem
Transformator eine Sicherung S vorgesehen, welche beim Abschmelzen

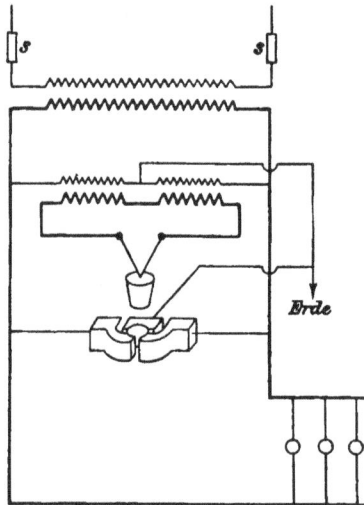

Fig. 101.

(hervorgebracht durch den Kontakt des Streifens mit E) eine Feder
oder ein Gewicht losliess, wodurch Kurzschluss der Primärklemmen
eintrat und durch Abschmelzen der Hauptsicherungen $s\,s$ der schadhafte Transformator von der Hochspannungsleitung abgeschaltet
wurde.   Es hat sich jedoch herausgestellt, dass die Sicherungen $s\,s$
auch abschmelzen, wenn die Kurzschlussvorrichtung weggelassen wird.
Die Scheibe E kann so genau eingestellt werden, dass bei 400 Volt
unfehlbar Erdschluss entsteht und die Sicherungen $s\,s$ abschmelzen.
Die Cardew'sche Sicherheitsvorrichtung wirkt also schon bei einem
kleinen Fehler in der Isolation zwischen beiden Stromkreisen.

---

[1]) Inst. El. Engineers Journal, Vol. XVII, S. 179.

Die Sicherung von Ferranti ist in Fig. 101 schematisch dargestellt. Sie wirkt auch schon bei eintretenden Fehlern. Die Lampenleitungen werden durch die in Serie angeordneten Primärspulen zweier ganz kleiner Transformatoren verbunden, deren Sekundärspulen in Parallelschaltung liegen. Die Verbindung zwischen den Primärspulen ist an Erde gelegt. In den äusseren Stromkreis der Sekundärspulen ist ein Abschmelzdraht eingeschaltet, der ein konisches Gewicht trägt. Solange nun die Isolation überall gut ist, geht durch beide Primärspulen genau der· gleiche Strom, und es herrscht vollständiges Gleichgewicht zwischen den E.M.Kräften der Sekundärspulen, so dass durch den Abschmelzdraht kein Strom fliesst. Wird nun an irgend einer Stelle die Isolation verschlechtert, so wird dieses Gleichgewicht zerstört, und es fliesst ein Strom durch den Abschmelzdraht. Das konische Gewicht fällt herab, schliesst die Lampenleitungen kurz und legt sie gleichzeitig an Erde. Dann schmelzen die Hauptsicherungen *s s*, und der Transformator wird auf diese Weise von der Speiseleitung abgeschaltet.

Verwendung von Transformatoren. Die wichtigste Verwendung der Transformatoren ist, wie schon der Name anzeigt, die Umsetzung einer höheren in eine niedrigere Spannung oder umgekehrt. Die Beschaffenheit der Glühlampen, sowie die Forderung absoluter Gefahrlosigkeit machen es zur Bedingung, den Strom unter niedriger Spannung (also 100 bis etwa 250 Volt) zu verwenden, während eine hohe Spannung bei Fernleitung wegen der Ersparniss an Leitungsmaterial nothwendig ist. Der Transformator bildet nur das Zwischenglied, welches die zwei Bedingungen: billige Leitung und niedrige Verbrauchsspannung, gleichzeitig zu erfüllen gestattet. Diese Anwendung der Transformatoren ist schematisch in der Skizze Fig. 102 dargestellt. *C* sind die Sammelschienen in der Centrale, *S s* die Speiseleitungen, *T T* die Transformatoren und *V V* die Vertheilungsleitungen. Die Messapparate, Schalter etc. sind der Einfachheit halber weggelassen.

In der Skizze ist angenommen, dass jede Speiseleitung nur einen Transformator mit hochgespanntem Strom versorgt, und dass der sekundäre Strom durch ein verzweigtes Vertheilungsnetz den Lampen zugeführt wird. Dabei können die zu jedem Transformator gehörigen Vertheilungsleitungen von einander getrennt sein, oder sie können durch die in der Figur punktirt gezeichneten Verbindungsleitungen in Parallelschaltung angelegt werden. Das letztere System

hat den Vortheil, dass zur Zeit geringen Bedarfes einige der Transformatoren sowohl von den Speiseleitungen als auch von den Vertheilungsleitungen ganz abgetrennt werden können, und auf diese
Weise der durch die Leerlaufsarbeit erzeugte Verlust vermindert
werden kann. Andererseits ist jedoch die Verkettung einzelner Ver-
theilungsnetze kleineren Umfanges in ein einziges grosses Netz mit
der Gefahr verbunden, dass eine Störung in einem Stadttheil auch
die übrigen Stadttheile in Mitleidenschaft ziehen kann. Um dieser
Gefahr zu begegnen, müssen die Knotenpunkte mit Abschmelz-

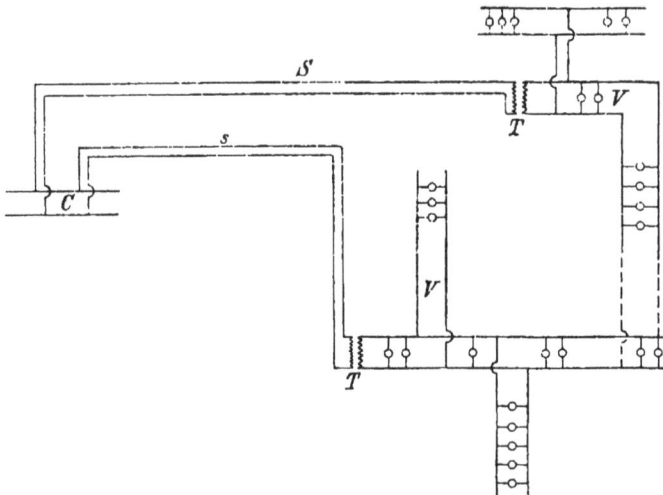

Fig. 102.

sicherungen ausgerüstet werden. Man nennt das in Fig. 102 skizzirte
System eine Transformatorenanlage mit Unterstationen. Dabei wird
die Speisung lediglich durch einige wenige Hochspannungskabel, die
Vertheilung jedoch durch ein ausgedehntes Netz von Kabeln unter
niedriger Spannung bewirkt.

Im Gegensatz zu diesem Systeme steht jenes der Einzeltransformatoren, wobei jedes Haus seinen eigenen kleinen Transformator
erhält, die starken Vertheilungskabel in den Strassen also wegfallen.
Da die Vertheilung hierbei unter hoher Spannung erfolgt, ist das
Kupfergewicht in den Strassenleitungen bedeutend geringer als im
vorigen Falle. Das ist ein Vortheil; es sind jedoch auch Uebel-
stände mit diesem Systeme verbunden. Infolge der grösseren Länge

der Hochspannungsleitung und der vielen Verzweigungspunkte ist
die Isolation bedeutend schwieriger, die hohe Spannung muss in
die Häuser eingeführt werden, und der Arbeitsverlust ist grösser.
Wir sind nicht mehr im Stande, einzelne Transformatoren bei kleiner
Belastung abzutrennen, und da wir jetzt eine grosse Anzahl kleiner
Transformatoren haben, so ist selbst unter Vollbelastung der Wirkungsgrad nicht so günstig als bei dem System mit Unterstationen,
wo wir nur wenige grosse Transformatoren brauchen.

Ein Beispiel möge das erläutern. Es seien im Ganzen 100 000
50 Watt-Lampen angeschlossen. Dann muss bei dem System von
Einzeltransformatoren die gesammte Leistungsfähigkeit der Transformatoren 5000 Kwt. betragen. Es kommt allerdings nie vor, dass
alle 100 000 Lampen gleichzeitig brennen. Erfahrungsgemäss übersteigt die Anzahl der gleichzeitig brennenden Lampen nicht 60%
der Zahl der angeschlossenen Lampen, wenn man ein ganzes Stadt-
gebiet ins Auge fasst. Wenn es sich jedoch um ein einzelnes Haus
handelt, so ist der Fall, dass alle Lampen gleichzeitig brennen,
immerhin möglich. Er kommt vielleicht nur einige Male im Jahre
vor; der Transformator muss aber dennoch in solcher Grösse eingestellt werden, dass er für diese Ausnahmefälle ausreicht. Wir
müssen also eine grosse Anzahl kleinerer Transformatoren (etwa
2 bis 10 Kwt.) vorsehen, deren Gesammtleistung 5000 Kwt. beträgt.
Bei Unterstationen brauchen wir eine kleinere Anzahl von bedeutend
grösseren Transformatoren, deren Gesammtleistung nur 60% von
5000 Kwt., also 3000 Kwt. beträgt. Wie man aus der Tabelle auf
S. 96 sehen kann, ist der jährliche Verlust an Stromwärme gegenüber dem Hysteresisverlust sehr klein. Wir wollen deshalb im Folgenden den Vergleich zwischen beiden Systemen dadurch vereinfachen, dass wir nur den Hysteresisverlust in Betracht ziehen und
dabei annehmen, dass die kleinen Transformatoren $2\frac{1}{2}$% und die
grossen $1\frac{1}{2}$% von ihrer vollen Belastung durch Hysteresis verlieren.
Wir nehmen der Einfachheit halber auch an, dass ein Abtrennen
einzelner Transformatoren während der Zeit geringer Belastung
weder bei dem einen noch bei dem andern Systeme unternommen
wird.

Wir haben dann bei dem System der Einzeltransformatoren eine
jährliche Leistung von $5000 \times 300 = 1,5 \times 10^6$ Kwt.-Stunden, wobei
wir annehmen, dass jede Lampe im Durchschnitt während 300 Stunden
im Jahre gebraucht wird. Der Hysteresisverlust ist bei Einzeltrans-

formatoren $5000 \times \dfrac{2,5}{100} = 125$ Kwt., also im Jahre $125 \times 8760 =$ $1,09 \times 10^6$ Kwt.-Stunden. Die gesammte den Transformatoren in einem Jahre zugeführte Arbeit ist also, abgesehen von der Stromwärme, $(1,5 + 1,09)\, 10^6 = 2,59 \times 10^6$ Kwt.-Stunden. Der jährliche Wirkungsgrad ist $1,5 : 2,59 = 58\,\%$, in Wirklichkeit jedoch noch etwas kleiner wegen der Stromwärme in den Transformatoren und den Verlusten in den Leitungen.

Im Falle von Unterstationen haben wir die gleiche Leistung, aber erheblich weniger Verluste. An Hysteresis geht verloren $3000 \times \dfrac{1,5}{100} = 45$ Kwt. oder im Jahre $392\,000$ Kwt.-Stunden. Die zugeführte Energie beträgt also jährlich $(1,5 + 0,392)\, 10^6 = 1,892$ $\times 10^6$ Kwt.-Stunden und der jährliche Wirkungsgrad $1,5 : 1,892 =$ $79\,\%$; in Wirklichkeit jedoch aus den oben angeführten Gründen ebenfalls etwas weniger. Rechnen wir in beiden Fällen etwa $2\,\%$ für Stromwärme und Leitungsverluste, so stellt sich der Vergleich der beiden Systeme, wie folgende Tabelle zeigt:

	Einzeltransformatoren	Unterstationen
Arbeit an den Lampen	1 500 000	1 500 000
Verluste	1 120 000	422 000
Die Centrale liefert	2 620 000	1 922 000
Wirkungsgrad %	57	78

Rechnet man die Selkstkosten der Kwt.-Stunden in der Centrale zu 10 Pf., so beläuft sich der jährliche, vornehmlich durch Eisenwärme erzeugte Geldverlust auf M. 112 000 bei Einzeltransformatoren und M. 42 200 bei Unterstationen. Die Differenz ist rund M. 70 000 und um diesen Betrag sind die Stromerzeugungskosten bei Einzeltransformatoren höher als bei Unterstationen. Dagegen ist die Anlage des erstern Systemes billiger. Wir wollen nun berechnen, um wie viel dieses System billiger sein muss, damit es sich wirthschaftlich günstiger stellt, als jenes mit Unterstationen. Soll das der Fall sein, so müssen die Unterhaltungskosten, Verzinsung und Amortisation der Kabel und Transformatoren einen Unterschied von mehr als M. 70 000 zu Gunsten des Systems von Einzeltransformatoren aufweisen. Wir können für diese Posten 10 % der Anlagekosten in Rechnung stellen. Die Anschaffungskosten kleiner Transformatoren sind ungefähr M. 70 und jene von grossen ungefähr M. 55 pro Kilowatt. Es kosten also die Transformatoren für das System

mit Einzeltransformatoren   M. 350 000 oder jährlich M. 35 000
- Unterstationen   - 165 000 -   -   - 16 500.

Der Unterschied von M. 18 500 ist zu Gunsten der Unterstationen zu den M. 70 000 zu addiren. Das giebt M. 88 500. Diese Summe muss bei wirthschaftlicher Gleichwerthigkeit beider Systeme 10 % der Mehrausgaben für Kabel beim System von Unterstationen ausmachen. Diese Mehrausgabe beträgt also

$$88\,500 : 0,1 = \text{M. } 885\,000,$$

also M. 8,85 pro angeschlossene Lampe. Zeigt nun die Kostenberechnung, dass das Kabelnetz bei Unterstationen um mehr als M. 8,85 pro anzuschliessende Lampe theurer ist als bei Einzeltransformatoren, so empfiehlt es sich, letzteres System zu wählen. Hätten wir einen kleineren Procentsatz als 10 % für Abschreibung angenommen, so hätten wir auch eine grössere Summe als M. 8,85 erhalten. Ebenso wäre diese Summe grösser ausgefallen, wenn wir die Selbstkosten für die Kwt.-Stunde zu mehr als 10 Pf. gerechnet hätten. Ferner ist klar, dass die Kosten für Kabel in beiden Systemen und mithin auch ihr Unterschied wächst, wenn die Leistung der Centrale klein ist und die Lampen nicht dicht zusammengedrängt, sondern zerstreut liegen. Wir kommen also zu den folgenden allgemeinen Schlüssen:

Stromvertheilung mit Einzeltransformatoren ist wirthschaftlich günstiger als mittels Unterstationen unter folgenden Umständen:

Betriebskraft billig, Anlage klein, Lampen weit zerstreut,
     Kabel theuer und Abschreibung für dieselben hoch.

Unterstationen sind vorzuziehen unter folgenden Umständen:

Betriebskraft theuer, Anlage gross, Lampenvertheilung dicht,
     Kabel billig und Abschreibung für dieselben gering.

Spannungserhöher. Bei Wechselstromanlagen mit langen Speiseleitungen werden manchmal ausser den Transformatoren auf den Unterstationen noch kleine Transformatoren in der Centrale selbst angewendet, deren Aufgabe es ist, die Spannung in jeder Speiseleitung um genau den Betrag zu erhöhen, welcher dem ohmischen Spannungsabfall in der Speiseleitung und den Vertheilungsleitungen und dem Spannungsabfall im Transformator am Ende der Speiseleitung entspricht. Diese Spannungserhöher sind gleichzeitig von Stillwell in Amerika und dem Verfasser in England erfunden worden und sind unter dem Namen „Booster" bekannt. Die Anordnung dieses Apparates ist in Fig. 103 dargestellt.

    C sind die Sammelschienen in der Centrale, S ist eine der Speiseleitungen, T der dazugehörige Transformator und V die von ihm mit Strom versorgte Vertheilungsleitung. Der Spannungs-erhöher B hat eine Primärwickelung, die unmittelbar an die Sammel-schienen angeschlossen ist. Die Sekundärwickelung ist in Gruppen abgetheilt und durch einen Mehrfachschalter s mit dem einen Leiter S verbunden, während der andere Leiter unmittelbar an die betreffende Sammelschiene angeschlossen ist. Die Mess- und Kontrollapparate sind, wie früher, der Einfachheit halber in der Skizze weggelassen. Der Zusatztransformator B, welcher die Spannungserhöhung bewirkt, wird also dauernd magnetisirt, und seine sekundäre Wickelung ist so bemessen, dass sie gerade hinreicht, den grössten möglichen

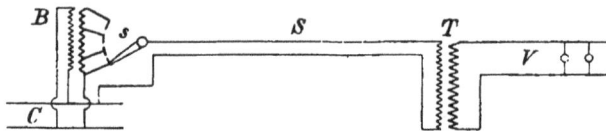

Fig. 103.

Spannungsverlust auszugleichen. Bei Vollbelastung der betreffenden Speiseleitung werden durch Einstellung des Schalthebels s auf den obersten Kontakt alle Windungen der sekundären Spule mit der Speiseleitung in Serie geschaltet. Bei geringerer Belastung wird der Hebel s entsprechend herabgerückt, so dass nunmehr nur ein Theil der sekundären Spule zur Wirksamkeit kommt. Steht der Hebel in der gezeichneten Stellung, so ist die sekundäre Spule ganz ausge-schaltet, und die Spannung am Anfang der Speiseleitung ist genau gleich jener, welche zwischen den Sammelschienen herrscht. Diese Stellung des Hebels entspricht dem Minimalbedarfe an Strom; steigt der Bedarf, so wird der Hebel schrittweise auf die höheren Kontakte gebracht, so dass die Spannung in der Vertheilungsleitung bei allen Belastungen nahezu konstant bleibt. Da der Spannungsabfall von der Stromstärke in der Speiseleitung abhängt, so kann die Ein-stellung des Kontakthebels nach den Anzeigen des Ampèremeters in der Speiseleitung von Hand erfolgen; oder es können auch Prüf-drähte von der Unterstation nach der Centrale zurückgeführt und an ein Voltmeter angeschlossen werden, nach dessen Anzeigen man

den Hebel einstellt. In diesem Falle kann mittels Relais und Elektro-
motors die Einstellung des Schalters auch automatisch erfolgen. Es
ist wichtig, zu beachten, dass der Schalthebel wie bei Zellenschaltern
aus zwei isolirten Theilen bestehen muss, welche durch einen ohmischen oder inductiven Widerstand verbunden sind, damit beim Uebergang von einem Kontakt auf den andern weder Stromunterbrechung
noch Kurzschluss einer sekundären Windungsgruppe eintreten kann.

Die Nothwendigkeit, den ganzen Speisestrom durch einen Mehrfachschalter zu senden, bringt eine gewisse Verminderung der Betriebs-
sicherheit mit sich, denn wenn dieser Schalter in Unordnung geräth,
wird die ganze Speiseleitung und der am entfernten Ende ange-

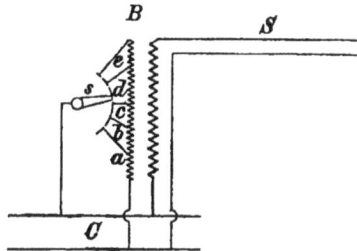

Fig. 104.

schlossene Transformator dadurch ausser Betrieb gesetzt. Um dieser
Gefahr zu begegnen, kann man den Spannungserhöher in einer etwas
andern Form anordnen, welche in Fig. 104 dargestellt ist. Dabei
wird die Hauptleitung nicht durch einen Schalter unterbrochen,
sondern sie ist fest mit der Sekundärspule des Spannungserhöhers
verbunden, während der Mehrfachschalter in die Primärspule verlegt
wird. Die Primärspule ist nun in die Gruppen a, b, c, d, e getheilt.
Die erste Gruppe (a) muss noch so viel Windungen enthalten, dass
die Induktion die durch die Erhitzung des Apparates gegebenen
Grenzen nicht übersteigt. Für die tiefste Stellung des Schalthebels s
ist die Induktion ein Maximum und mithin auch die in der Sekundärspule des Apparates inducirte E.M.K. ein Maximum. Stellen wir
den Hebel höher, so nimmt die primäre Windungszahl zu, die Induktion also entsprechend ab, und die Spannungserhöhung ist geringer. Es ist also auch hier durch entsprechende Einstellung des
Schalthebels möglich, die Vertheilungsspannung mit einer für die
Praxis genügenden Annäherung konstant zu halten. In dieser An-

ordnung des Spannungserhöhers wird der Hauptstromkreis S durch
keinerlei Kontakte oder Schalter unterbrochen. Der Schalter ist in
den Primärkreis des Transformators B eingeführt, braucht also nur
für eine geringe Stromstärke gebaut zu sein. Er ist also billiger
herzustellen als im andern Falle, Fig. 103. Dagegen wird der
Transformator selbst etwas grösser, denn die erste Gruppe a muss
so viel Windungen enthalten als die ganze Spule in Fig. 103, und
die andern Gruppen, die allerdings aus dünnerem Draht bestehen
können, kommen noch dazu. Die Konstruktion hat jedoch den
grossen Vortheil, dass ein Unfall am Schalter die Speiseleitung nicht
unterbricht.

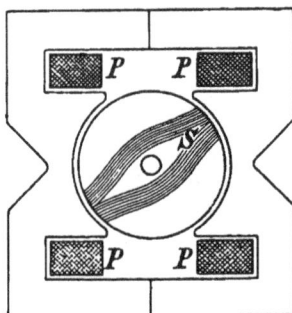

Fig. 105.

Endlich giebt es noch eine dritte Konstruktion von Spannungs-
erhöhern, bei welcher weder im sekundären noch im primären Stromkreise Schalter nöthig sind. In seiner Anordnung gleicht der Apparat einer gewöhnlichen zweipoligen Dynamo. Das Magnetgestell
sowohl als auch der Ankerkern bestehen aus Blechen, und die Feld-
spulen $P P$, Fig. 105, bilden die primäre Wickelung, welche unmittelbar an die Sammelschienen angeschlossen ist. Die sekundäre Wickelung S ist auf dem Anker angebracht und wird durch biegsame
Leitungen mit der Speiseleitung in Serie geschaltet. Auf der Anker-
welle ist ein Schneckenrad festgekeilt, das durch eine Schnecke
entweder von Hand oder automatisch um einen Winkel von 90°
gedreht werden kann. Auf diese Weise kann die Winkelstellung
der Spule S der gewünschten Spannungserhöhung gemäss bewirkt
werden. Steht die Spule vertikal, so geht die grösste Zahl der
Kraftlinien durch sie, die Spannungserhöhung ist also ein Maximum. Dreht man nun mittels des Schneckengetriebes den

Anker um 90⁰, so dass die Spule horizontal zu stehen kommt, so gehen die Kraftlinien bei der Spule vorbei, nicht aber durch sie. Die Spannungserhöhung ist dann Null. Bringt man die Spule in eine Zwischenstellung, so geht nur ein Theil der Kraftlinien vorbei und der andere Theil geht durch, bewirkt also eine gewisse Spannungserhöhung. Wenn man den Drehbereich des Ankers grösser als 90⁰ macht, so kann dieser Apparat sowohl zur Erhöhung als auch zur Verminderung der Spannung benutzt werden. Verglichen mit den früher beschriebenen Konstruktionen hat Fig. 105 zwei Vortheile. Erstens haben wir in beiden Stromkreisen nur feste Verbindungen und keine Schalter, die in Unordnung gerathen können, und zweitens lässt sich die Spannung auf rein mechanischem Wege

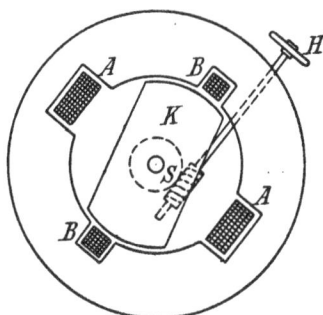

Fig. 106.

genau auf den richtigen Werth einstellen anstatt sprungweise und nur annähernd, wie das bei Anwendung eines Schalters der Fall ist.

In dem oben beschriebenen Apparat muss der Anschluss an die Spule S mit Schleifringen oder beweglichen Drähten vermittelt werden. Fig. 106 zeigt eine andere Ausführung desselben Gedankens, bei der jedoch nur fest verlegte Drähte nöthig sind. Der bewegliche Theil ist ein unbewickelter Blechkern K, der dazu dient, den durch die Spule A erzeugten Kraftfluss in dem einen oder andern Sinne durch die Spule B zu leiten. Der Kern ist mittels Handrad H und Schneckengetriebe S drehbar. Je nachdem man ihn einstellt, wird die Spannung des durch B fliessenden Stromes erhöht oder vermindert. Die Spule A liegt im Nebenschluss zur Stromquelle, während die Spule B in Reihenschaltung mit der Fernleitung liegt. Auch in diesem Fall kann die Einregulirung der zusätzlichen

Spannung beliebig genau bewirkt werden. Fig. 107 zeigt eine äussere Ansicht eines solchen Spannungsregulators, wie er von der General Electric Co. ausgeführt wird.

Um in einer Drehstromleitung die Spannung zu erhöhen oder zu vermindern, kann man die drei Phasen des Ankers eines Drehstrommotors in Serie mit der Leitung schalten. Der Anker rotirt jedoch in diesem Falle nicht, sondern wird mittels Handrad und Schneckengetriebe in eine bestimmte Lage eingestellt. Je nach der Einstellung wirkt die in den Ankerphasen erzeugte E.M.K. zusätz-

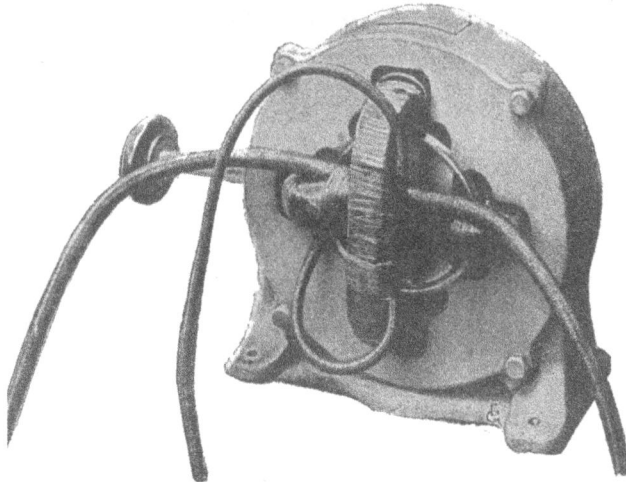

Fig. 107.

lich oder abzüglich zur E.M.K. der Stromquelle. Die in den Ankerphasen erzeugte E.M.K. hat immer denselben Werth und die Regulirung erfolgt nicht wie bei Fig. 105 durch eine Aenderung des Kraftflusses durch S, sondern durch Verschiebung der Phase einer konstanten E.M.K. Die Feldwickelung des Drehstrommotors liegt im Nebenschluss zur Stromquelle. Das rotirende Feld ist also konstant. Während seiner Rotation schneidet es die drei Phasenwickelungen des Ankers und erzeugt in jeder dieselbe E.M.K., jedoch treten die Maxima der E.M.Kräfte in den drei Phasen nicht gleichzeitig, sondern mit einer gegenseitigen zeitlichen Verschiebung von ein Drittel-Periode auf. Ob das Maximum der E.M.K. in einer Ankerphase genau gleichzeitig mit dem Maximum der betreffenden

Phase der Stromquelle auftritt, hängt von der gegenseitigen Lage von Anker und Feld ab. Diese Lage ist aber durch das Handrad verstellbar und man kann somit die E.M.K. des Phasenankers in jede beliebige Phasenstellung zur E.M.K. der Stromquelle bringen. Ist die Phasenspannung der Stromquelle E und jene des Motorankers e, so kann man offenbar die Phasenspannung der Leitung auf jeden beliebigen Werth E_1 einstellen, der zwischen den Grenzen $E + e$ und $E - e$ liegt, wie das kleine Vektordiagramm in Fig. 108 erkennen lässt. Der Radius des punktirten Kreises ist die Phasenspannung des Ankers. Je nachdem man den Anker einstellt, liegt e so, dass die Spannung in der Leitung erhöht oder vermindert wird. Allerdings ist damit eine kleine Phasenverschiebung des Stromes

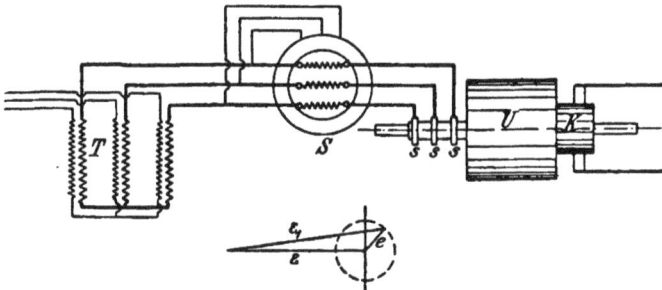

Fig. 108.

verbunden und diese ist positiv oder negativ, je nachdem e auf der einen oder andern Seite der Horizontalen liegt. Nur für den maximalen und minimalen Werth von E_1 verschwindet diese Phasenverschiebung, weil die Vektoren e und E in dieselbe Richtung fallen. Für Zwischenwerthe ist Phasenverschiebung vorhanden. Das ist jedoch kein Nachtheil, denn erstens ist die Phasenverschiebung an und für sich klein, und zweitens kann dieser kleine Werth durch entsprechende Wahl der Stellung von e dazu benutzt werden, die ursprüngliche Phasenverschiebung zu vermindern. Wie man sieht, ist der Drehstrommotor mit fest eingestelltem Anker nichts anderes als ein Transformator, dessen Kraftfluss anstatt in einem rechteckigen Rahmen hin und her zu wogen, in einem cylindrischen Rahmen rotirt.

Die Anwendung eines solchen Transformators zur Regulirung der Spannung eines Umformers ist in Fig. 108 dargestellt. T ist

14*

der Haupttransformator, der Strom unter hoher Spannung von einer
Fernleitung empfängt und aus seiner sekundären Wickelung den
Strom zum Betriebe des Umformers unter jener Spannung abgiebt,
die der gewünschten Spannung auf der Gleichstromseite entspricht.
Je nach der Konstruktion des Umformers ist die verkettete Wechselspannung 60 bis 66 % der verlangten Gleichspannung. Das Umsetzungsverhältnis kann jedoch durch Veränderung in der Erregung
des Umformerfeldes nur wenig beeinflusst werden. Will man auf
der Gleichstromseite die Spannung variiren, so muss man die Wechselspannung variiren und dazu dient der Regulirtransformator S. Der
äussere Kreis bedeutet sein Feld und der innere seinen Anker. Die
drei Phasenwickelungen sind durch parallel gezeichnete Spulen angedeutet. In Wirklichkeit haben die Spulen oder Wickelungen natürlich nicht diese geometrische Lage, sondern ihre Schaltung ist
entweder als Stern mit aufgelöstem Nullpunkt, oder, was gleichwerthig ist, als Dreieck mit aufgelösten Ecken aufzufassen; ich habe
jedoch die einfachere Darstellung gewählt, um das Kreuzen der
Drähte zu vermeiden. U ist der Anker des Umformers, s sind seine
Schleifringe und K ist sein Kommutator. Es ist ohne Weiteres
klar, dass auf den Anker des Regulirtransformators ein bedeutendes
Drehmoment wirken muss, denn er würde, wenn nicht durch das
Schneckenrad gehalten, als Motoranker rotiren. Bei grossen Apparaten ist also, besonders in der einen Richtung, viel Kraft erforderlich, um den Anker einzustellen. Um diese Schwierigkeit zu vermeiden, kann man (wie zuerst von der Firma Siemens & Halske
A.-G. bei Regulirtransformatoren für die Anlage in Paderno angewendet) zwei solche Transformatoren nebeneinander stellen und die
Anker mechanisch miteinander kuppeln. Schaltet man nun die
Felder so, dass eins rechts herum und das andere links herum läuft,
so heben sich die in beiden Ankern auftretenden Drehmomente auf
und die Einstellung erfordert nur wenige Kraft. Es ist selbstverständlich, dass auch dieser Apparat entweder von Hand oder automatisch mittels Relais und Elektromotor bethätigt werden kann.

Serienschaltung. Transformatoren lassen sich auch mit Vortheil bei Serienschaltung von Lampen in Stromkreisen von konstanter
Stromstärke verwenden. Wenn wir die Lampen selbst in Serie
schalten würden, so müsste die Isolation jeder einzelnen Lampe der
gesammten Spannung entsprechen, was bei einigermaassen ausge-
dehnten Stromkreisen praktisch nicht zu erreichen ist. Wenn wir

jedoch die Lampen durch Serientransformatoren speisen, so braucht
nur die Isolation der Transformatoren der gesammten Spannung zu
entsprechen; jene der Lampen dagegen braucht nur so gut zu sein,
dass sie die Lampenspannung aushalten kann. Die Anordnung ist
in Fig. 109 skizzirt. T sind die Transformatoren und L die Lampen.
Die Rückleitung ist nicht gezeichnet. Diese Anordnung hat jedoch
einen Uebelstand. Wenn durch Zerstörung des Kohlenfadens bei
Glühlampen oder Herausfallen der Kohlen bei Bogenlampen oder
aus irgend einem andern Grunde der sekundäre Stromkreis eines
Transformators unterbrochen wird, so steigt bei Transformatoren
gewöhnlicher Konstruktion die Induktion im Eisen und die primäre
Gegenspannung sehr bedeutend an. Der Primärstrom muss, der
anderen Lampen wegen, konstant erhalten werden, was nur möglich

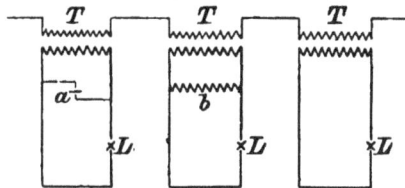

Fig. 109.

ist, indem man die Spannung der Maschine entsprechend erhöht.
Dabei muss sich natürlich der ausser Betrieb gesetzte Transformator
sehr bedeutend erhitzen und schliesslich verbrennen. Um dieses zu
vermeiden, ist es nothwendig, dem Sekundärstrom einen andern
Weg als durch die Lampe zu geben. Das kann auf zwei Arten
geschehen. Wir können, wie in Fig. 99, bei a eine automatische
Sicherung einsetzen, bestehend aus zwei Elektroden, die im normalen Zustand durch ein dünnes Blättchen aus paraffinirtem Papier
oder Glimmer getrennt sind. Solange der Lampenstrom fliesst,
herrscht zwischen diesen Elektroden nur die normale Lampenspannung, der das Blättchen vollkommen gut widerstehen kann.
Wird der Lampenstrom jedoch unterbrochen, so steigt die Spannung,
und das Blättchen wird durchgeschlagen. Die Elektroden berühren
sich und schliessen die sekundäre Spule kurz. Damit ist die Gefahr
eines Verbrennens des Transformators beseitigt.

Eine andere Methode, dasselbe Ziel zu erreichen, besteht in
der Anwendung einer Drosselspule b, die der Lampe parallel ge-

schaltet wird. Durch diese Spule fliesst ein Strom, welcher der
Klemmenspannung (in diesem Falle also der Lampenspannung) proportional ist und ihr in der Phase um nahezu ·90⁰ nacheilt. Die
in. der Drosselspule .verbrauchte Leistung ist lediglich Eisen- und
Stromwärme; sie ist viel kleiner als das Produkt von Strom und
Spannung. Durch gute Konstruktion ist es also immer möglich, die
Drosselspule so einzurichten, dass kein erheblicher .Effektverlust eintritt, wenngleich Strom scheinbar verloren geht. Ein Beispiel möge
zur Erläuterung dienen. Nehmen wir an, die Lampe brauche 35 Volt
und 20 Ampère und habe einen Leistungsfaktor von 80%. Die
wirklich verbrauchte Leistung ist also 560 Watt. Die Drosselspule
sei so konstruirt, dass bei 35 Volt auch 20 Ampère durchgehen,
und zwar unter einem Effektverlust von 20 Watt. Der Leistungsfaktor ist also $20 : (35 \times 20) = 2{,}85\%$. Zeichnet man nun das Vektordiagramm, so findet man, dass der vom Transformator zu liefernde
Strom 36 Ampère beträgt. Wird nun die Lampe ausgeschaltet, so
muss die Drosselspule die ganzen 36 Ampère durchlassen, was eine

Spannungserhöhung auf $35 \times \dfrac{36}{20} = 63$ Volt hervorbringt. Der Trans-

formator wird also in dem gleichen Verhältnis magnetisch stärker
beansprucht, nämlich um 80%. Diese Mehrbeanspruchung ist jedoch
nicht so stark, als dass eine Beschädigung zu befürchten wäre.

   · Es kommt manchmal vor, dass ein Transformator zur Speisung
einer Anzahl in Serie geschalteter Lampen verwendet wird, wobei
möglichste Konstanthaltung des sekundären Stromes bei veränderlicher Lampenzahl angestrebt wird. Dieses Ziel ist ohne weiteres
erreichbar, wenn der Primärstrom konstant gehalten wird und die
Primärwickelungen der einzelnen Transformatoren in Serie geschaltet
werden. Nun bedingt aber diese Schaltung die Anwendung von
besonderen Schutzmitteln, wie oben erwähnt. Will man letztere vermeiden, so muss die Primärwickelung im Nebenschluss zum Primärstromkreis angeordnet werden, und ·dann würde sich ein Transformator mit sehr wenig magnetischer Streuung nicht eignen, denn ein
solcher hält die Spannung konstant, nicht aber die Stromstärke.
Bei Serienschaltung der Lampen ist es aber gerade die Stromstärke,
welche konstant erhalten werden soll, während die Spannung im
Verhältnis mit der Zahl der eingeschalteten Lampen variiren muss.
Dieser Bedingung kann nun annähernd genügt werden, wenn man
den Transformator absichtlich so baut, dass er ziemlich viel mag-

netische Streuung hat. Bei einer solchen Anordnung, Fig. 110, ist
der Eisenkörper des Transformators[1]) mit Ansätzen $a\,b$ versehen,
zwischen denen ein bedeutendes Streufeld entsteht, wenn die beiden
Spulen Strom führen. Die Primärspule ist mit der Speiseleitung s
im Nebenschluss verbunden, und die sekundäre Spule ist mit der
Lampenleitung L verbunden. Die Lampen sind alle in Serie geschaltet; jede einzelne kann jedoch kurz geschlossen und so ausser
Betrieb gesetzt werden. Es ist ohne weiteres klar, dass bei unter-
brochenem sekundären Stromkreis das Streufeld zwischen a und b
nur unbedeutend sein kann, denn die Kraftlinien können ihren Weg
ungehindert durch die sekundäre Spule nehmen. Fliesst jedoch in
dieser Spule ein Strom, so werden die Kraftlinien zurückgestaut und
müssen ihren Weg über die Ansätze $a\,b$ und die zwischenliegende
Luftschicht nehmen. Je stärker der Strom, desto mehr Kraftlinien

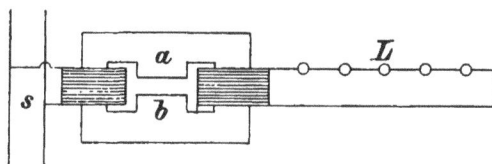

Fig. 110.

werden zurückgestaut und desto weniger gehen durch die sekundäre Spule, d. h. desto kleiner ist die im sekundären Stromkreise
inducirte E.M.K. Schliesst man nun eine der Lampen kurz, so würde
bei konstanter E.M.K. die Stromstärke infolge der Verminderung im
Widerstande steigen. Das Anwachsen der Stromstärke bewirkt jedoch eine Vergrösserung des Streufeldes und eine entsprechende
Verminderung der E.M.K., und es wird auf diese Weise eine Regulirung auf konstante Stromstärke in der Sekundärspule wenigstens
annähernd erzielt. Die Grenzen, zwischen welchen dies stattfindet,
lassen sich leicht durch ein Vektordiagramm, Fig. 111, festsetzen.
Es sei OA der Strom und OE_2 die sekundäre Klemmenspannung
bei voller Belastung (maximale Lampenzahl). Die Belastung ist als
induktionslos vorausgesetzt. Es sei ferner $E_2\,E_1$ der Vektor der
durch Selbstinduktion und Widerstand bedingten E.M.K., so ist OE_1
der Vektor der primären Klemmenspannung. Die Länge der Linie

---

[1]) Vergl. auch Fig. 84.

$E_2 E_1$ ist proportional der Stromstärke. Werden nun so viele
Lampen kurz geschlossen, dass nur die halbe E.M.K. zum Betriebe
der Lichtleitung nöthig ist, so rückt der Punkt E_2 nach E_2' und
E_1 nach E_1'. Der Strom ist jetzt der Strecke $E_2' E_1'$ proportional,
also etwas grösser als früher. Wird die gesammte Lichtleitung kurzgeschlossen, so fällt E_2 mit O zusammen, und der Strom ist OE_1''
proportional. Das Anwachsen der Stromstärke von Vollbelastung
bis auf Kurzschluss ist also durch das Verhältniss der Strecken
$E_2 E_1$ und OE_1'' gegeben, und es ist sofort klar, dass wir durch
entsprechende Konstruktion des Transformators auf starke Streuung
(wobei φ gross wird) den procentualen Zuwachs des Stromes bei
abnehmender Belastung beliebig klein machen können. Allerdings

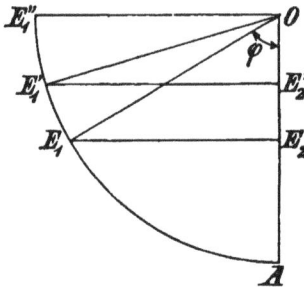

Fig. 111.

wird dabei der Transformator verhältnismässig gross und kostspielig.
Auch muss sein Wirkungsgrad geringer ausfallen als bei der Konstruktion mit möglichst wenig Streuung, welche sich für Parallel-
betrieb der Lampen eignet. Es ist auch zu bemerken, dass bei
Lampen, welche Selbstinduktion haben, diese Art der Regulirung
auf konstante Stromstärke viel weniger tauglich ist, wie man sofort
aus dem Umstande erkennt, dass im Diagramm Fig. 111 der Vektor
OE_2 nicht mehr senkrecht, sondern schräg zu stehen kommt, der
Unterschied zwischen den Längen $E_2 E_1$ und OE_1'' also bedeutend
grösser ausfällt.

Drosselspulen. Bei Lampen, die in Parallelschaltung arbeiten,
bilden Drosselpulen ein sehr bequemes Mittel, die Spannung der Lampe
entsprechend zu reguliren. Erfordert die Lampe eine kleinere
Spannung als jene ist, welche zwischen den Zuleitungsdrähten
herrscht, so kann man durch Vorschalten einer Drosselspule die

überschüssige Spannung gewissermaassen abdämpfen. Allerdings liesse sich der gleiche Zweck auch durch einen Vorschaltwiderstand erreichen, aber dann unter einem bedeutenden Effektverlust, welcher gleich ist dem Produkt von Strom und abgedämpfter Spannung. Bei Anwendung einer Drosselspule anstatt eines Widerstandes ist der scheinbare Effektverlust gleich diesem Produkt, der wirkliche jedoch wegen der Phasenverschiebung viel kleiner. Die Verwendung

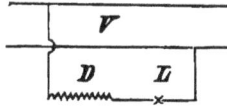

Fig. 112.

einer Drosselspule ist in Fig. 112 schematisch dargestellt. V ist die Vertheilungsleitung, D die Drosselspule und L die Lampe. Fig. 113 ist das zugehörige Vektordiagramm. $O\,I$ ist der Strom und $O\,E_w$ die Wattkomponente der Spannung. Die Strecke $O\,E_1$ stellt die Spannung dar, welche zwischen den Klemmen der Lampe herrscht, wobei φ die Phasenverschiebung ist. Bei einer Glühlampe würde E_1 und E_w zusammenfallen, wobei $\varphi = 0$. Bei einer Bogenlampe findet Phasenverschiebung statt, und OE_1 ist grösser als OE_w. Die

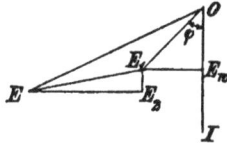

Fig. 113.

zur Deckung der Effektverluste in der Drosselspule nöthige Spannung ist durch den Vektor $E_1\,E_2$ dargestellt und ihre gegenelektromotorische Kraft durch $E_2\,E$. Der Vektor $E_1\,E$ stellt somit die Spannung zwischen den Klemmen der Drosselspule dar, und OE ist der Vektor der Spannung zwischen den Vertheilungsleitungen.

Ausgleichsspulen. Die in Fig. 112 skizzirte Anordnung findet Anwendung, wenn eine Bogenlampe an einen Wechselstromkreis angeschlossen werden soll, dessen Spannung die Betriebsspannung der Lampe übersteigt. Für eine Wechselstromlampe genügt eine Spannung von 30 bis 35 Volt. Man könnte also drei solcher Lampen in Serie an eine Leitung von 110 Volt anschliessen. Wird jedoch

nur eine Lampe benöthigt, so muss die überschüssige Spannung in
der oben erläuterten Weise durch eine Drosselspule abgedämpft
werden. Nehmen wir nun den Fall an, dass zwischen den zwei
Drähten der Leitung gerade die Spannung herrscht, welche zwei in
Serie geschaltete Bogenlampen brauchen, also etwa 65 Volt. Um die
eine oder die andere der Lampen allein zu brennen, können wir die
in Fig. 114 gezeichnete Anordnung verwenden. D_1 und D_2 sind
zwei übereinanderliegende Windungen mit gemeinschaftlichem Eisenkern. In der Zeichnung sind sie der Einfachheit halber nebeneinander gezeichnet. Die beiden Spulen sind im Punkte o verbunden,
und die Richtung der Wickelung möge derart sein, dass ein in D_1
von links nach rechts fliessender Strom in D_2 eine von rechts nach
links wirkende E.M.K. inducirt und umgekehrt. Denken wir uns

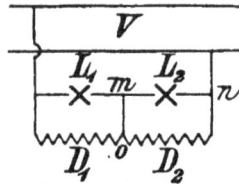

Fig. 114.

nun eine der Lampen, z. B. L_1, ausgeschaltet, so fliesst der Strom
durch D_1 zunächst bis zum Punkte o und hat dann zwei Wege, den
einen durch D_2 und den andern durch die Lampe L_2. Es ist sofort klar, dass der erste Weg für den Strom unpassirbar ist; denn
die in D_2 inducirte E.M.K. ist seiner Richtung entgegengesetzt
und erzeugt selbst einen Strom, der auch durch die Lampe fliesst.
Die zwei Spulen können also als ein Transformator mit dem Um-
setzungsverhältnnis 1:1 angesehen werden, wobei D_1 die primäre
und D_2 die sekundäre Wickelung ist. Nehmen wir an, dass die
Lampen 12 Ampère Strom brauchen, dann würde bei einem Wirkungsgrad des Transformators von 100 % durch D_1 ein Strom von
6 Ampère fliessen und durch D_2 ein genau gleicher Strom, aber in
entgegengesetzter Richtung. Die zwei Ströme addiren sich in o, und
die Lampe L_2 erhält einen Strom von 12 Ampère. Bei n theilt sich
dieser Strom wieder, indem 6 Ampère zur Spule D_2 fliessen und
6 Ampère zum andern Pol der Leitung. Da der Wirkungsgrad
des Apparates jedoch etwas kleiner als 100 % sein muss, so wird
D_2 etwas weniger als die Hälfte des Lampenstromes beitragen oder,

was auf das Gleiche hinauskommt, die Leitung muss etwas mehr
als den halben Lampenstrom liefern. Der Mehrbetrag dient zur
Deckung der Verluste.

Es ist also möglich, durch Parallelschaltung eines Transformators zu den zwei Lampen dieselben von einander unabhängig zu
machen, trotzdem sie zu einander in Serie geschaltet sind. Der
Transformator hat drei Klemmschrauben $p\ o\ n$, von denen o für beide
Spulen gemeinschaftlich ist. Er wirkt hier als eine Art elektromag-
netischer Ausgleichsvorrichtung zwischen zwei Stromkreisen, und das
gleiche Princip lässt sich auch auf mehr als zwei Stromkreise anwenden. So sind z. B. in Fig. 115 drei Lampen in Serie geschaltet
und an die Vertheilungsleitung V angeschlossen. Der Transformator
hat jetzt drei übereinander gewickelte Spulen mit gemeinsamem
Eisenkern. Es sei der Lampenstrom wieder 12 Ampère, und es

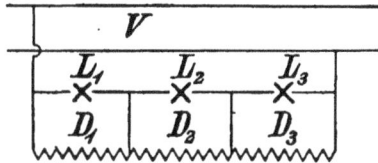

Fig. 115.

seien die Lampen L_2 und L_3 ausgeschaltet. Dann fliesst durch D_2
und D_3 ein Strom von etwas über 4 Ampère und inducirt in D_1
einen Strom von etwas unter 8 Ampère, der sich zum Primärstrom
addirt, so dass die Lampe L_1 mit der normalen Stromstärke von
12 Ampère gespeist wird. Solche Transformatoren werden in Haus-
installationen zum Anschluss von Bogenlampen vielfach verwendet,
weil man dadurch die Vortheile der Serienschaltung und Unabhän-
gigkeit jeder Lampe von den andern gleichzeitig erzielt. Auch ist
die Leistung der Transformatoren kleiner als jene von Einzeltransformatoren für jede Lampe, wie man leicht aus folgender Ueberlegung sieht. Es sei e die Spannung in der Vertheilungsleitung und
P der Effektbedarf einer Lampe bei dem Normalstrom i. Dann
ist für Fig. 114 bei $\cos \varphi = 1$ die Leistung des Transformators
$e \times \dfrac{i}{2} = \dfrac{P}{2}$, während jene von zwei Einzeltransformatoren sein
würde $2 \times \dfrac{e}{2} \times i = P$. Mit andern Worten: der gemeinsame
Transformator für zwei Lampen in Serienschaltung enthält nicht

mehr Material als ein gewöhnlicher Transformator für eine Lampe in Parallelschaltung. Bei der Anordnung Fig. 115 muss der Transformator für die Spannung e und die Stromstärke $\frac{2}{3}\,i$ konstruirt sein. Der Materialverbrauch entspricht also einer Leistung von $\frac{2}{3}\,P$, während die Gesammtleistung von 3 Einzeltransformatoren, $3 \times \frac{i}{3} \times e = P$ sein würde. Die Anwendung eines kombinirten Transformators ist also auch in diesem Falle vortheilhaft.

Dreileitersystem. Transformatoren mit kombinirter Sekundärwickelung lassen sich auch bei Stromvertheilung mit Dreileitersystem vortheilhaft anwenden. Die Primärwickelung, welche den Hochspannungsstrom von der Speiseleitung s Fig. 116 erhält, hat nur

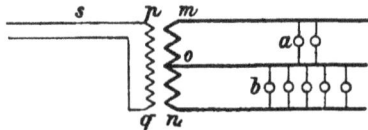

Fig. 116.

zwei Klemmen p, q. Die Sekundärwickelung hat drei Klemmen $m\,o\,n$, von denen o für beide Theile des Vertheilungsnetzes gemeinsam ist. Die Spannung zwischen m und n ist doppelt so gross als jene in den Stromkreisen a und b, und die Vertheilungsleitungen können genau wie beim Dreileitersystem für Gleichstrom entsprechend leichter gehalten werden.

Ausgleichstransformator. Liegt der Transformator in einiger Entfernung vom eigentlichen Beleuchtungsgebiet, so braucht der Mittelleiter gar nicht zu ihm zurückgeführt zu werden, sondern man kann den Ausgleich zwischen den zwei Theilen des Dreileitersystems durch einen besondern Ausgleichstransformator in ähnlicher Weise wie in Fig. 114 an Ort und Stelle bewirken. Die Anlage besteht dann aus dem Haupttransformator T auf der Unterstation, Fig. 117, und einem kleinen Ausgleichstransformator T_1, welcher mitten im Beleuchtungsgebiet eingesetzt werden kann. Die Leistung dieses Transformators braucht nicht grösser bemessen zu werden, als der halben Differenz in der Belastung der beiden Stromkreise entspricht. Es sei i_a die maximale Strombelastung in a und i_b die gleichzeitig auftretende Stromstärke in b, so muss die eine Spule des Ausgleichstransformators den Strom $\dfrac{i_a - i_b}{2}$ aufnehmen und die andere den gleichen Strom abgeben. Ist e die Spannung in jedem Stromkreise, so ist die Leistung des Ausgleichstransformators $\dfrac{i_a - i_b}{2} e$. Die Leistung des Haupttransformators ist zur gleichen Zeit $\dfrac{(i_a + i_b)}{2} 2e$; da es aber doch vorkommen kann, dass zu gewissen Zeiten beide Stromkreise die maximale Belastung führen, muss dieser Transformator für eine Leistung von $2 i_a e$ gebaut sein. Bezeichnet nun p das Verhältnis der Belastungsdifferenz zur Maximalbelastung eines Stromkreises, also $i_b = (1 - p) i_a$, so muss der Ausgleichstransfor-

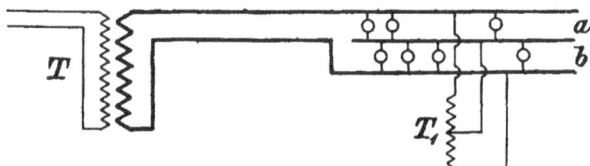

Fig. 117.

mator für die Leistung $\dfrac{p}{2} i_a e$ gebaut sein, und seine Grösse wird sich zu jener des Haupttransformators verhalten wie $2 : \dfrac{p}{2} = 4 : p$. Bei einer Belastungsdifferenz von 100, 50, 20 und 10% würde er also bezw. für $\dfrac{1}{4}$, $\dfrac{1}{8}$, $\dfrac{1}{20}$, und $\dfrac{1}{40}$ der Leistung des Haupttransformators gebaut werden müssen. Man sieht, dass ein verhältnismässig sehr kleiner Ausgleichstransformator die Zurückführung des Mittelleiters nach der Unterstation entbehrlich macht.

Scott's System der Stromvertheilung. Eine andere Anwendung finden Transformatoren bei der Umwandlung eines Zweiphasen- in ein Dreiphasensystem und umgekehrt. Die Anordnung, wie sie Fig. 118 zeigt, ist von Herrn C. F. Scott[1]) angegeben worden. G ist ein Zweiphasengenerator, dessen Stromkreise die Primärspulen von zwei gesonderten Transformatoren T_1 und T_2 enthalten. Die Sekundärspulen sind, wie die Figur zeigt, verbunden und haben drei Klemmschrauben A, B, C für die Aussenleitung.

---

¹) The Electrician, April 6, 1894.

Da die Primärströme in T_1 und T_2 gegeneinander um 90 ⁰ verschoben
sind, so sind die E.M.-Kräfte in den zwei Sekundärspulen auch um
90 ⁰ gegeneinander verschoben.   Die im äussern Stromkreis $A B$
wirkende E.M.K. setzt sich also aus zwei Komponenten zusammen,
nämlich jener, die in der Sekundärspule von T_1 erzeugt wird, und

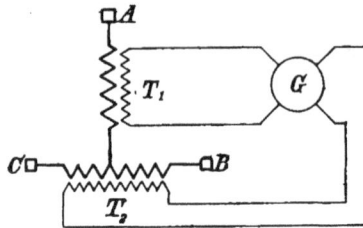

Fig. 118.

jener, die in der halben Sekundärspule von T_2 erzeugt wird. Seien
$O A$ und $B O$ in Fig. 119 diese Komponenten, so ist $B A$ die Resultante, d. h. die E.M.K. zwischen B und A. Ebenso ist $C A$ die
E.M.K. zwischen C und A. Die E.M.K. zwischen B und C ist $B C$.
Nun ist sofort klar, dass man es durch geeignete Wahl der sekundären Windungszahlen erreichen kann, dass diese Resultanten der

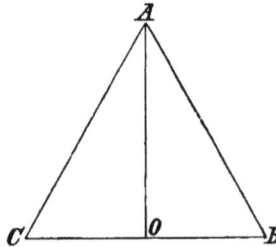

Fig. 119.

Grösse nach einander gleich werden. Man muss die sekundären
Spulen so wickeln, dass $OB = \frac{1}{2} AB$. Dann ist aber $OA =$
$AB \sqrt{\frac{3}{4}}$, $OA = 0{,}867 AB$, und Fig. 119 ist ein gleichseitiges Dreieck.
Im rotirenden Vektordiagramm gehen also die drei E.M.-Kräfte
durch Null in Intervallen von 60 ⁰, d. h. jede zweimal in einer vollen
Periode. Ebenso folgen sich die Maxima beider Vorzeichen in Inter-

vallen von 60°, und wenn wir nur positive oder nur negative Maxima betrachten, ist der Abstand 120°. Die drei Stromkreise gehen also durch die gleiche Phase in Intervallen von 120° oder mit andern Worten, es besteht zwischen ihnen eine Phasenverschiebung von 120°. Es ist somit durch die eigenthümliche Anordnung der Transformatoren der zweiphasige Primärstrom in einen dreiphasigen Sekundärstrom verwandelt worden.

Der Vortheil, den Herr Scott für sein System beansprucht, ist, dass die Stromerzeugung und Stromverwendung bei zwei Phasen, die Uebertragung jedoch mittels dreier Phasen geschehen kann; ersteres erleichtert die Regulirung bei gemischtem Betrieb von Mo-

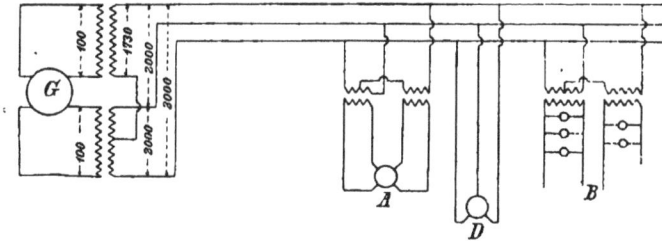

Fig. 120.

toren und Lampen, und letzteres führt eine Ersparnis in Leitungsmaterial herbei. Die von Scott angegebene Anwendung ist in Fig. 120 dargestellt.

G ist ein Zweiphasengenerator, dessen 100 V-Spannung in den Transformatoren auf 2000 und 1730 V erhöht wird, so dass zwischen je zwei Drähten der dreifachen Speiseleitung 2000 V herrschen. An der Verbrauchsstelle wird wieder nach Bedarf auf 100 voltigen Zweiphasenstrom herabgesetzt für Motoren- oder Lampenbetrieb (A bezw. B), oder der dreiphasige Strom direkt zum Betrieb von Motoren verwendet, D. Trotz der Verkettung der Stromkreise macht die Regulirung auf konstante Lampenspannung nicht mehr Schwierigkeiten, als wären die Lampen unmittelbar an den Generator angeschlossen.

Zehntes Kapitel.

Der Transformator und seine Stromkreise. — Elektrische Konstanten
der Leitungen. — Resonanz. — Spannungserhöhung durch Resonanz.
— Kabeldurchschläge in weit verzweigten Netzen.

Der Transformator und seine Stromkreise. Ein Transformator kann nie für sich allein angewendet werden, sondern nur
in Verbindung mit andern Apparaten. Er bildet gewissermaassen
das verkettende Glied zwischen zwei Stromkreisen, deren jeder E.M.K.,
Widerstand, Selbstinduktion und Kapacität enthalten kann. Je nachdem diese Eigenschaften relativ zu einander entwickelt sind, wird
auch der Arbeitszustand des Transformators beeinflusst werden und
deshalb müssen wir, um sein Verhalten zu studiren, ihn nicht als
Apparat für sich, sondern als Theil eines ganzen Stromsystems betrachten. Für eine solche Betrachtung ist es bequem, wenn man
die elektrischen Eigenschaften des Transformators in einer einfachen
Weise darstellen kann. Um zu einer solchen Darstellung zu gelangen, wollen wir voraussetzen, das Umsetzungsverhältnis sei 1 : 1.
Diese Voraussetzung ist zulässig, wenn wir jeden der beiden Stromkreise für sich betrachten. Ist aber das Umsetzungsverhältniss 1 : 1,
so können die beiden Stromkreise leitend verbunden sein und der
Transformator kann ersetzt werden durch eine Gruppe von Spulen,
die Widerstand und Induktanz haben, und zwar in solcher Anordnung und Grösse, dass die Arbeitszustände in beiden Stromkreisen
genau dieselben sind als bei Zwischenschaltung eines wirklichen
Transformators mit dem Umsetzungsverhältnis 1 : 1. Die linke Seite
der Fig. 121 stellt den wirklichen Transformator, die rechte die
gleichwerthige Anordnung von Induktanz und Widerstand dar.

In beiden Fällen bedeuten $a\,b$ die Klemmen des gespeisten oder
sekundären Stromkreises zwischen denen die Spannung e besteht.
Der Leerlaufstrom ist i_o, seine Watt-Komponente i_h und seine watt-

lose Komponente i_μ. Der in den gespeisten Stromkreis übertragene Strom sei i. Im wirklichen Transformator wird bei Leerlauf die Leistung

$$P_v = e\,i_h = w_1\,i_h{}^2$$

in Wärme umgesetzt, d. h. zur Erhitzung des Eisens verwendet. Die Kupferwärme ist bei Leerlauf so gering, dass wir sie nicht zu beachten brauchen oder als zur Hysteresis zugeschlagen annehmen

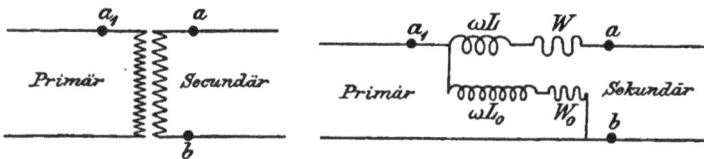

Fig. 121.

können. Um in der rechts in Fig. 121 gezeichneten äquivalenten Anordnung diesen Verlust ebenfalls einzuführen, müssen wir uns einen Widerstand W_0 zwischen die Primärleitungen gelegt denken. Seine Grösse bestimmt sich aus der Bedingung

$$W_0\,i_0{}^2 = e\,i_h.$$

Ist ωL_1 die Induktanz der Primärspule im wirklichen Transformator bei Leerlauf, so ist

$$e = i_\mu\,\omega\,L_1.$$

Um die Wirkung von L_1 in der äquivalenten Anordnung darzustellen, müssen wir die Induktanz ωL_0 in Serie mit W_0 schalten. Die Grösse von W und ωL_0 bestimmt sich aus folgender Ueberlegung. In der äquivalenten Anordnung ist e die Resultante der wattlosen Komponente $e_s = \omega\,L_0\,i_0$ und der Watt-Komponente $e_w = W_0\,i_0$. Im wirklichen Transformator ist i_0 die Resultante der wattlosen Komponente i_μ und der Watt-Komponente i_h. Wir haben also

$$W_0\,i_0{}^2 = e\,i_h$$

$$W_0 = \frac{e}{i_0} \cdot \frac{i_h}{i_0}.$$

Die Werthe i_0 und i_h sind für eine gegebene Primärspannung wie im 4. Kapitel angegeben zu berechnen. Bedeutet P die Belastung primär in K.V.A. und λ den Procentsatz des Leerlaufstroms, so dass

$$\lambda = 100 \, \frac{i_0}{i}$$

so ist $P = e \, i \, 10^{-3}$ und $\dfrac{1}{i_0} = \dfrac{100}{\lambda \, i}$

$$\frac{1}{i_0} = \frac{100}{\lambda \, P} \frac{e}{1000}$$

$$W_0 = \frac{1}{\lambda \, P} \left(\frac{e}{1000} \right)^2 \left(\frac{i_h}{i_0} \right) 10^5 \quad \ldots \ldots \quad 28)$$

Ebenso haben wir

$$i_0 \, e_s = i_\mu \, e$$

$$\omega \, L_0 \, i_0^2 = i_\mu \, e$$

$$\omega \, L_0 = \frac{e}{i_0} \frac{i_\mu}{i_0}$$

$$\omega \, L_0 = \frac{1}{\lambda \, P} \left(\frac{e}{1000} \right)^2 \left(\frac{i_\mu}{i_0} \right) 10^5 \quad \ldots \ldots \quad 29)$$

Es ist also aus den elektrischen Daten des wirklichen Transformators, nämlich Spannung, Leerlaufstrom und seinen Komponenten, möglich, den Widerstand und die Induktanz der äquivalenten Anordnung, soweit sie sich auf Leerlauf bezieht, zu berechnen.

In ähnlicher Weise können diese Konstanten für Belastung bestimmt werden. In Fig. 121 sind sie mit W und ωL bezeichnet. Ist W_1 der Widerstand der Primärwickelung, W_2 jener der Sekundärwickelung und sind n_1, n_2 die Windungszahlen, so ist W auf die Primärseite bezogen

$$W = W_1 + \left(\frac{n_1}{n_2} \right)^2 W_2 \quad \ldots \ldots \ldots \quad 30)$$

Die Induktanz ωL finden wir aus folgender Ueberlegung. Bei einem induktiven Spannungsabfall von

$$e_{s_1} + \frac{n_1}{n_2} \, e_{s_2} = e_s$$

ist $\omega \, L \, i = e_s$

Dabei ist i der Primärstrom der sich aus

$$i = \frac{1000 \, P}{e}$$

berechnen lässt. Es ist bequem, den induktiven Spannungsabfall in Procenten auszudrücken, so dass, wenn σ den Procentsatz bedeutet, wir schreiben können

$$\sigma = 100 \, \frac{e_s}{e}$$

$$\omega L i = \frac{\sigma e}{100}$$

$$\omega L \frac{1000\, P}{e} = \sigma \frac{e}{100}$$

$$\omega L = \frac{\sigma}{P} \left(\frac{e}{1000} \right)^2 10 \quad . \quad . \quad . \quad . \quad . \quad . \quad 31)$$

Ein Beispiel möge die Anwendung dieser Formeln zeigen. Wir wählen zu diesem Zweck einen 20 K.V.A.-Transformator für $\sim = 45$; primär 3000 V, Umsetzungsverhältnis 25 (also bei Leerlauf 3000 auf 120 V), Leerlaufstrom 3,3 %, Eisenverlust 300 Watt und Kupferverlust bei Vollbelastung auch 300 Watt. Der induktive Spannungsabfall bei Vollbelastung sei 4 %. Bei gleicher Stromwärme in beiden Wickelungen haben wir $W_1 = 3,37$; $W_2 = 0,0054$. Für diesen Transformator sind die elektrischen Konstanten auf die Hochspannungsseite bezogen

$P = 20$	$\lambda = 3,3$	$\sigma = 4$
$\frac{e}{1000} = 3$	$i = 6,67$	$W = 6,75$
$i_0 = 0,22$	$i_h = 0,1$	$i_\mu = 0,196.$

Für Leerlauf bestimmt sich W_0 aus 28) zu

$$W_0 = 6200 \text{ Ohm}$$

und ωL_0 aus 29) zu

$$\omega L_0 = 12100 \text{ Ohm}$$
$$L_0 = 43 \text{ Henry.}$$

Der Transformator wirkt also bei Leerlauf wie eine Spule, die behaftet ist mit einem ohmischen Widerstand von 6200 Ohm und einem Selbstinduktions-Koefficienten von 43 Henry. Diese Spule liegt im Nebenschluss zu den Zuleitungsdrähten. In Serie mit einem dieser Drähte liegt ausserdem noch eine Spule, die behaftet ist mit dem ohmischen Widerstand W und dem Selbstinduktions-Koefficienten L. Diese beiden Werthe finden wir aus den Gleichungen 30) und 31) zu

$$W = 6,75 \text{ Ohm}$$
$$\omega L = 18 \quad -$$
$$L = 0,064 \text{ Henry.}$$

Wäre das Umsetzungsverhältnis 1 : 1, so würde der sekundäre Stromkreis eine Spannung erhalten, die wir finden, indem wir von 3000 V vektoriell jene Spannung abziehen, die in der Spule ($W, \omega L$) verloren geht. Den Primärstrom würden wir erhalten, indem wir zu dem sekundären Strom von 6,67 A vektoriell den Leerlaufstrom

15*

0,22 A addiren. Da das Umsetzungsverhältnis aber in Wirklichkeit
25 : 1 ist, so ist der sekundäre Strom $25 \times 6,67 = 166,75$ A und
die sekundäre Spannung ist nur $^1/_{25}$ des oben angegebenen Werthes.

Dass die in Fig. 121 skizzirte Anordnung von zwei Spulen, die
eine im Nebenschluss und die andere in Serie mit der Leitung, ein
vollkommener Ersatz für den wirklichen Transformator ist, sieht
man ohne weiteres aus dem Vektordiagramm. Es sei in Fig. 122
OA der den Verbrauchsapparaten zugeführte Strom, OE seine Span-

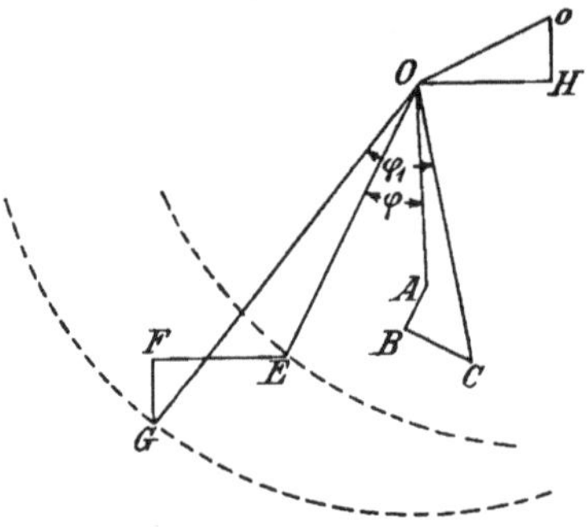

Fig. 122.

nung und φ die Phasenverschiebung zwischen beiden, die natürlich
nur durch den Charakter der Verbrauchsapparate bestimmt ist. Wir
machen

$$EF = \omega L i$$
$$FG = W i.$$

Dann ist OG die zwischen den Klemmen $b\,a_1$ in Fig. 121 be-
stehende Spannung und diese ist bei Leerlauf gleich der zwischen
$a\,b$ bestehenden Spannung. Machen wir

$$AB = i_h$$

und parallel zu OG und ferner

$$BC = i_\mu$$

und senkrecht zu OG, so ist OC der durch die Klemme a_1 fliessende
Strom. Die Gruppe von zwei Spulen erhält also den Strom OC und
die Spannung OG unter der Phasenverschiebung φ_1; sie giebt ab
den Strom OA mit der Spannung OE und bei einer Phasenverschiebung φ. Auf eine kleine Ungenauigkeit im Diagramm muss
noch hingewiesen werden. FG ist eine Watt-Komponente und deshalb dem Stromvektor OA parallel gezeichnet. Nun besteht FG in

Wirklichkeit aus zwei Theilen, nämlich dem ohmischen Spannungsabfall in der Sekundärspule, dessen Vektor jenem des Sekundärstromes OA parallel sein muss, und dem ohmischen Spannungsabfall
in der Primärspule, dessen Vektor jenem des Primärstromes OC
parallel sein muss. Nun sind aber AB und BC so kleine Strecken
im Vergleich mit OA, dass die Vektoren OC und OA sehr nahezu
ineinanderfallen und wir deshalb FG ohne weiteres dem Vektor OA
parallel zeichnen können. Einen ähnlichen Fehler haben wir auch
bei Ableitung der Methode zur graphischen Bestimmung des Spannungsabfalles zugelassen. In der That ist Fig. 122 zum Theil eine
Wiederholung des in Fig. 76 gegebenen Diagramms, wie man sofort
sieht, wenn man OH gleich und parallel mit FE und HO gleich und
parallel mit GF macht. Die aus O und o gezeichneten Kreise entsprechen genau den für einen wirklichen Transformator gezeichneten
Kreisen in Fig. 76.

Elektrische Konstanten der Leitungen. Jede Leitung
hat Widerstand, Selbstinduktion und Kapacität. Alle diese Eigenschaften sind der Länge proportional. Der Einfluss der Selbstinduktion wird mit wachsender Stromstärke mehr fühlbar, jener der
Kapacität mit wachsender Spannung.

Um die Selbstinduktion eines koncentrischen Kabels zu finden,
müssen wir den Kraftfluss innerhalb des ringförmigen Raumes
zwischen Innen- und Aussenseite berechnen. Ist r_1 der äussere
Radius des Innenleiters und r_2 der innere Radius des Aussenleiters,
so ist unter Vernachlässigung des in der Masse des Leiters selbst
auftretenden Kraftflusses die Induktion B im Abstand r vom Mittelpunkt gegeben durch

$$B = \frac{4\,\pi\,i}{2\,\pi\,r},$$

wobei r zwischen den Grenzen r_1 und r_2 liegt. Der Kraftfluss in
l cm Länge ist

$$N = l \int_{r_1}^{r_2} B\,dr$$

$$N = 2\,l\,i\,ln\,\frac{r_2}{r_1}.$$

Bezeichnet L den Koefficienten der Selbstinduktion, so ist

$$N = L\,i.$$

$$L = 2\,l\,ln\,\frac{r_2}{r_1}$$

in absolutem Maass. Für praktische Zwecke ist es bequem L, in Henry und die Länge des Kabels in km auszudrücken. Auch wollen wir gewöhnliche statt natürlicher Logarithmen einführen. Das giebt

$$L = 4{,}6\, l \log \frac{r_2}{r_1} \, 10^{-4} \text{ Henry.} \quad \ldots \ldots \quad 32)$$

Ein koncentrisches Kabel ist ein Kondensator, dessen Belegungen koncentrische Cylinder sind. Seine Kapacität in Mikrofarad ist nach einer bekannten Formel der Elektricitätslehre ausgedrückt durch

$$K = \frac{0{,}024\, l\, \varepsilon}{\log \dfrac{r_2}{r_1}} \text{ Mikrofarad,} \quad \ldots \ldots \quad 33)$$

wobei ε die Dielektricitätskonstante des Isolirmateriales bezeichnet. Diese schwankt zwischen etwa 3 und 4,5. In der Formel 33) ist l in km einzusetzen.

Für Luftleitungen vom Radius r, die im Abstand d von einander parallel geführt werden, hat Steinmetz[1]) die Werthe von L und K angegeben. Sie sind

$$L = 9{,}2\, l \log \frac{d}{r} \, 10^{-4} \text{ Henry} \quad \ldots \ldots \quad 34)$$

$$K = \frac{0{,}012\, l}{\log \dfrac{d}{r}} \text{ Mikrofarad} \quad \ldots \ldots \quad 35)$$

Diese Formel ist abgeleitet unter der Voraussetzung, dass d im Vergleich mit r ziemlich gross ist. Bei verseilten Kabeln ist diese Bedingung jedoch nicht erfüllt und es giebt der Ausdruck

$$K = \frac{0{,}012\, l\, \varepsilon}{\log \dfrac{d}{r}} \text{ Mikrofarad}$$

in diesem Fall nur einen angenäherten Werth für die Kapacität.

Ein Vergleich dieser Formeln zeigt, dass bei koncentrischen Kabeln die Selbstinduktion viel geringer ist als bei Luftleitungen, dass aber dafür bei letzteren die Kapacität viel geringer ist als bei koncentrischen Kabeln. Um einen Begriff von der Grössenordnung der Werthe zu erhalten, sind in der folgenden kleinen Tabelle die elektrischen Konstanten für eine 10 km lange Leitung von 50 qcm Querschnitt zusammengestellt. Der Drahtabstand bei der Luftleitung ist zu 60 cm angenommen. Die Frequenz sei 50, also $\omega = 314$.

---

[1]) E.T.Z. 1893, S. 478.

Einfache Länge der Leitung 10 km	Koncentrisches Kabel	Luftleitung
Widerstand der ganzen Leitung in Ohm	7	7
L in Henry	$1{,}65 \times 10^{-3}$	20×10^{-3}
ωL in Ohm	0,52	6,28
Gegenseitige Kapacität in Mikrofarad .	2,5	0,055
Bei 3000 V ist der Ladestrom in Ampère	2,34	0,052

Wie diese Tabelle zeigt, verschwindet beim koncentrischen Kabel der induktive Widerstand fast gänzlich gegen den ohmischen Widerstand, während bei der Luftleitung der Ladestrom fast gänzlich verschwindet gegenüber dem Strom, den eine Leitung von 50 qmm Querschnitt führen kann. Dagegen ist der Ladestrom des koncentrischen Kabels nicht so klein, dass man ihn vernachlässigen könnte, besonders dann nicht, wenn das Kabel von einem Transformator herauftransformirten Strom erhält. Dann ist nämlich die Selbstinduktion des Transformators mit der Kapacität des Kabels in Serie geschaltet und es treten gewisse Erscheinungen auf, die man im Allgemeinen mit dem Namen Resonanz bezeichnet und die unter Umständen für das Kabel sowohl als für den Transformator gefährlich werden können.

Resonanz. Um das Entstehen von Resonanz an einem einfachen Beispiel zu erklären, wollen wir annehmen, wir hätten das oben erwähnte koncentrische Kabel verlegt und wollen es mit einer Spannung von 6000 V prüfen[1]). Da die Schienenspannung in der Centrale nicht wesentlich höher sein kann als die normale Betriebsspannung von 3000 V so müssen wir die Spannung mittels eines Transformators herauftransformiren. Die Frequenz sei 50, wie in deutschen Centralen üblich. Dieser Transformator muss sekundär abgeben den Ladestrom bei 6000 V. Nach obiger Tabelle ist der Ladestrom bei 3000 V von der Grössenordnung 2,34 A; er wird also bei 6000 V etwa 4,7 A betragen und es ist für die Kabelprüfung ein Transformator von 28 K.V.A. Leistungsfähigkeit nothwendig. Da jedoch der Transformator nur kurze Zeit gebraucht wird, kann er etwas überlastet werden. Wir wollen annehmen, dass uns für die Prüfung ein Transformator von 24 KVA zur Verfügung steht und dass wir diesem auf kurze Zeit bis zu 30 KVA belasten können. Wir wollen, um die Untersuchung zu vereinfachen, von dem im ersten Abschnitt dieses Kapitels eingeführten Begriff, der äquivalenten

---

[1]) Eine solche Prüfung ist in Uebereinstimmung mit den Sicherheitsvorschriften des V. D. E., § 1 d.

Spulen, Gebrauch machen. Dann kann die Anordnung durch Fig. 123 dargestellt werden.

Die Spule (W_0, ωL_0) ist in dieser Skizze weggelassen, weil sie nur die Maschine M in der Centrale belastet, aber auf den Vorgang zwischen Kabel und Spule (W, ωL), der uns augenblicklich allein interessirt, keinen Einfluss hat.

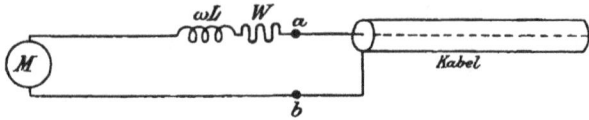

Fig. 123.

Das Kabel, dessen Kapacität K Mikrofarad sein möge, nimmt einen Ladestrom auf, der nach 23) berechnet wird; es ist

$$i = K \omega e\, 10^{-6} = 4{,}68.$$

Dieser Strom fliesst auch durch die Spule (W, ωL). Der Transformator, welcher durch die Spule (W, ωL) ersetzt wird, habe $1^1/_2\,\%$ Kupferverlust und $4\,\%$ induktiven Spannungsabfall. Es ist also für

$$i = 4 \qquad\qquad P = 24 \qquad\qquad \sigma = 4 \qquad\qquad P_v = 360 = W\,i^2.$$

Dann wird

$$W = 360 : 4^2$$
$$.\quad W = 22{,}5 \text{ Ohm}$$

und ωL berechnet sich aus 31) zu

$$\omega L = 60 \text{ Ohm}.$$

Der Ladestrom von 4,68 A erzeugt also in W einen ohmischen Spannungsabfall von 105 V und in ωL eine induktive Spannungserhöhung von rund 280 V, so dass die Maschine nur 5720 V geben darf, wenn das Kabel genau 6000 V erhalten soll. Der Transformator würde für kurze Zeit eine viel grössere Stromstärke vertragen. Diese tritt auf, wenn wir das Kabel verlängern. Dann muss aber auch der Unterschied zwischen Maschinenspannung und Spannung am Kabel wachsen, eine Erscheinung, die zuerst bei der Verlegung der koncentrischen Ferranti-Leitungen zwischen Deptford und London beobachtet worden ist und die deshalb den Namen Ferranti-Effekt erhalten hatte. Es wäre richtiger gewesen, die Erscheinung Resonanzeffekt zu nennen, denn sie wird thatsächlich durch eine Resonanz zwischen Kapacität und Selbstinduktion hervorgebracht.

Spannungserhöhung durch Resonanz. In dem eben durchgerechneten Beispiel war die Spannungserhöhung nur unbedeutend.
Es kam das daher, dass die Induktanz des Transformators und die
Kapacität des Kabels klein waren. Nun können aber Fälle eintreten, wo die Verhältnisse nicht so günstig liegen. Denken wir
uns eine Centrale mit weit verzweigtem koncentrischen Kabelnetz
und betrachten wir zunächst ein Kabel, an dessen entferntem Ende
ein Transformator angeschlossen ist. Die Belastung auf der sekundären Seite sei Null. Wir können also in der äquivalenten Anordnung die Spule (W, ωL) fortlassen und brauchen uns nur mit der
Spule (W_0, ωL_0) zu beschäftigen. Das Kabel hat nicht nur Kapacität zwischen Innen- und Aussenleiter, sondern auch, und zwar eine
grössere, Kapacität zwischen Aussenleiter und Bleimantel. Da aber
der Bleimantel von Erde nicht isolirt ist, so hat der Aussenleiter
Kapacität gegen Erde. Diese schwankt je nach der Grösse des

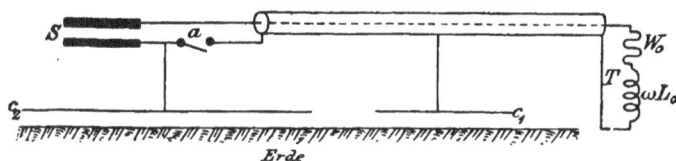

Fig. 124.

Kabels zwischen etwa 0,6 und 1,5 Mikrofarad pro km. In Fig. 124
seien S die Sammelschienen in der Centrale, T der am entfernten
Ende des Kabels angeschlossene Transformator, C_1 die Kapacität
des Aussenleiters gegen Erde und C_2 die Kapacität sämmtlicher
andern Aussenleiter im ganzen Hochspannungsnetz gegen Erde.
Denken wir uns nun den Aussenleiterschalter a geöffnet, so fliesst
der Strom von der oberen Sammelschiene ausgehend durch den
Innenleiter in die Spule (W_0, ωL_0), von dort nach dem Aussenleiter,
und da bei a die Verbindung unterbrochen ist, durch den Kondensator C_1 zur Erde und von Erde durch den Kondensator C_2 zur
untern Sammelschiene. Es sind also die beiden Kapacitäten in
Serie geschaltet mit der Spule (W_0, ωL_0). Die Kapacität von zwei
in Serie geschalteten Transformatoren ist bekanntlich

$$C = \frac{C_1 \, C_2}{C_1 + C_2}.$$

Nun ist C_1 die Kapacität nur eines Kabels und C_2 die aller übrigen Kabel; es ist also C_1 immer sehr klein gegen C_2 und wir können mit genügender Annäherung schreiben

$$C = C_1.$$

Die Aussenleiter des ganzen Stadtnetzes wirken also, als ob sie Erdschluss hätten, und die Isolirung des abgeschalteten Aussenleiters muss der ganzen Spannung des Ladestromes widerstehen. Diese Spannung kann aber infolge von Resonanz stark anwachsen und darin liegt die Gefahr des Durchschlagens des abgeschalteten Aussenleiters. Um uns ein Bild über die Grösse dieser Gefahr zu machen, wollen wir als Beispiel ein Stadtnetz von 100 km koncentrischer Hochspannungskabel annehmen. Die Betriebsspannung sei primär 3000 V, die Frequenz 45. Die Kapacität von Aussenleiter gegen Blei hängt von der Konstanten des Isolirmaterials, seiner Dicke und dem Kabelquerschnitt ab. Wir können, ohne uns auf langwierige Berechnung irgend einer besonderen Anlage einzulassen, annehmen, dass sie im Durchschnitt von der Grössenordnung 1 Mikrofarad pro Kilometer ist. Wir wollen ferner annehmen, dass der mit dem einseitig abgeschalteten Kabel noch verbundene Transformator eine Leistung von 20 Kilovolt-Ampère hat, und dass seine elektrischen Konstanten die auf Seite 227 angegebenen Werthe haben. Um nun zu untersuchen, unter welchen Umständen eine gefährliche Erhöhung der Spannung eintritt, ist es am bequemsten, wenn man für verschiedene Werthe der Klemmenspannung diejenige Kapacität bestimmt, welche nöthig ist, damit der Ladestrom genau gleich wird dem dieser Klemmenspannung entsprechenden primären Leerlaufstrom. Dabei nehmen wir an, dass die Maschinenspannung (welche der Kombination von Transformator und Kapacität aufgedrückt wird) in allen Fällen 3000 V beträgt, also konstant ist. Letzteres entspricht den thatsächlichen Verhältnissen, denn die Generatoren in modernen Elektricitätswerken sind so gross, dass ihre Klemmenspannung durch die Vorgänge, um die es sich handelt, so gut wie gar nicht beeinflusst wird.

Wie schon oben angegeben, nehmen wir an, dass das Sekundärnetz am Ende des Kabels, das wir in diesem Falle als Ausläufer ansehen können, unbelastet ist. Dieser Fall ist möglich, wenn der Ausläufer ein Villenquartier mit Strom versorgt, in dem zu gewissen Zeiten weder für Lampen noch Motoren ein Strombedarf besteht; er kann aber auch eintreten, wenn behufs Herstellung eines neuen

Anschlusses das Sekundärnetz vom Transformator abgeschaltet werden muss.

Wenn man die magnetischen Eigenschaften des Eisens im Transformator kennt, so kann man für jede Klemmenspannung den Leerlaufstrom und die Verluste, also auch die Phasenverschiebung des Leerlaufstromes, berechnen. Die Rechnung ist so einfach, dass sie nicht im Einzelnen durchgeführt zu werden braucht. Für eine bestimmte Sorte Eisen erhalten wir die in Fig. 125 zeichnerisch dar-

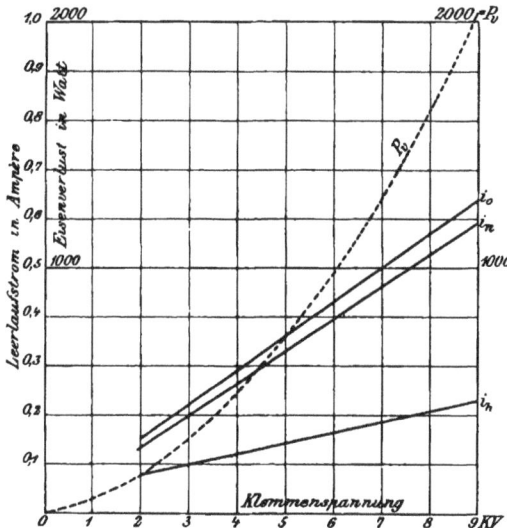

Fig. 125.

20 KVA-Transformator bei 3000 V, $\sim$ = 45
300 Watt Eisenverlust, 3,3 % Leerlaufstrom.

gestellten Werthe. In dieser Figur bedeutet P_v den Eisenverlust beim Leerlauf, i_0 den Leerlaufstrom, i_h seine Wattkomponente und i_μ seine wattlose Komponente. Der Verlust im Kupfer ist, weil unerheblich, in P_v nicht berücksichtigt.

Um nun für irgend eine Klemmenspannung, z. B. 3500 V, die entsprechende Kapacität zu finden, verfährt man folgendermaassen. Man zeichnet (Fig. 126) in einem beliebigen Voltmaassstabe $OA = 3500$ und in einem beliebigen Amperemaassstabe $OB = 0,23$. Das ist die dem Diagramm Fig. 125 entnommene wattlose Komponente des Leerlaufstromes. Sie steht auf OA senkrecht. Die Wattkomponente

BC ist OA parallel. In unserem Falle ist $BC = 0{,}11$. Die Strecke OC stellt den Leerlaufstrom dar und muss natürlich auf dem Vektor der Kondensatorspannung senkrecht stehen. Durch diese Bedingung ist die Lage AD dieses Vektors festgesetzt. Seine Länge ist durch die Bedingung festgestellt, dass die Maschinenspannung 3000 V betragen muss. Wenn wir also mit dem Radius 3000 aus O einen Kreis schlagen, so geben seine Schnittpunkte E und F mit der Geraden AD die zwei Ecken der Kräftedreiecke, deren gemein-

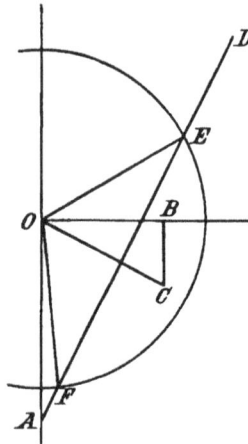

Fig. 126.

schaftliche Seite OA die angenommene Klemmenspannung von 3500 V ist. Die Spannung von Aussenleiter zu Blei ist also entweder

$$AE = 5700 \text{ V}$$

oder

$$AF = 575 \text{ V}.$$

Ein anderer Werth ist bei der Klemmenspannung von 3500 V am Transformator nicht möglich. Damit aber der eine oder der andere Werth eintritt, muss die Kapacität des Aussenleiters gegen Blei einen bestimmten Werth haben. Der Ladestrom ist (nach Gleichung 23)

$$i = C e \omega \, 10^{-6},$$

also in unserem Fall

$$0{,}26 = 282 \, C \, e \, 10^{-6}.$$

Aus dieser Formel kann die Kapacität C in Mikrofarad berechnet werden. Sie ist für und für

$$e = 5700 \qquad C = 0{,}161$$

$$e = 575 \qquad C = 1{,}60.$$

In ähnlicher Weise kann die Kapacität, die jeder andern Klemmenspannung entspricht, gefunden werden. Wir erhalten für Klemmenspannungen grösser als 3000 V jedesmal zwei Werthe der Kapacität, einen kleinern, dem die höhere Spannung zwischen Aussenleiter und Blei entspricht, und einen grössern, dem eine kleinere Spannung entspricht. Für die Klemmenspannung von 3000 V ist der grössere Werth der Kapacität unendlich. Das ist einleuchtend, denn die unendliche Kapacität ist gleichbedeutend mit Kurzschluss zwischen Aussenleiter, Blei und Aussenleitersammelschiene. Dann ist aber zwischen Aussenleiter und Blei keine Spannung und im Diagramm fallen die Punkte A und F zusammen. Streng genommen kann dieser Fall bei isolirtem Aussenleiter jedoch nicht eintreten, weil die Kapacität nicht unendlich sein kann. Er tritt jedoch ein, wenn wir den Aussenleiter an irgend einem Punkt, z. B. in der Centrale, an Erde legen. Es ist dadurch ein bequemes Mittel gegeben, die Gefahr des Durchschlagens zu vermeiden. Für Klemmenspannungen kleiner als 3000 V ist AF negativ, d. h. die Kapacität müsste negativ, also eine Selbstinduktion sein, was natürlich unmöglich ist. Für diese Werthe ist also nur AE zu berücksichtigen.

Wenn man die Konstruktion für verschiedene Werthe der Klemmenspannung durchführt und die Ergebnisse graphisch aufträgt, so erhält man die in Fig. 127 gezeichnete Kurve. Die Kapacität ist als Abscisse und die Spannung von Aussenleiter zu Blei als Ordinate aufgetragen. Der leichteren Uebersicht halber ist auch die Kurve der Klemmenspannung eingetragen. Eigentlich sollte noch eine Korrektion gemacht werden, um dem Umstande Rechnung zu tragen, dass C_1 gegenüber C_2 nicht unendlich klein ist, also $C < C_1$ ist. Diese Korrektion wollen wir jedoch vernachlässigen, denn es ist praktisch ganz gleichgültig, ob der Aussenleiter gegen Blei 6000 oder 6100 V bekommt; beides ist gleich gefährlich.

Da unserer Voraussetzung gemäss der Ausläufer nur den Transformator von 20 Kilovoltampère speist, so wird der Querschnitt eines jeden Leiters nicht grösser als etwa 16 qmm zu sein brauchen. Der oben angegebene Durchschnittswerth von 1 Mikrofarad ist für dieses Kabel zu hoch. Seine Kapacität ist etwa von der Grössenordnung 0,6 Mikrofarad pro Kilometer. Wenn wir eine Spannung über 5000 V

von Aussenleiter gegen Blei als gefährlich betrachten, so zeigt
Fig. 127, dass die gefährliche Kapacität zwischen den Grenzen 0,13
und 0,35 Mikrofarad, die gefährliche Länge mithin zwischen 215
und 580 m liegt. Am gefährlichsten ist ein Aussenleiter von 420 m
Länge, da er mit einer Spannung von über 8000 V belastet wird.

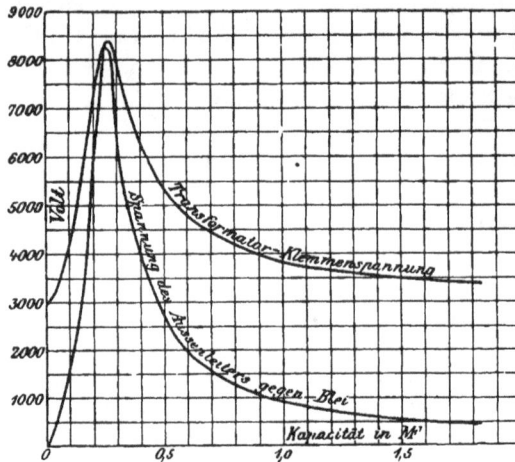

Fig. 127.
20 KVA-Transformator, 3,3 % Leerlaufstrom,
300 Watt Eisenverlust, 3000 V, $\sim$ = 45.
Leerlauf. Aussenleiter am Anfang abgeschaltet,
am Ende mit Transformator verbunden.

Es ist vielfach die Ansicht verbreitet, dass die Gefahr des
Durchschlagens bei verseilten Kabeln nicht vorhanden ist. Das ist
nicht richtig; sie ist zwar geringer, aber nicht ganz beseitigt. Das
verseilte Kabel unterscheidet sich vom koncentrischen erstens durch
die gleich gute Isolirung aller Leiter und zweitens durch die viel
geringere Kapacität. Ein für 3000 V gebautes Kabel muss eine
Prüfspannung von 6000 V aushalten und wird wahrscheinlich noch
mehr vertragen. Die gleiche Beanspruchung kann man dem Aussenleiter eines koncentrischen Kabels nicht zumuthen. Die Kapacität
eines Leiters gegen Blei ist bei einem verseilten Kabel wegen der
schirmenden Wirkung der andern Leiter schwer zu berechnen. Sie
ist jedoch sicherlich sehr viel kleiner als die des Aussenleiters bei
einem gleichwerthigen koncentrischen Kabel. Wenn sie z. B. nur
ein Fünftel von dieser beträgt, so würde bei einer gefährlichen

Spannungsgrenze von 6000 V die gefährliche Länge des Ausläufers bei Verwendung eines verseilten Kabels zwischen 1400 und 2000 m betragen Ist die Länge kleiner oder grösser, so ist kein Durchschlagen zu befürchten, wenn ein Leiter am Anfang des Ausläufers abgeschaltet wird. Liegt aber zufälliger Weise die Länge des Ausläufers zwischen den angegebenen Grenzen, so ist Gefahr vorhanden. Um sie zu vermeiden, wird man zweckmässig beide Leiter immer gleichzeitig zu- oder abschalten. Nun kann es vorkommen, dass in Folge eines Kurzschlusses im Sekundärnetz dieses sich durch Schmelzen seiner Sicherungen abschaltet und gleichzeitig nicht beide, sondern nur eine der Sicherungen am Anfang des Primärkabels abschmilzt. Dadurch kann ein gefährlicher Zustand eintreten. Es ist also auch das verseilte Kabel gegen die Gefahr des Durchschlagens nicht absolut geschützt, wenn man nicht den Kunstgriff gebraucht, die Sicherungen am Anfang bedeutend stärker zu machen als am Ende. Das koncentrische Kabel kann geschützt werden, indem man dem Aussenleiter gar keine Sicherung giebt, sodass sich nur der Innenleiter abschalten kann.

Wir haben bisher angenommen, dass das Sekundärnetz am Ende des Ausläufers vom Transformator abgeschaltet und auch mit den übrigen Sekundärkabeln nicht in Verbindung ist. Nun wollen wir, ohne eine Verbindung mit den übrigen Sekundärkabeln herzustellen, das gewissermaassen als Insel ausgebildete Sekundärnetz mit dem Transformator verbinden und eine gewisse Belastung annehmen. Dann liegen die Verhältnisse bedeutend günstiger. Selbst eine sehr geringe Belastung reicht schon aus, um auch bei abgeschaltetem Aussenleiter eine gefährliche Erhöhung seiner Spannung gegen Blei zu vermeiden. Fig. 128 giebt Kurven für Transformator- und Aussenleiterspannung unter der Voraussetzung, dass sekundär ein Zehntel der Belastung angeschlossen ist und dass der Leistungsfaktor im sekundären Stromkreis 0,9 ist. Die Kurven sind unter Anwendung der in Fig. 126 gegebenen Konstruktion erhalten, nur mit dem Unterschied, dass jetzt $O\,C$ nicht nur den Leerlaufstrom, sondern die Resultante von Leerlaufstrom und Belastungsstrom darstellt. Wie man aus Fig. 128 sieht, ist das Maximum der Aussenleiterspannung 3800 V. Es tritt ein für einen Ausläufer von etwa 1 km bei einem koncentrischen und etwa 5 km bei einem verseilten Kabel. Man kann diesen Zustand als ungefährlich betrachten. Der Grund, warum selbst bei geringer Sekundärbelastung die Gefahr sehr vermindert wird, ist die geringe Phasenverschiebung (cos $\varphi = 0{,}9$) im Sekundärnetz. Da nun geringe Phasenverschiebung die Gefahr vermindert, so ist anzunehmen, dass grosse Phasenverschiebung sie erhöhen wird. Das ist in der That der Fall. Nehmen wir an, dass

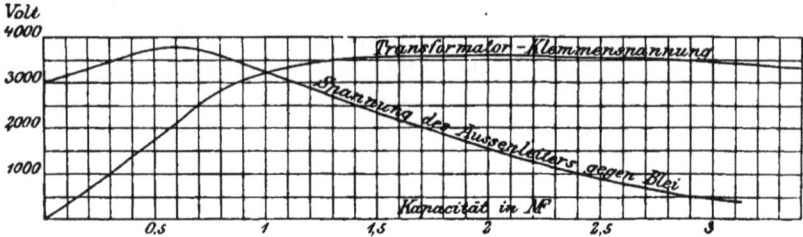

Fig. 128.

20 KVA-Transformator. 3,3% Leerlaufstrom. 300 Watt Eisenverlust. 3000 V, $\sim = 45$. Belastung $^1/_{10}$ der Vollbelastung. Sekundär cos $\varphi = 0{,}9$. Anfang des Ausläufers nur am Innenleiter mit der Stromquelle verbunden, Aussenleiter abgeschaltet. Am äusseren Ende sind beide Leiter mit dem Transformator verbunden.

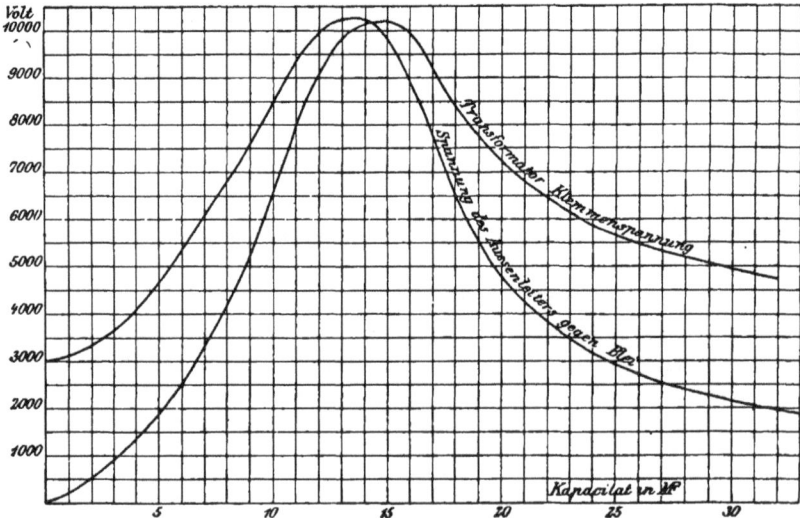

Fig. 129.

Am Ende des Ausläufers ist ein 20 KVA-Transformator angeschlossen, der einen 20 PS-Motor treibt. Induktanz des Motors übersetzt in die Primärspule ist bei cos $\varphi = 0{,}8$, $\omega L = 270$. Es ist vorausgesetzt, dass beim Anlassen cos $\varphi = 0{,}8$ und dass die Sicherung am Anfang des Aussenleiters durchgeht. Transformator hat 3,3% Leerlaufstrom. $1^1/_2\%$ = 300 Watt Eisenverlust. Er ist nur durch den Motor belastet.

der Ausläufer nicht zur Beleuchtung eines Villenquartiers, sondern zum Betrieb eines Motors verwendet wird. Der Motor, der von dem 20 Kilovoltampère-Transformator gespeist wird, habe bei Vollbelastung einen Leistungsfaktor von 0,8. Seine Induktanz wird (in den Primärstromkreis übersetzt) von der Grössenordnung 270 sein. Beim Anlauf sei der Leistungsfaktor 0,3. Geht nun gleich nach dem Anlassen die Sicherung am Anfang des Aussenleiters durch, so tritt ein gefährlicher Zustand ein. Fig. 129 zeigt die Spannungskurven für diesen Fall. Sie sind in ähnlicher Weise wie in den früheren Beispielen erhalten worden. Die gefährlichen Längen des Ausläufers sind jetzt bedeutend grösser als früher. Für mässige Entfernungen sind mithin verseilte Kabel vollkommen ungefährlich und koncentrische können dadurch geschützt werden, dass man den Aussenleiter nicht sichert.

Bisher haben wir angenommen, dass Transformator und Kabel nur durch die Kapacität des letzteren mit dem übrigen Kabelnetz verbunden sind und dass durch Abschalten des Aussenleiters Resonanz und eine gefährliche Spannungserhöhung eintritt. Um sie zu vermeiden, braucht man nur die alte Schaltregel zu befolgen:

Aussenleiter zuerst einschalten,
Innenleiter zuerst ausschalten.

Oder man kann durch Weglassung aller Sicherungen und Schalter im Aussenleiter dafür sorgen, dass ein gefährlicher Zustand unter allen Umständen vermieden wird. Resonanz der hier behandelten Art kann also dann nicht eintreten. Es kann aber Resonanz einer anderen Art eintreten, wenn ein Innenleiter Erdschluss erhält.

Kabeldurchschläge in weit verzweigten Netzen. Es sei bei einem zusammenhängenden Sekundärnetz in Fig. 130 P und S die Primär- und Sekundärspule eines Transformators auf einer Unterstation. J ist Innenleiter und A Aussenleiter der zu dieser Unterstation führenden Speiseleitung. Diese Unterstation ist mit anderen Unterstationen durch durch Primärkabel verbunden. J_1 stelle sämmtliche Innenleiter und A_1 sämmtliche Aussenleiter dieser Verbindungskabel dar. Die übrigen Unterstationen sind nicht gezeichnet; zu einigen davon oder auch zu allen führen von den Centralen aus Speiseleitungen. $J_2 A_2$ sind die Innen- und Aussenleiter der sekundären Vertheilungskabel, die nach den benachbarten Unterstationen führen. Wird nun J absichtlich oder durch Abschmelzen der Sicherung s abgeschaltet, so wird dadurch P nicht spannungslos, denn

es erhält von anderen Speiseleitungen über J_1 noch Spannung.
Selbst wenn s und s_1 abschmelzen, wird P noch nicht spannungslos,
denn diese Spule erhält Spannung durch die Sekundärspule S, die
von anderen Unterstationen durch die Leiter J_2 und A_2 gespeist
wird. Damit P spannungslos wird, muss die Verbindung sowohl
auf der primären als auch auf der sekundären Seite unterbrochen
werden.

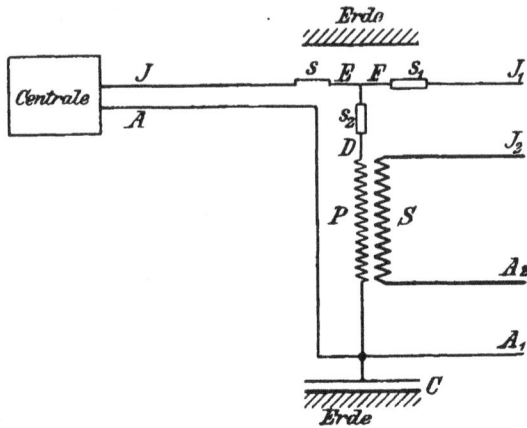

Fig. 130.

Nehmen wir nun an, es entstehe bei D, z. B. an der Einfüh-
rungsmuffe in den Transformator, Erdschluss. Dann werden die
Sicherungen s, s_2 und s_1 abschmelzen. Welche früher abschmilzt,
ist ganz gleichgültig, denn der Erdschluss bleibt auch nach dem
Abschmelzen bestehen. Die Stromzufuhr zum Transformator findet
jetzt auf der sekundären Seite statt und seine Primärspule wird in
eine Quelle von Wechselspannung verwandelt, die behaftet ist mit
Induktanz und Widerstand. Der Stromlauf ist jetzt folgender: Von
der über dem Diagramm gezeichneten „Erde" (gleichbedeutend mit
Bleimantel des ganzen Kabelnetzes) nach D durch P nach A_1 und
durch die Kapacität C aller Aussenleiter gegen Blei nach der unter
dem Diagramm gezeichneten „Erde". Es ist zu beachten, dass jetzt
die Induktanz viel kleiner ist als in den früher behandelten Fällen,
denn sie rührt nur von der magnetischen Streuung im Transformator
her, dafür ist aber die Kapacität jetzt viel grösser, nämlich die des

ganzen Kabelnetzes. Es kann also Resonanz und mithin ein sich
über das ganze Kabelnetz erstreckender gefährlicher Zustand eintreten. Ob das der Fall sein wird oder nicht, hängt von der Belastung des Sekundärnetzes und der Dimensionirung der Sicherungen
ab. Ist die Belastung sehr gross und sind die Leiter $J_2 A_2$ verhältnismässig schwach gesichert, so ist es denkbar, dass der Strom
durch S noch vor dem Abschmelzen der Sicherungen s_2 und s_1 unterbrochen wird. Dadurch wird natürlich jede Gefahr vermieden. Die
Wahrscheinlichkeit, dass die sekundären Sicherungen schnell abschmelzen, wird durch grosse lokale Belastung natürlich vergrössert,
und in diesem Sinne wird die Gefahr des Durchschlagens durch
Grösse und Vertheilung der Belastung im Sekundärnetz beeinflusst.
Einen Schutz kann man jedoch in dieser Weise nicht erzielen, denn
es ist praktisch unmöglich, Sicherungen mit der nöthigen Genauigkeit einzustellen. Nun könnte man allerdings geltend machen, dass
ein genaues Einstellen der Sicherungen nicht nöthig ist, da es sich
ja um einen Erdschluss in P und diesem entsprechend um einen
Kurzschluss in S handelt, sodass die Sicherungen in $J_2 A_2$ unfehlbar durchbrennen müssen. Das thun sie auch, nur brauchen sie Zeit
dazu. Im dritten Kapitel ist das Gesetz entwickelt worden, nach
dem sich für einen Transformator die zur Erreichung einer bestimmten
Temperatur nöthige Zeit berechnen lässt. Dieses Gesetz gilt natürlich nicht nur für Transformatoren, sondern für alle durch Strom
erwärmten Körper, also auch für Schmelzsicherungen. Ist w der
Widerstand des Schmelzstreifens, i die Stromstärke, T die Schmelz-
temperatur, c eine Konstante, die von der Wärmekapacität des
Streifens und seiner Klemmen abhängt, und k ein Faktor, der die
Wirksamkeit der Kühlung darstellt, so ist die Zeit vom Kurzschluss
bis zur Stromunterbrechung nach Gleichung 11 gegeben durch

$$ t = -2{,}3 \, \frac{c}{k} \log\left(1 - \frac{k \, T}{w \, i^2}\right). $$

Besondere Genauigkeit in der Bestimmung von t ist nicht nöthig,
denn wenn t überhaupt grösser ist als die Zeit weniger Perioden,
so ist das ausreichend, um Resonanz gefährlicher Art hervorzurufen.
Eine angenäherte Rechnung zeigt nun, dass bei einer Sicherung, die
bei der doppelten Normalstromstärke in 100 Sekunden abschmilzt
(und schwächer wird man wohl aus praktischen Rücksichten nicht
sichern dürfen), bei zwanzigfacher Stromstärke immer noch 0,7 und

bei 50- bis 60-facher 0,13 Sekunden braucht, um abzuschmelzen. Es würden also selbst in diesem extremen Fall noch 6 Perioden vor Unterbrechung des Stromes durchlaufen werden und das ist völlig ausreichend, um Unheil anzurichten. Wir können also sagen, dass Sicherungen zur Verhütung des Durchschlagens werthlos sind. Das gilt natürlich auch von der Sicherung s_2. Wir haben bisher angenommen, dass der Erdschluss in D (Fig. 130) eintritt. Findet er jedoch jenseits dieser Sicherung, also in E oder F statt, so bildet dies auch keinen Schutz gegen das Auftreten von Resonanzerscheinungen, wenn s und s_1 früher abschmelzen als s_2.

Die obigen Ueberlegungen zeigen, dass trotz Sicherungen im Innenleiter und trotz Fortlassung der Sicherungen im Aussenleiter Resonanz entstehen kann. Die Frage ist nur noch, ist das eine gefährliche Resonanz? Um diese Frage zu beantworten, greifen wir auf das frühere Beispiel eines Stadtnetzes mit insgesammt 100 Mikrofarad Aussenleiter-Kapacität zurück. Wir hatten einen Transformator von 20 Kilovoltampère Leistungsfähigkeit angenommen. Der Eisenverlust bei normaler Spannung war 300 Watt und den Kupferverlust hatten wir bei normaler Belastung auch zu 300 Watt, den ohmischen Spannungsabfall also zu $1\frac{1}{2}\%$ angenommen. Der induktive Spannungsabfall war $\sigma = 4\%$. In die Primärwickelung übersetzt, bedeutet das bei Vollbelastung

$$e_w = W\,6{,}7 = 45$$
$$e_s = \omega\,L\,6{,}7 = 120$$
$$e = \sqrt{45^2 + 120^2} = 128.$$

Wenn wir also den Sekundärklemmen Strom unter einer Spannung von

$$100 \cdot \frac{128}{3000} = 4{,}26\,\%$$

der normalen Sekundärspannung zuführen, so wird in der kurzgeschlossenen Primärspule die normale Stromstärke entstehen.

Die Gleichungen zeigen, dass je grösser der Transformator ist, desto kleiner Widerstand und Induktanz sind. Für ähnlich gebaute Transformatoren können also diese Werthe als der Leistungsfähigkeit umgekehrt proportional angesehen werden. Ist P die Leistungsfähigkeit in Kilovoltampère, so würden wir für Transformatoren derselben Type und Spannung allgemein haben

$$W = \frac{134}{P}$$

$$\omega L = \frac{360}{P},$$

wobei W und ωL als in den Primärkreis übersetzt aufzufassen sind.

Wir nehmen nun an, der Erdschluss des Innenleiters finde bei einem Transformator von $P = 20$ statt. Um die Aussenleiterspannung gegen Erde zu finden, verfahren wir wie folgt. Wir nehmen irgend einen Ladestrom, z. B. 40 A, willkürlich an. Die Wattkomponente ist

$$40 \cdot \frac{45}{128} = 14$$

und die wattlose Komponente ist

$$40 \cdot \frac{120}{128} = 37,5.$$

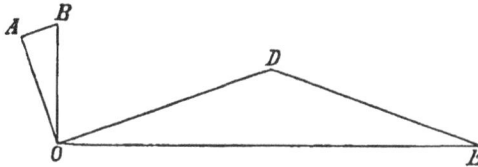

Fig. 131.

In Fig. 131 ist $OA = 37,5$, $AB = 14$ und $OB = 40$. Die Klemmenspannung muss auf OA senkrecht stehen und ihre Grösse bestimmt sich aus

$$e = 128 \cdot \frac{40}{6,7}$$

zu $e = 764$ V, wobei wir wegen seiner Kleinheit den Einfluss des Verlustes im Eisen unberücksichtigt lassen. Wir erhalten so den Vektor der Klemmenspannung $OD = 764$. Damit nun ein Strom von 40 A den Kondensator ladet, ist eine Spannung nöthig, die sich aus

$$i = \omega C e\, 10^{-6}$$

zu 1420 V bestimmt. Wir ziehen also eine Senkrechte auf OB und machen $OE = 1420$. Es ist also $DE = 750$ V die Spannung, welche der Kombination Transformator und Kabelnetz zugeführt werden muss, damit der angenommene Strom von 40 A fliesst. Nun wird aber der Spule P nicht eine Spannung von 750 V, sondern eine viel höhere Spannung zugeführt. Wenn das Sekundärnetz keinen Widerstand hätte, würde die normale Sekundärspannung in S herrschen und die in P übersetzte würde $DE = 3000$ V geben. Wegen des Widerstandes in den sekundären Kabeln ist die Spannung etwas geringer. Wieviel die Reduktion beträgt, können wir nur annähernd bestimmen. Sind die Verbindungsleitungen zwischen den Unterstationen so bemessen, dass der Spannungsverlust 1,5 % beträgt und sind mit der betrachteten Unterstation drei andere in Verbindung, so wird der Transformator durch drei Kabel gespeist. Der Verlust bei Normalbelastung von 6,7 A primär würde also nur $^1/_3$ von 1,5 % oder 0,5 % betragen. Nun ist die Belastung aber nicht 6,7 A, sondern nahezu

$$40 \cdot \frac{3000}{750} = 160 \text{ A}$$

und der Verlust ist mithin

$$0,5 \cdot \frac{160}{6,7} = 12 \text{ %}$$

Es ist also die zugeführte Spannung $3000 . 0,88 = 2640$ V.

Mit der willkürlichen Annahme von $i = 40$ haben wir also nicht das Richtige getroffen. Es sind jedoch sehr leicht aus Fig. 131 die richtigen Werthe für Strom und Spannung zu finden. Wir brauchen nur den Maassstab zu ändern, und zwar so, dass DE im neuen Maassstab 2640 V misst. Der Vergrösserungsfaktor ist also

$$\frac{2640}{750} = 3,5$$

und die Aussenleiterspannung wird $3,5 \times 1420 = 5000$ V, die Klemmenspannung wird rund 2800 V und der Strom 147 A betragen. Das ist die 22-fache normale Stromstärke. Bevor diese die Sicherungen zum Schmelzen bringt, werden rund 25 volle Perioden durchlaufen, also reichlich genug, um bei 5000 V den Aussenleiter an vielen Stellen gleichzeitig zum Durchschlagen zu bringen.

Ein ähnlicher Vorgang kann auch bei verseilten Kabeln eintreten, die Gefahr ist dann aber lange nicht so gross. Um dieselbe Kapacität zu haben, müsste das Kabelnetz eine Ausdehnung von etwa 500 km haben. Dann würde aber der Widerstand der Verbindungskabel schon an und für sich die Spannung herabdrücken und man würde auch viel grössere Transformatoren anwenden, deren Induktanz bedeutend geringer ist. Bei einem Netz von 100 km würde die Kapacität von der Grössenordnung 20 Mikrofarad sein, und wenn man für diesen Fall und für einen 20 Kilovoltampère-

Transformator die oben erläuterte Rechnung durchgeführt, so findet man, dass der Ladestrom nur 10 A und die Spannung nur rund 3000 V beträgt. Eine Gefahr des Durchschlagens ist also in diesem Falle nicht vorhanden. Damit sie eintritt, müsste die Betriebsspannung weit über 3000 V erhöht oder die Grösse des Transformators erheblich vermindert werden.

Für ein koncentrisches Kabelnetz kann man, wie oben gezeigt, die Aussenleiterspannung für verschiedene Grössen von Transformatoren berechnen und so die Kurve Fig. 132 aufzeichnen, welche die Gefahr des Durchschlagens als Funktion der Grösse der Unterstation darstellt.

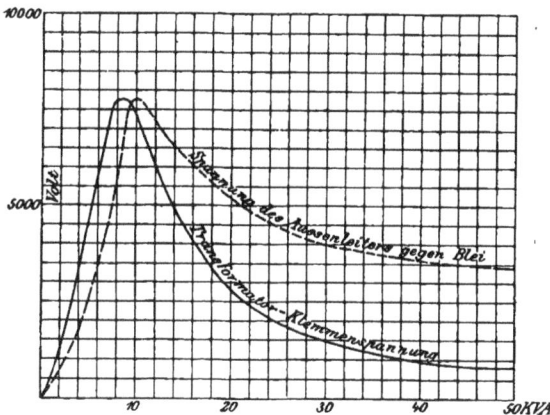

Fig. 132.

Wie man sieht, ist bei sehr kleinen Transformatoren und bei sehr grossen keine Gefahr. Wenn wir, wie früher, 5000 V Aussenleiterspannung gegen Blei als Gefahrgrenze ansehen, so sind alle Unterstationen mit Transformatoren von über 7 und unter 22 Kilovoltampère unzulässig. Man wird jedoch gut thun, auch diese Grenzen noch etwas zu erweitern; denn die hier entwickelte Methode zur Bestimmung dieser Grenzen kann nicht Anspruch auf grosse Genauigkeit machen. Im Interesse einer einfachen und übersichtlichen Behandlung haben wir gewisse Annahmen gemacht, die nicht ganz zutreffend sind. So hat z. B. die Induktanz bei den sehr hohen Kurzschlussstromstärken höchst wahrscheinlich einen andern Werth als bei niedrigen Stromstärken und der Widerstand ändert

sich ebenfalls. Ferner ist der Widerstand der Verbindungskabel
ohne Rücksicht auf die Stromdichte nur oberflächlich geschätzt
worden und anderes mehr. Eine genaue Berücksichtigung aller
dieser Faktoren hat aber schon deshalb keinen praktischen Werth,
weil wir ja gar nicht wissen können, ob gerade 5000 V die Gefahrgrenze für die Aussenleiterspannung ist. Eine kleine Verschiebung
dieses Werthes bedeutet aber, wie Fig. 132 zeigt, eine grosse Verschiebung in der gefährlichen Leistungsfähigkeit der Transformatoren.
Es hat also keinen Werth, letztere mit peinlicher Genauigkeit festzustellen.

Da die hier behandelten Erscheinungen immer wegen zu grossen,
nie wegen zu kleinen Ladestromes in die gefährliche Zone hinüber-
spielen, so wird man im Allgemeinen gut thun, die Betriebsspannung
nicht unnöthigerweise hoch zu nehmen. Ein besonders kleiner
Eisen- und Kupferverlust im Transformator erhöht die Gefahr, jedoch
lange nicht in dem Maasse als grosser Leerlaufstrom und grosser
induktiver Spannungsabfall. Man wird also in erster Linie sein
Augenmerk auf eine möglichst günstige Konstruktion der Transformatoren in dieser Beziehung zu richten haben.

Elftes Kapitel.

Beschreibung und Illustration ausgeführter Transformatoren.

Um dem Leser einen allgemeinen Ueberblick in Bezug auf die konstruktive Ausbildung von Transformatoren zu geben, sind hier

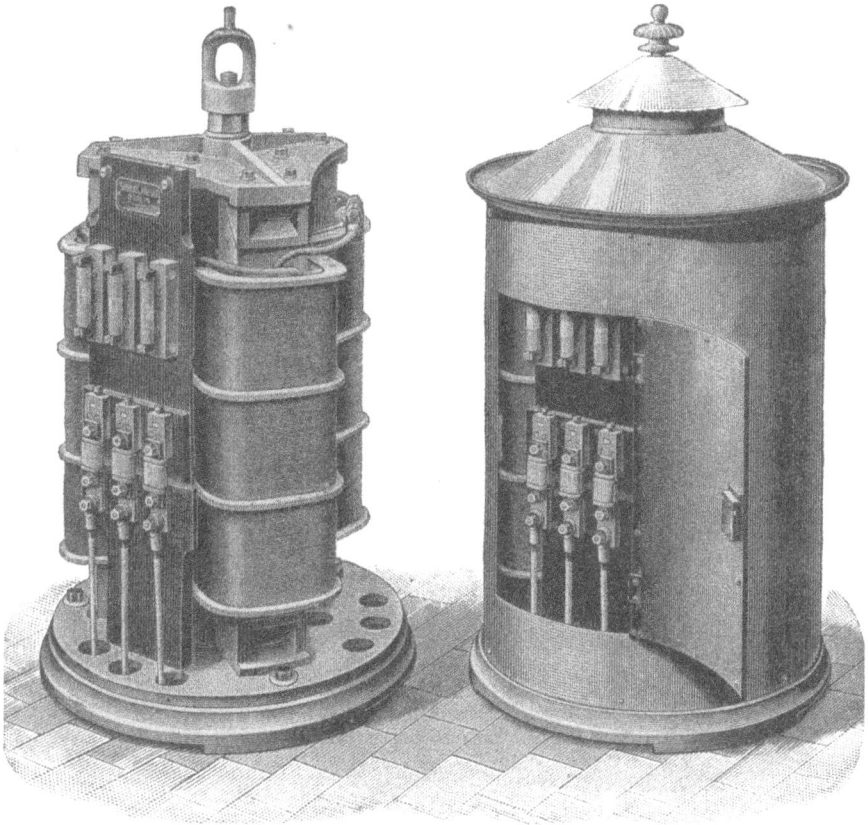

Fig. 133.

Illustrationen von einer Anzahl Typen beigefügt, wie sie gegenwärtig von den verschiedenen Firmen gebaut werden.

Siemens & Halske A.-G., Berlin, bauen Kerntransformatoren sowohl für Einphasen- als auch Mehrphasenstrom. Fig. 133 stellt

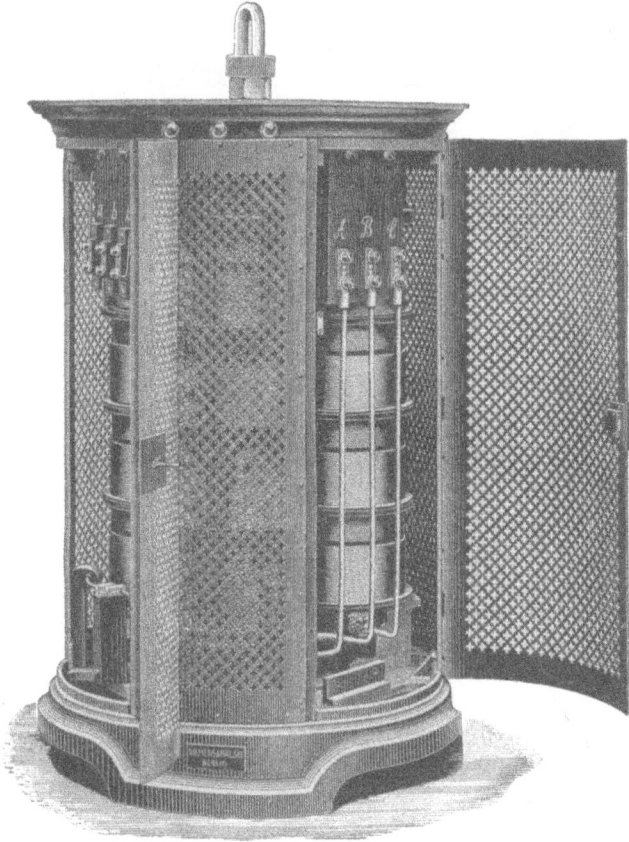

Fig. 134.

einen Transformator für Dreiphasenstrom dar, mit und ohne Gehäuse. Die Kerne sind wie in Fig. 16 angeordnet und durch Gussplatten mit schrägen Ansätzen gegen die Jochscheiben gedrückt. Die Klemmschrauben und Abschmelzsicherungen sind auf Tafeln montirt, die auch an den Endplatten befestigt sind. Die Zuführung der Leitungen geschieht durch entsprechende Löcher in der Grund-

platte. Fig. 134 zeigt einen Drehstromtransformator in einem Gehäuse aus perforirtem Blech, welches der Luft überall Zutritt gestattet, aber natürlich nur zur Aufstellung in trockenen Räumen
geeignet ist. Zur Aufstellung im Freien muss die Konstruktion
Fig. 133 mit vollkommen dicht abgeschlossenem Gehäuse benützt
werden. Für einphasigen Wechselstrom werden die Transformatoren
ähnlich gebaut, nur dass zwei anstatt drei Kerne zur Anwendung kommen. Die Fig. 135 und 136 in Verbindung mit den Tabellen geben die
äusseren Dimensionen der Apparate für verschiedene Leistungen an.

Tabelle für die Dimensionen der Drehstromtransformatoren.

Die eingeschriebenen Maasse siud Millimeter.

Kwt.	a	b	c	d	e	f	g
2,5	235	595	595	530	630	760	850
5	300	720	720	655	690	855	940
7,5	300	720	720	655	690	855	940
10	305	730	740	675	850	1020	1110
15	350	820	830	765	870	1065	1150
20	350	820	830	765	1070	1265	1350
30	405	980	1020	885	1250	1515	1660
50	425	1020	1060	925	1500	1730	1900
75	490	1160	1200	1065	1540	1855	2025
100	490	1160	1200	1065	1540	1855	2025
150	550	1300	1320	1185	1840	2155	2285
200	610	1400	1440	1305	2150	2455	2625

Tabelle für die Dimensionen der Wechselstromtransformatoren.

Die eingeschriebenen Maasse sind Millimeter.

Kwt.	a	b	c	d	e	f	g
1	210	510	530	475	470	590	675
2,5	240	590	590	530	610	745	830
5	295	720	710	665	660	825	910
7,5	300	730	740	675	820	990	1075
10	350	820	830	765	870	1065	1160
15	350	820	830	765	1070	1265	1360
20	405	980	1020	885	1245	1500	1635
30	425	1020	1060	925	1500	1750	1880
50	480	1160	1200	1065	1540	1830	1960
75	480	1160	1200	1065	1540	1830	1960
100	540	1300	1320	1185	2070	2145	2280
150	610	1400	1440	1305	2140	2455	2285

Die Elektricitäts-Aktien-Gesellschaft vormals
Schuckert & Co. in Nürnberg baut einphasige Transformatoren
nach der Manteltype und Drehstromtransformatoren nach der Kern-

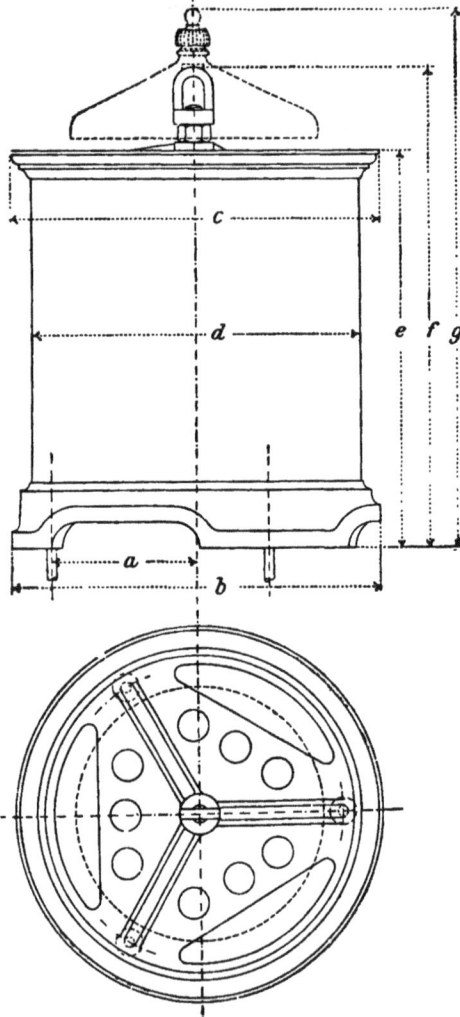

Drehstrom.
Fig. 135.

type. Die ersteren sind durch Fig. 137 (2 Kwt) und Fig. 138 (40 Kwt) veranschaulicht; die letzteren durch Fig. 139 (10 Kwt). Bei den Apparaten für Einphasenstrom sind die Spulen voll-

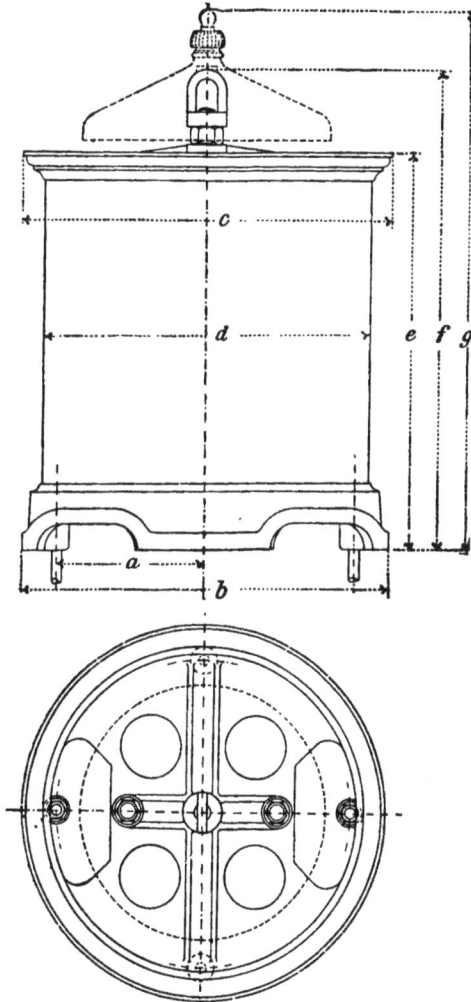

Wechselstrom.
Fig. 136.

Fig. 137.

Fig. 138.

ständig in Eisen eingebettet und auch oben und unten durch besondere Gehäuse geschützt. Die Verbindung der Gehäuse geschieht durch starke Schraubenbolzen, welche gleichzeitig die

Fig. 189.

Bleche gegeneinander pressen. Seitlich sind die Bleche durch Eckschienen und Schraubenbolzen ebenfalls gesichert. Bei dem Transformator für Drehstrom ist die Wickelung auf jedem Kerne

behufs Verminderung der Streuung in eine Anzahl flacher Spulen
untertheilt. Die Spulen sind durch einen cylindrischen äusseren
Mantel geschützt, welcher jedoch in der Illustration fehlt. Die
Einführung der Leitungen geschieht durch Stopfbüchsen im oberen
Deckel.

Die Berliner Maschinenbau-Aktien-Gesellschaft vormals L. Schwartzkopff baut für Einphasenstrom Transformatoren
der Manteltype mit langem Kern (vgl. Fig. 12 d), macht aber den

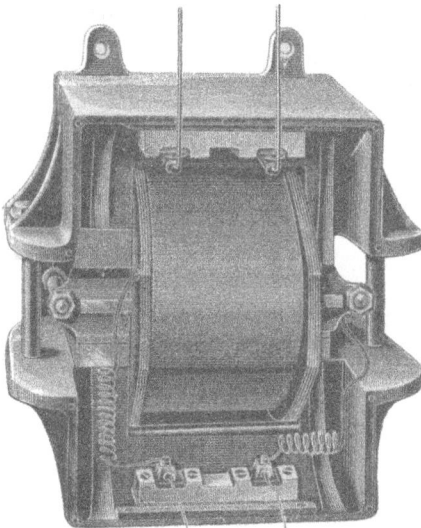 

Fig. 140.   Fig. 141.

Querschnitt des Mantels erheblich grösser, als jenen des Kernes,
um den Hysteresisverlust zu vermindern. Der Eisenkörper wird,
wie Fig. 140 zeigt, durch zwei kräftige, gusseiserne Rahmen mittels
Schraubenbolzen zusammengehalten. Die in der Mitte angeordneten
Spulen werden durch perforirte Bleche (Fig. 141) vor Beschädigung
geschützt.

Siemens Brothers & Co. Ltd. in London bauen ebenfalls
die Manteltype mit langem Kern, vermeiden aber Stossfugen, indem
sie die ausgestanzten Bleche einzeln und in der Weise einführen,
dass die Fuge einer Lage durch das volle Blech der nächsten Lage
abgedeckt wird. Der Eisenkörper wird, wie Fig. 142 zeigt, durch

gusseiserne Rahmen und Schraubenbolzen zusammen gehalten. Die
Spulen werden auf einen Cylinder von · besonderem Isolirmaterial
gewickelt, welches durch Erhitzung nicht leidet. Der Cylinder ist mit
Flanschen aus Holz versehen. Die einzelnen Lagen der Hochspannungswickelung sind ebenfalls durch dünne Schichten desselben Isolir-

Fig. 142.

materials von einander getrennt. Die Niederspannungswickelung
besteht in dem vorliegenden Transformator aus einer Anzahl parallel
gewickelter Drähte, die durch zwei Sammelschienen mit den Klemmen verbunden sind. Diese Klemmen sind unmittelbar auf der
oberen Holzflansche befestigt, während jene für die Hochspannungswickelung ebenfalls auf dieser Flansche, aber auf der gegenüber
liegenden Seite und zwar mittels besonderer Isolirstücke von Hart-
gummi angebracht sind.

Brown, Boveri & Co. in Baden (Schweiz) bauen für Einphasenstrom Transformatoren, welche, streng genommen, weder der
Kern- noch der Manteltype angehören, sondern gewissermassen

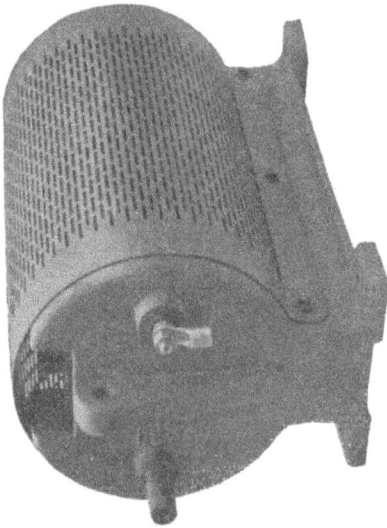

Fig. 143.

Fig. 144.

eine Mittelstellung einnehmen. Die Spulen sitzen auf einem Kern, der nur einseitig durch ein Joch von solcher Form ⎣⎦ zu einem magnetischen Kreise geschlossen ist. Fig. 144 zeigt die Einzelheiten dieser Konstruktion. Die Jochbleche werden in den unteren Verbindungssteg zwischen den Endstücken des Gehäuses dicht eingetrieben, und der Kern wird, nachdem die Spulen aufgehoben sind, darüber gelegt und durch Schraubenbolzen angepresst. Die Spulen werden einzeln hergestellt, so dass eine in die andere geschoben werden kann. Die Verbindung mit der Leitung geschieht durch Schrauben und Stifte, welch letztere durch isolirte Ausbohrungen in den Endstücken des Gehäuses durchgehen. Der Kern ist nahezu cylindrisch und an den Enden etwas eingeschnitten, um die Berührungsfläche mit den Jochblechen zu vergrössern. Die Spulen werden, wie Fig. 143 zeigt, durch eine Umhüllung von perforirtem Blech gegen mechanische Beschädigung von aussen her geschützt. Für Mehrphasenanlagen verwendet die Firma eine Gruppe entsprechend geschalteter Einphasen-Transformatoren.

Die Elektricitäts-Aktien-Gesellschaft vormals W. Lahmeyer & Co. in Frankfurt a. M. baut sowohl für Ein-, als auch Mehrphasenstrom Kerntransformatoren. Die Konstruktion ist in Fig. 145 und 146 veranschaulicht. Der illustrirte Einphasen-Transformator ist bestimmt für eine Leistung von 30 Kwt, und der Drehstrom-Transformator für eine solche von 40 Kwt, wobei in beiden Fällen das Umsetzungsverhältnis 5000 zu 110 Volt ist. Wegen der hohen Primärspannung sind die Primärspulen in viele Abtheilungen untertheilt, und es ist dadurch die grösstmögliche Sicherheit gegen Durchschlagen der Hochspannungswickelung erzielt worden. Um etwas an Draht zu sparen, sind die Kerne quadratisch und mit abgeschrägten Kanten versehen. Die Spulen sind unabhängig von einander gewickelt und ineinander geschoben. Die übrigen Einzelheiten der Konstruktion sind aus den Zeichnungen leicht zu entnehmen.

Die Brush Electrical Engineering Co. Ltd. in London baut die von William Mordey konstruirten Transformatoren, welche der Manteltype angehören. Die Art der Zusammenstellung des Eisenkörpers ist schon im dritten Kapitel beschrieben worden. Nachdem die Bleche eingebaut sind, werden sie durch kräftige gusseiserne Rahmen und Schraubenbolzen, wie Fig. 147 zeigt, zusammengefasst und in einen Kasten, Fig. 148, eingesetzt. Der

obere Rahmen enthält einen Aufbau zur Befestigung einer starken
Porzellanplatte, auf welcher Klemmschrauben, Sicherungen und ein

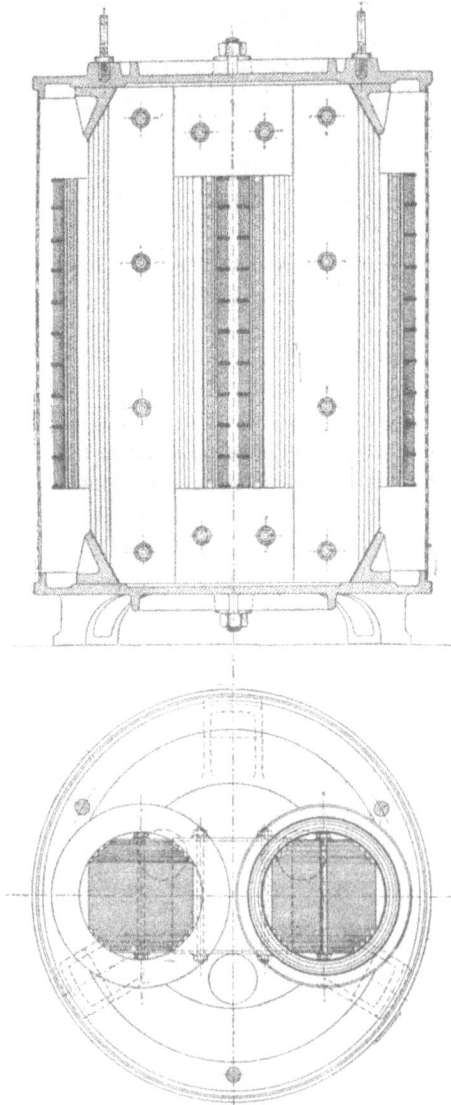

Fig. 145.

Hochspannungsschalter angebracht sind. Der Griff für den Schalter ragt durch die Wand des Kastens knapp unter dem Deckel heraus

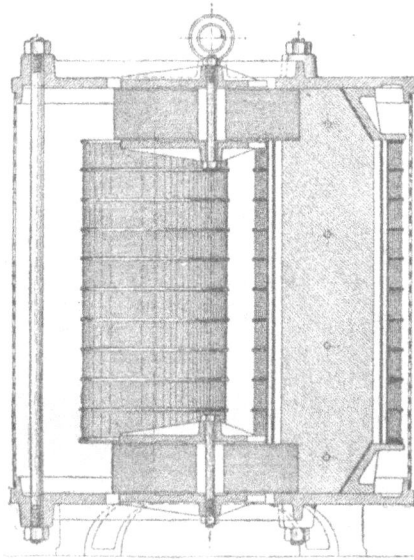

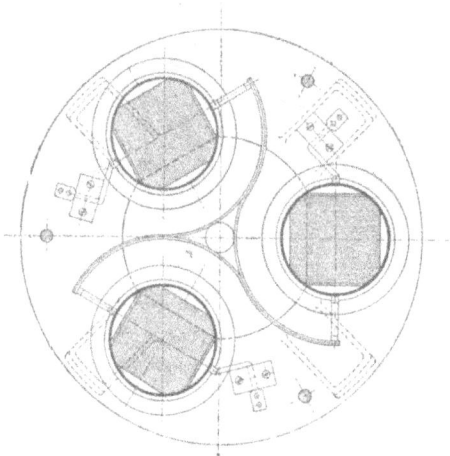

Fig. 146.

(Fig. 148), so dass der Transformator von der Hochspannungsleitung abgetrennt werden kann, ohne dass man deshalb den Deckel abzunehmen braucht.

Fig. 147.

Fig. 148.

Die Leitungen werden durch isolirte Stopfbüchsen eingeführt. Der Spannungsabfall bei induktionsfreier Belastung wird von der Firma zu $2\frac{1}{2}\%$ für alle Grössen angegeben. Der Hysteresisverlust bei $\sim = 100$ schwankt nach den Angaben der Firma zwischen 6% bei der kleinsten Type von 750 Watt und $0,75\%$ bei der grössten von 50 Kwt. Die folgende Tabelle giebt das Gewicht einschliesslich des Kastens für verschiedene Grössen.

Leistung in Kwt 1,5   3   6   12   24   50
Gewicht in kg   132   247   359   559   863   2038

Die Hoch- und Niederspannungswickelung sind durch ein Metallschild, welches mit der Erde in leitender Verbindung steht, getrennt, so dass ein Uebertreten der hohen Spannung in die Niederspannungsspule nicht möglich ist. (Vergl. neuntes Kapitel — Sicherheitsmaassregeln.)

Johnson & Phillips in London bauen den vom Verfasser konstruirten Transformator. Die Einzelheiten dieser Konstruktion

Fig. 149.

sind aus den Fig. 42 bis 46 zu ersehen, bedürfen daher keiner eingehenden Beschreibung. Fig. 149 zeigt Theile eines 2 Kwt-Transformators, und Fig. 150 zeigt eine Gesammtansicht eines 10 Kwt-Transformators und des dazugehörigen Kastens.

Ganz & Co. in Budapest bauen Manteltransformatoren mit kurzem Kern (Fig. 151). Der Eisenkörper besteht aus E-förmigen Blechen, die in starken Endplatten entsprechend gehalten und mittels Schraubenbolzen zusammengepresst werden. Die Endplatten sind kreisrund, so dass der Apparat auf dem Boden gerollt werden kann,

Fig. 150.

Fig. 151.

ohne Schaden zu nehmen. Die Klemmen sind auf Porzellanunterlagen montirt, und jene für die Hochspannungswickelung sind mit

Abschmelzsicherungen versehen. Die Drähte sind auf besonderen, aus Pressspahn hergestellten Spulenträgern gewickelt, wodurch eine vorzügliche Isolation erzielt wird. Die Wickelungen sind behufs

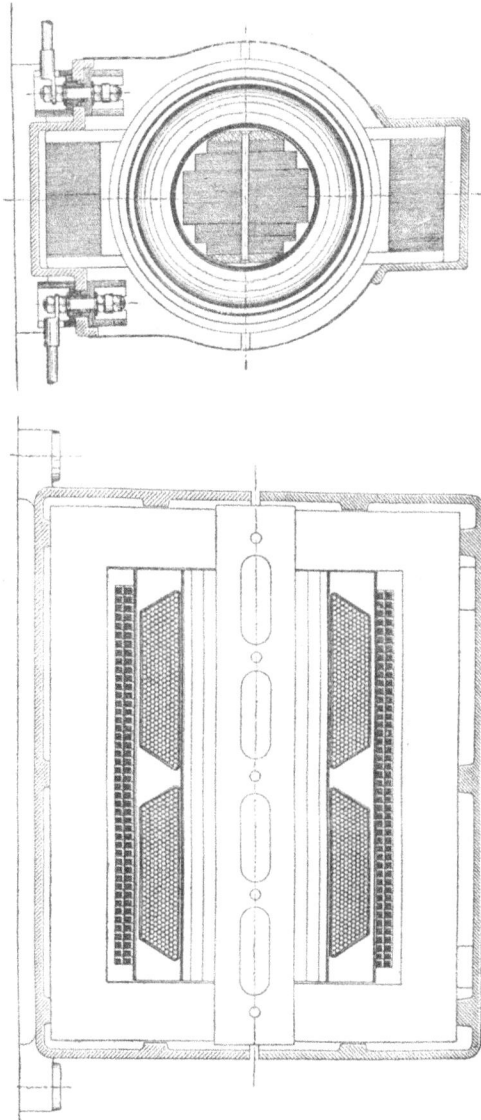

Fig. 152.

Verminderung der Streuung untertheilt, wodurch die einzelnen Spulen die Form von flachen und breiten Scheiben erhalten.

　　Die Maschinenfabrik Oerlikon baut sowohl Einphasen- als auch Mehrphasen-Transformatoren; die ersteren nach der Mantel-

Fig. 153.

Fig. 154.

type mit langem Kern, die letzteren nach der Kerntype. Fig. 152 zeigt die Konstruktion eines gewöhnlichen Einphasen-Transformators. Der Kern ist aus Blechen verschiedener Breite zusammengesetzt,

die so abgestuft sind, dass der Querschnitt des Kernes einem Kreis
möglichst nahe kommt.   Die Bleche werden seitlich durch Messing-
platten und Bolzen zusammengehalten, und der Kern ist an den
Enden beiderseits soweit eingeschnitten, dass die Verbindung mit
den ⌴ förmigen Jochblechen über seine ganze Breite stattfindet.
Die Spulen sind unabhängig von einander auf Papiercylinder gewickelt, wobei die Dimensionen so gewählt sind, dass die Spulen

Fig. 155.

bequem aufgeschoben werden können.   Die Joche werden in den
zwei Hälften eines gusseisernen Kastens gehalten und durch Schraubenbolzen gegen den Kern gedrückt.   Zum Schutz der Spulen wird
der Kasten zu beiden Seiten mittels perforirten Bleches abgedeckt,
wie das Fig. 153 zeigt.   Fig. 154 zeigt eine ähnliche Konstruktion,
jedoch ohne Schutzbleche.

Für Drehstrom baut die Firma zwei Typen, die eine mit kreisförmigen Jochen, Fig. 155 und 156, und die andere mit geraden
Jochen, Fig. 157. Theoretisch genommen ist die erstere Anordnung
vorzuziehen, weil dabei die Länge des magnetischen Pfades für alle

drei Phasen genau gleich ist und mithin vollkommene Symmetrie
besteht; vom praktischen Standpunkt aus ist dieser Vortheil jedoch
nicht wesentlich. Der magnetische Widerstand des Joches selbst
ist gegenüber jenem der Stossfugen so unbedeutend, dass der

Fig. 156.

Mangel an Symmetrie bezw. die Verschiedenheit in der Länge des
magnetischen Pfades bei der Konstruktion Fig. 157 gar nicht ins
Gewicht fällt. Andererseits ist diese Konstruktion in der Ausführung etwas bequemer.

Die Firma Electric Construction Company Ltd. in
Wolverhampton war eine der ersten in England, welche sich
mit dem Bau von Transformatoren beschäftigte und zwar nach
der Manteltype, welche sie bis heute beibehalten hat. Während

ihre ersten Ausführungen ziemlich stark an amerikanische Konstruktionen erinnerten, hat sie nunmehr interessante Neuerungen
eingeführt, welche eine bessere Ausnützung des Materiales und
einen höheren Wirkungsgrad zum Zwecke haben. Fig. 158 stellt

Fig. 157.

einen 10 Kwt- und Fig. 159 einen 40 Kwt-Transformator dar.
Die Spulen sind ziemlich lange Rechtecke, d. h. der Eisenkörper
ist im Vergleich zur Kerndicke lang, und in dem grösseren Apparat
ist ein Versuch gemacht worden, die Leistung mit einem möglichst
geringen Aufwand von Eisenblech zu erreichen. Zu diesem Zwecke
sind die Querschnitte der Spulen so gewählt, dass sie einen Kreis
genau ausfüllen.

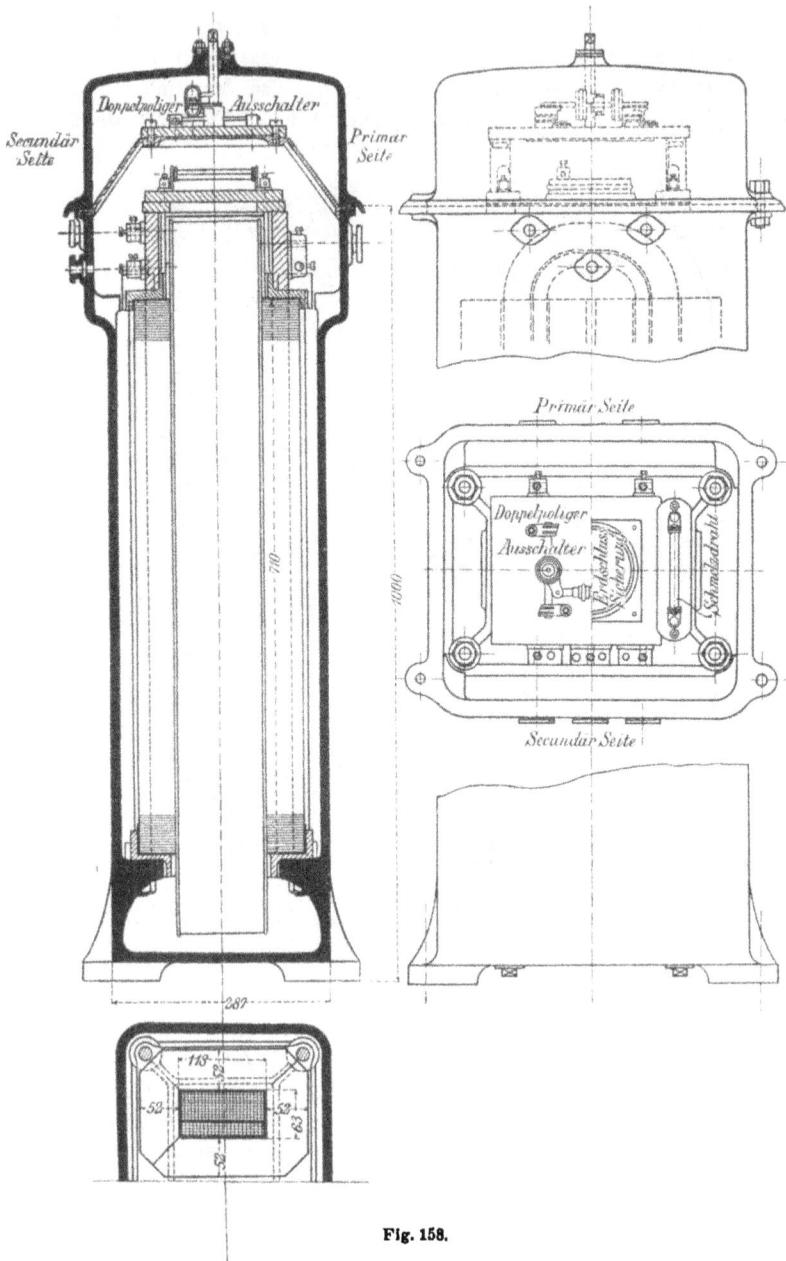

Fig. 158.

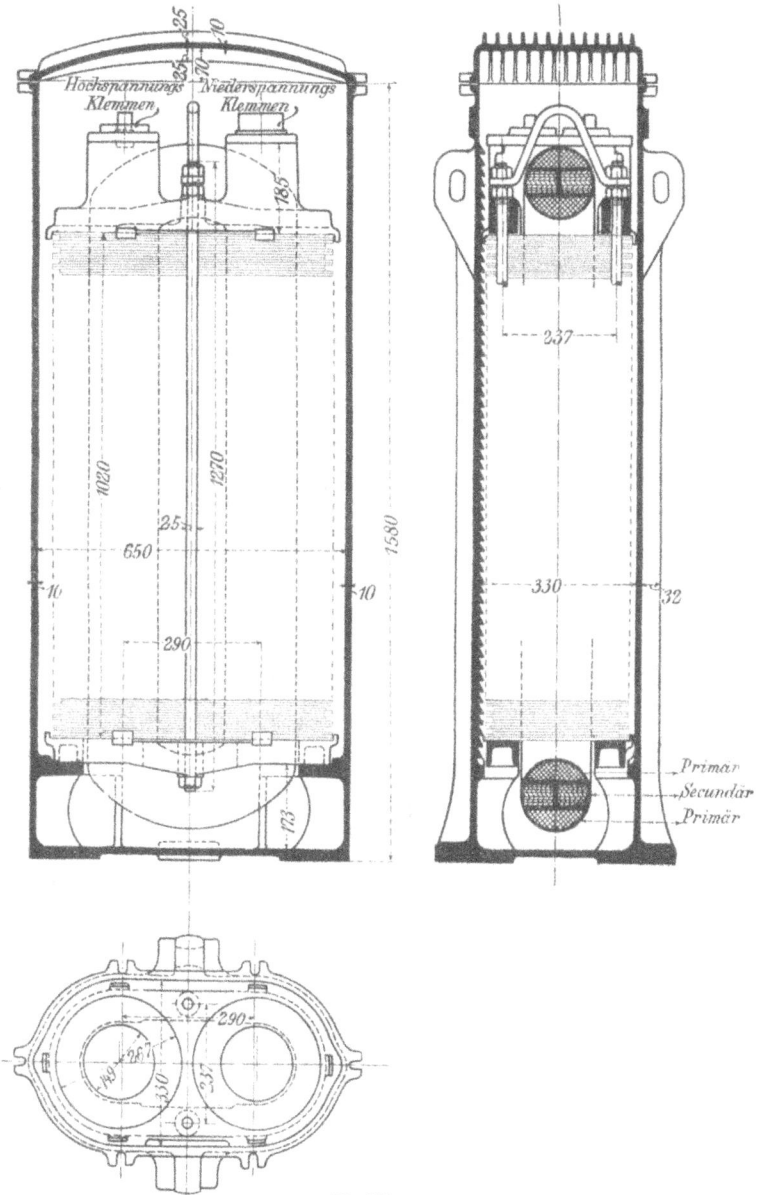

Fig. 159.

Die Fenster in den Blechscheiben sind also hier nicht rechteckig, sondern kreisrund, und die Bleche selbst sind kreisförmige
Scheiben. Alle Scheiben haben den gleichen inneren Durchmesser;
der äussere Durchmesser ist jedoch verschieden, und bei dem Aufbau des Eisenkörpers wird abwechselnd eine Partie kleinerer und
eine Partie grösserer Scheiben eingeführt, wodurch die Abkühlungsfläche des Eisenkörpers bedeutend vergrössert wird. Gleichzeitig
ist die Fähigkeit des Gehäuses, Wärme aufzunehmen und weiter
zu leiten, dadurch gesteigert worden, dass die Innenfläche mit feinen
Rippen versehen wurde. Diese Transformatoren werden aufrecht
stehend angeordnet, und zwar ist das Gehäuse hoch genug, damit
Raum bleibt für einen doppelpoligen Ausschalter, Abschmelzsicherungen und eine Cardew'sche Sicherung gegen Uebertritt der
hohen Spannung in die Niederspannungswickelung.

Die Allgemeine Elektricitäts-Gesellschaft in Berlin
baut sowohl für Einphasen- als auch Mehrphasenstrom Trans-

Fig. 160.

formatoren nach der Kerntype. Die Kerne sind von solchem Querschnitt, dass der kreisförmige Raum innerhalb der Spulen gut aus-

genützt wird. Der Querschnitt wird durch die seitlich angelegten und zur Verbindung der Bleche dienenden Metallplatten theilweise zu einem Kreis ergänzt. An den Enden sind die Kerne einge-schnitten, um die Breite der Stossfuge gleich der vollen Dicke des Kernes zu machen. Die Jochstücke sind in gleicher Weise durch Seitenplatten und Bolzen zusammengehalten und von rechteckigem oder quadratischem Querschnitt. Die Sekundärspulen werden bei den kleineren Transformatoren nicht auf Papiercylinder, sondern ohne solche Unterlage gewickelt und auf die stark isolirten Kerne einfach aufgeschoben, was eben durch den nahezu kreisförmigen Querschnitt der Kerne möglich gemacht wird. Dadurch wird die mittlere Win-dungslänge in beiden Wickelungen auf das thunlichst kleinste Maass gebracht. Die Primärspulen werden auf Cylinder aus Mikanit ge-wickelt und mit möglichst wenig Spielraum über die Sekundär-spulen geschoben. Die Entfernung zwischen dem äusseren Radius der Sekundär- und dem inneren Radius der Primärspule beträgt nur etwa 5 mm. Infolgedessen ist auch die Streuung und der Spannungsabfall sehr gering. Fig. 160 zeigt einen 10 Kwt.-Trans-formator und Theile desselben. Dieser Apparat wurde nach der Methode des Verfassers von Herrn v. Dolivo-Dobrowolsky auf seine Streuung untersucht. Der ohmische Widerstand bedingt einen Spannungsverlust von 2%, während die gesammte Spannung bei Kurzschluss nur 4% von der normalen Betriebsspannung ausmacht. Der aus diesen Zahlen mittels des Vektordiagrammes bestimmte Spannungsabfall bei Vollbelastung ist

$$\text{für } \varphi = 0^0 \quad \ldots \ldots \ldots \quad 2{,}3\%$$
$$\text{- } \varphi = 60^0 \quad \ldots \ldots \ldots \quad 4{,}0\%$$
$$\text{- } \varphi = 90^0 \quad \ldots \ldots \ldots \quad 3{,}9\%.$$

Fig. 161 zeigt einen Drehstromtransformator und Theile des-selben. Diese Type hat eine Leistung von 40 Kwt und ist in der Drehstromanlage zur Beleuchtung von Strassburg i. E. in Verwendung. Um den Spannungsabfall noch kleiner zu machen, sind die Spulen nicht ineinander, sondern in der Form von flachen Scheiben neben-einander angebracht, und zwar ziemlich viele von jeder Art. Die Kurzschlussspannung beträgt hier nur 3% von der vollen Betriebs-spannung; der Spannungsabfall kann also selbst bei Belastung mit Motoren 3% nicht übersteigen. Die Spulen beider Stromkreise sind in Träger von Mikanit gewickelt, wodurch eine vorzügliche

Kapp, Transformatoren. 2. Aufl.   18

Isolation erzielt wird. Beide hier illustrirte Typen von Transformatoren werden durch perforirte Schutzbleche abgedeckt; diese
Bleche sind jedoch in den Illustrationen fortgelassen, um die Konstruktion deutlicher zeigen zu können.

Fig. 161.

Die neuesten von der Westinghouse Electric & Manu-
facturing Company zu Pittsburg ausgearbeiteten Konstruktionen
sind in Fig. 162 bis 164 dargestellt. Fig. 162 stellt die für Be-
leuchtungszwecke angenommene Normaltype dar, die bis zu 30 Kwt
gebaut wird. Der Kern ist kurz und seine Dicke senkrecht zu den
Blechen gemessen, auch verhältnismässig klein, so dass ein ziemlich
grosser Theil der Spulen frei liegt und durch die Luft gekühlt wird.
Um diese Kühlung noch wirksamer zu machen, sind die Spulen an

diesen Stellen auseinander gebogen.   Die Luft findet also nicht nur
an den Aussenflächen, sondern auch zwischen den Spulen Zutritt.
Der Eisenkörper wird durch starke gusseiserne Rahmen zusammengehalten, und zum Schutz der Spulen sind beiderseits perforirte

Fig. 162.

gusseiserne Gehäuse angebracht.   Eines derselben ist jedoch in der
Illustration weggelassen.   Die anderen zwei Illustrationen stellen die
100 Kwt-Transformatoren dar, welche bei der Niagara-Anlage Verwendung finden.   Das Umsetzungsverhältniss ist 2000 zu 150 Volt,
jedoch ist die Wickelung so eingerichtet, dass dasselbe etwas geändert
werden kann, zu welchem Zwecke das zweite Paar von primären
Klemmschrauben vorgesehen ist.   Die primären und sekundären
Windungen sind in je vier Spulen angeordnet.   Die letzteren sind

18*

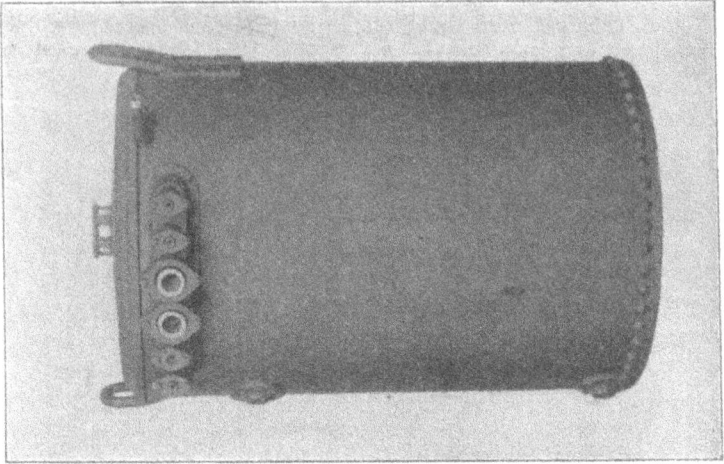

Fig. 164.

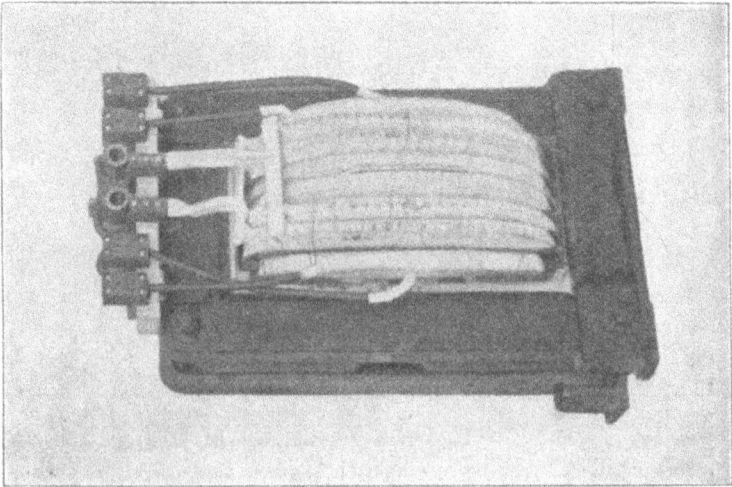

Fig. 163.

in Parallelschaltung verbunden, die ersteren in Serienschaltung. In der Mitte des Kernes sind zwei Primärspulen; dann kommen zu jeder Seite zwei Sekundärspulen und schliesslich wieder je eine Primärspule ausserhalb der letzteren. Die Spulen sind, wie schon oben beschrieben, auseinander gebogen; die Kühlung erfolgt aber nicht durch Luft, sondern durch Oel, zu welchem Zwecke der Transformator in ein cylindrisches Gehäuse eingebaut ist (Fig. 164). Die Zuleitungen gehen durch Stopfbüchsen. Um das Oel selbst wirksam zu kühlen, ist das Gehäuse an seiner inneren Wandung mit einem schmiedeeisernen Spiralrohr, einer sog. Kühlschlange, ausgestattet, durch welche ein Strom kalten Wassers geleitet wird.

Die Union Elektricitäts-Gesellschaft, Berlin, hat für die Umformerstationen der London Central Railway Transformatoren geliefert, die in Fig. 165 dargestellt sind. Jeder Transformator ist für eine Leistung von 910 A. bei 330 V. bestimmt. Kern und Mantel, so wie die Spulen selbst, sind reichlich mit Luftzwischenräumen versehen, und die Ventilation lässt sich durch am Gehäuse angebrachte Schieber reguliren. Die Wickelung ist in 4 Primär- und 4 Sekundärspulen untertheilt. Die Primärspulen sind sämmtlich in Serie, die Sekundärspulen sind zwei in Serie und zwei parallel geschaltet. In beiden Wickelungen ist nacktes Kupferband verwendet und zwar in der Primärspule von 2,28 mm Dicke und 8,6 mm Breite, in der Sekundärspule von 3,05 mm Dicke und 16,5 mm Breite. Primär sind zwei Leiter, sekundär sechs Leiter parallel. Die Windungen sind von einander durch geöltes Papier und Glimmer isolirt. Die fertigen Spulen sind mit gummirtem Baumwollenband auf 3 mm Dicke vollständig umwickelt und so gegen einander und gegen Eisen isolirt. Ausserdem ist zwischen je eine primäre und sekundäre Spule eine isolirende Zwischenwand aus Pressspahn gelegt. Die elektrischen Daten des Transformators sind

Kernquerschnitt	$A = 2060$
Induktion	$B = 10\,400$
Kraftfluss	$N = 21,3 \times 10^6$
Frequenz	$\sim = 25$
Primärspannung	$e_1 = 5000$
Sekundärspannung	$e_2 = 330$
Anzahl hintereinander ⎰ primär .	$n_1 = 212$
geschalteter Windungen ⎱ sekundär	$n_2 = 14$
Querschnitte in qmm	$q_1 = 39 \quad q_2 = 600$
Widerstände	$W_1 = 0,33 \quad W_2 = 0,0014$

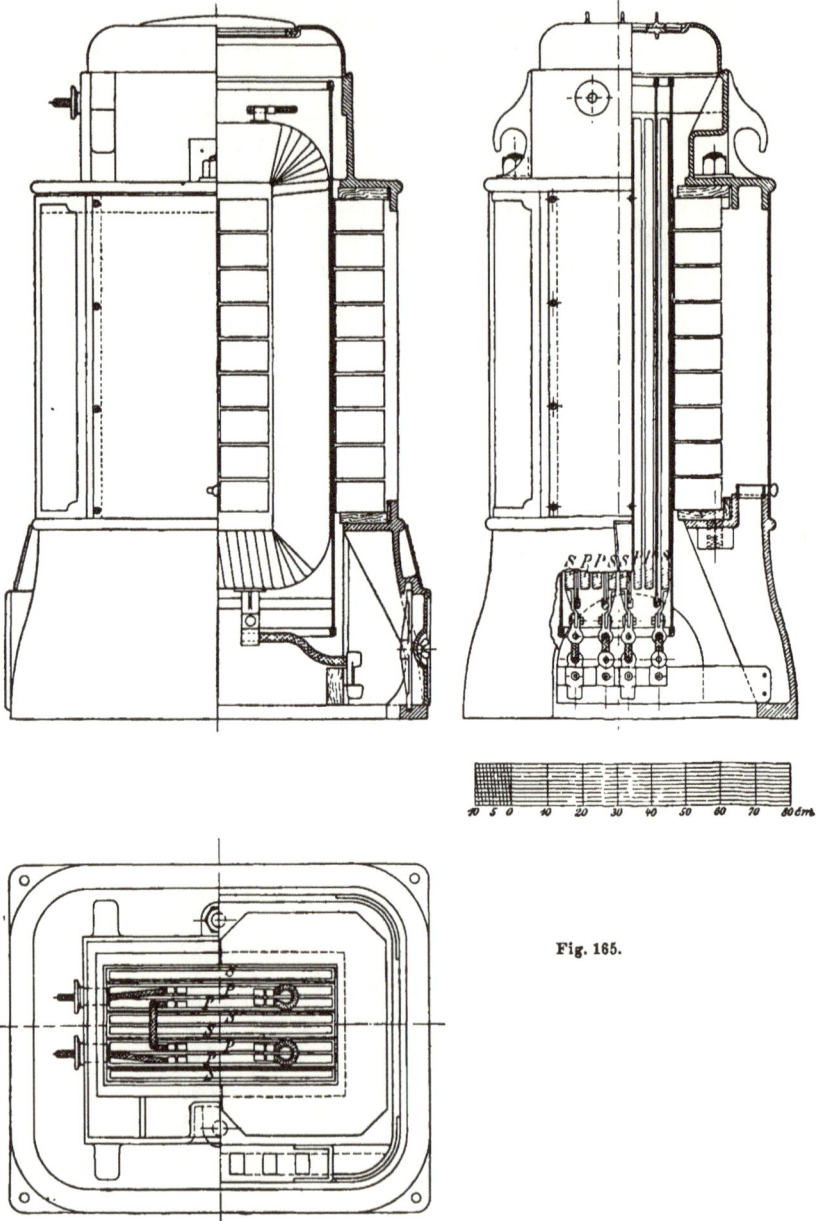

Fig. 165.

Rechnet man auf Grund obiger Zahlen den Transformator nach, so erhält man für den Magnetisirungsstrom 1,45 A., für den Wattstrom bei Leerlauf 0,74 A. Der ganze Leerlaufstrom ist mithin

$$i_o = 1{,}63\ \text{A.}$$

oder 2,65 % des Stromes bei Vollbelastung.

Das Eisengewicht ist 2450 kg. Nach den Kurven auf Seite 20 ist der Eisenverlust pro kg bei $\sim\ =\ 25$ und 0,365 mm Blechdicke

für Hysteresis	1,35 Watt
für Wirbelströme	0,17 -
Insgesammt	1,52 Watt.

Für diesen Transformator ist also der Eisenverlust

$$2450 \times 1{,}52 = 3720\ \text{Watt.}$$

Der Sekundärstrom ist 910 A., und der Primärstrom wäre 60 A., wenn der Transformator keine Eigenverluste hätte. Den wirklichen Primärstrom findet man mit einer für die Praxis ausreichenden Genauigkeit, wenn man zu dem so bestimmten Werth den Leerlaufstrom zuschlägt. Das giebt

$$i_1 = 61{,}63\ \text{A.}$$

Aus diesen Stromstärken und den Widerständen bestimmt sich die Kupferwärme wie folgt:

Primär	1250 Watt
Sekundär	1160
also für beide Windungen . . .	2410 -
Der Eisenverlust ist	3720 -
Der Gesammtverlust ist	6130 -

Das ist nur 2,05 % der Leistung, so dass dieser Transformator einen Wirkungsgrad von nahezu 98 % hat.

Register.